레드 로드

대장정 15500킬로미터, 중국을 보다

RED

레드 로드

대장정 15500킬로미터,
중국을 보다

손호철

ROAD

레드 로드

대장정 15500킬로미터, 중국을 보다

개정판 1쇄 2021년 12월 19일
초판 1쇄 2008년 8월 8일
지은이 손호철
펴낸곳 이매진 **펴낸이** 정철수
등록 2003년 5월 14일 제313-2003-0183호
주소 서울시 은평구 진관3로 15-45, 1018동 201호
전화 02-3141-1917 **팩스** 02-3141-0917
이메일 imaginepub@naver.com
블로그 blog.naver.com/imaginepub
인스타그램 @imagine_publish
ISBN 979-11-5531-127-1 (03980)

• 환경을 생각해 재생 종이로 만들고, 콩기름 잉크로 찍었습니다.
• 값은 뒤표지에 있습니다.

차례

5 세계에서 가장 험난한 길을 건너

6 설산과 늪지대를 넘어서

7 종착지에 다다르다

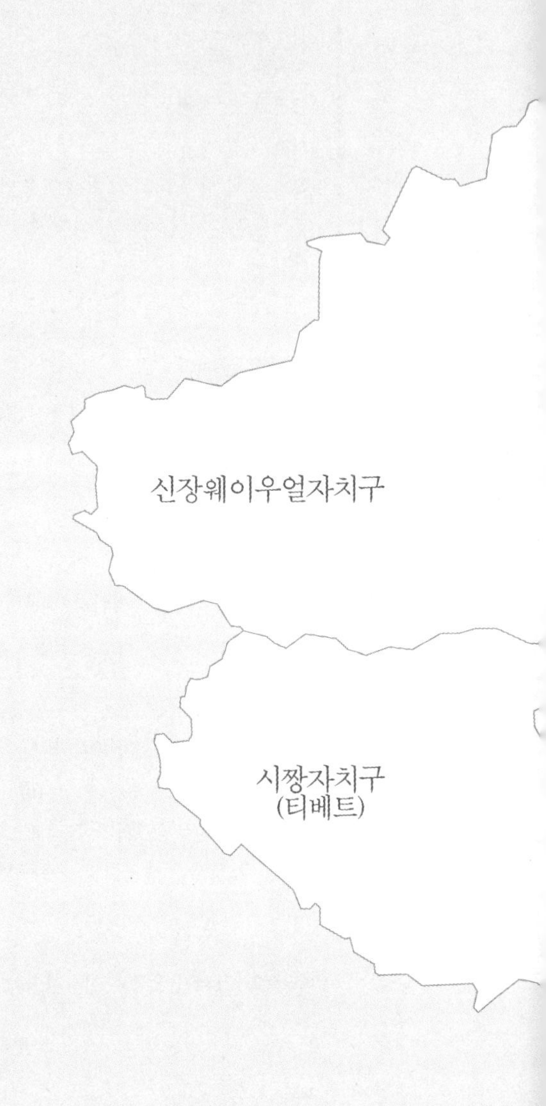
신장웨이우얼자치구
시짱자치구
(티베트)

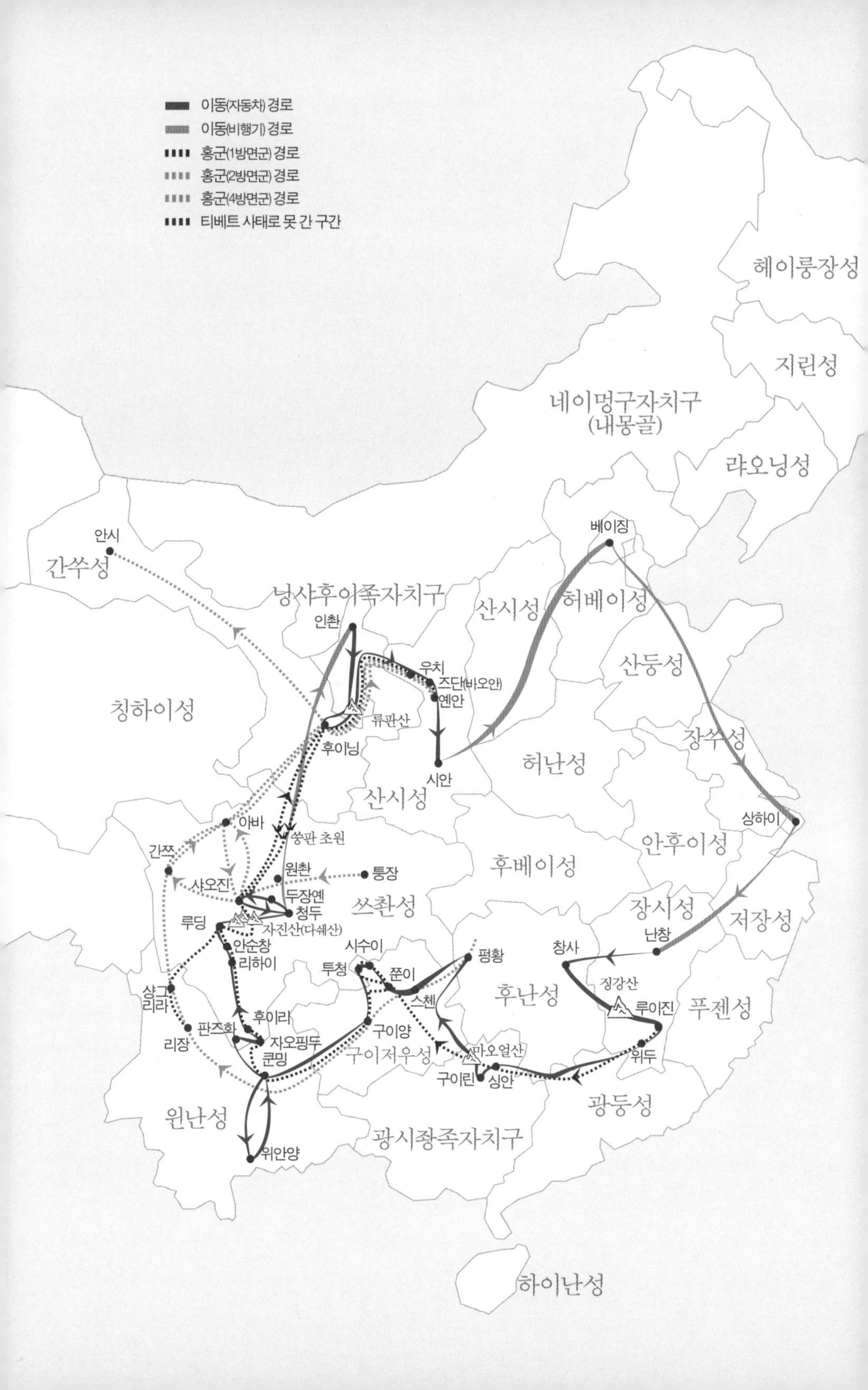
이동(자동차) 경로
이동(비행기) 경로
홍군(1방면군) 경로
홍군(2방면군) 경로
홍군(4방면군) 경로
티베트 사태로 못 간 구간
헤이룽장성
지린성
네이멍구자치구
(내몽골)
랴오닝성
베이징
안시
간쑤성
닝샤후이족자치구
산시성
허베이성
인촨
우치
즈단(바오안)
옌안
산둥성
칭하이성
류판산
후이닝
시안
허난성
장쑤성
산시성
상하이
아바
쑹판 초원
안후이성
간쯔
샤오진
원촨
퉁장
후베이성
두장옌
청두
쓰촨성
장시성
저장성
루딩
자진산(다쉐산)
난창
안순창
시수이
평황
창사
리하이
투청
쭌이
징강산
샹그리라
스첸
후난성
루이진
푸젠성
후이리
판즈화
구이양
리장
자오핑두
마오얼산
위두
쿤밍
구이저우성
구이린
싱안
광둥성
윈난성
위안양
광시좡족자치구
하이난성

개정판 서문
'장정 정신'은 아직 유효하다

2010년과 2028년. 세계사적으로 중요한 해다. 2010년은 중국이 일본을 제치고 국내총생산GDP 세계 2위에 올라 미국하고 함께 주요 2개국G2 시대를 열기 시작한 해다. 2028년은 '코로나 바이러스 감염증-19'(코로나19) 덕으로 중국이 예측보다 훨씬 빨리 미국을 제치고 세계 1위 경제 대국으로 올라선다고 예상되는 해다.

나는 안식년을 맞아 2008년 베이징 올림픽이 열리기 직전에 중국으로 1년 연수를 떠났다. 중국어 연수와 자료 수집 등 긴 준비 끝에 마오쩌둥毛澤東과 홍군이 장제스蔣介石와 국민군을 피해 1만 킬로미터를 이동한 장정을 답사한 뒤 2008년에 《레드 로드》를 냈다. 아쉬움이 컸다. 티베트에 사는 장족들이 대규모 시위를 벌여 많은 사상자가 나면서 중국 공안이 통행을 막는 바람에 장족 지역을 통과하는 930킬로미터를 건너뛰어야 했다. 조용해지면 다시 가야지 하고 생각했지만, 우리가 떠난 뒤 쓰촨四川 대지진이 일어나는 통에 그냥 책을 낼 수밖에 없었다.

3년 뒤인 2011년에 그곳을 다시 찾았다. 가는 김에 홍군의 주력인 1방면군이 나아간 930킬로미터 말고도 4방면군이 지나간 루훠爐霍, 써다色達, 랑무스郎木寺 등을 다녀왔다. 티베트 동쪽이어서 '동티베트'로 불리는 이곳은 티베트보다 티베트 전통이 더 많이 남아 있다고 했다. 이번에도 쉬운 여정은 아니었다. 끝없이 이어지는 높은 산, 허술한 도로망, 부실한 먹거리, 낡은 숙소는 변함이 없었다. 장정 여정의 서쪽 끝이자 오지 중의 오지이면서 지상의 이상향인 샹그릴라로 불리는 야딩亞丁을 가려고 2박 3일을 달려가다가 겨우 20킬로미터를 남겨놓고 쫓겨나야 했다. 갑작스럽게 장족이 분신한 사건 때문이었다.

3년 전 악몽이 되살아나고 오기가 났다. 다시 청두成都로 와 윈난雲南성 쪽으로 한 바퀴 돌아 반대편인 남쪽에서 숨어 들어갈 수 있었다. 그러느라 2400킬로미터를 이동했다. 야딩에서 리장麗江으로 돌아와 추가 항공권을 사서 청두를 거쳐 귀국했다. 예정보다 10일이 더 걸렸고, 육로 4000킬로미터를 비롯해 모두 4800킬로미터를 이동했다. 종심從心에 접어들면서 여러 사정 때문에 미루던 개정판을 내기로 했다. 10년 전 기억을 되살려 9장 〈3년 뒤, 대장정을 마무리하다〉를 새로 썼다.

지난 13년 동안 많은 상황이 바뀌었다. 13년 전 미국의 31퍼센트에 지나지 않던 중국의 지디피는 이제 70퍼센트를 넘어섰다. 7년 뒤인 2028년에는 미국을 제칠 수도 있다는 예측도 나왔다. 대외 교역을 중심으로 '공생 관계'이던 미-중 관계는 시장 만능 신자유주의 세계화가 가져온 2008년 월스트리트 경제 위기를 계기로 국수주의적 탈지구화 흐름이 나타나고 도널드 트럼프가 등장하면서 21세기 패권을 둘러싼 '적대 관계'로 바뀌었다. 이런 흐름 속에서 미국이 사실상 중국을 견제하려 경상북도 상주에 고고도 미사일 방어 체계THAAD를 설치하면서 한-중 관계도 심한 진통을 겪어야 했다. 게다가 환경 파괴와 기후 변화가 가져온 코로나19라는 지구적 재앙은 사실상 국가 간 국경을 봉쇄하고 세계를 동결시켰다.

중국 내부를 들여다보더라도 시진핑 시대가 새롭게 열리면서 많은 변화가 일어났다. 비약적인 발전 속에서도 여전히 장정 시기의 흔적을 간직하고 있던 주요 도로들도 훨씬 더 좋아졌다. 문명교류사 분야의 세계적 권위자인 정수일 선생, 고 노회찬 의원 등하고 함께 《레드 로드》를 텍스트 삼아 장정 코스를 여러 구간으로 나눠 돌아본 장석 시인이 확인해줬다.

이 모든 변화 속에서도 공산당이 이끄는 '사회주의 중국'을 만든 뿌리로서 장정이 지닌 의미는 아직 유효하다. 민주주의, 분배, 민족, 환경 등 결론 부분에서 지적한 현대 중국의 문제들이 여전하기 때문이다. 중국 공산당은 올해 창당 100주년을 맞았다. 중국 공산당과 장정이 내세운 목표가 단순히 부국강병이 아니라 오랜 계급 지배에서 인간을 해방하는 사회 혁명이라면, '중국 특색 사회주의'가 자랑하는 고도성장 뒤에 숨겨진 여러 문제들, 곧 경제 발전을 따라가지 못하는 정치적 민주주의, 자본주의 사회보다 더 심각한 사회적 양극화, 점점 심각해지는 소수 민족 갈등, 걷잡을 수 없는 환경 파괴 등을 해결하는 데 장정 정신이 필요하다. 이 책은 아직도, 아니 어느 때보다도, 의미가 있다.

2021년 9월

손호철

프롤로그

1만 3800킬로미터, 장정을 다녀와서

장정長征. 긴 행진을 가리킬 때 쓰는 말이다. 그러나 '장정'(대장정)은 특수한 사건을 가리키기도 한다. 마오쩌둥毛澤東과 저우언라이周恩來를 비롯한 중국 공산당 지도부가 바짝 추격해오는 장제스蔣介石와 국민당군을 피해 노동자와 농민 8만 5000명하고 함께 1934년 10월 16일부터 368일 동안 2만 5000리, 곧 1만 킬로미터를 이동한 일 말이다. 세계 최고의 오지를 지나고, 설산을 넘어, 급류를 건너고, 죽음의 늪과 초원 지대를 가로질렀다. 장정 덕분에 중국 공산당이 살아남았고, 오늘날의 중국도 탄생했다.

중국이 개혁 개방 정책을 추진하면서 비약적으로 성장하자 사람들은 21세기는 중국의 세기가 되겠다고들 말한다. 게다가 베이징 올림픽 때문에 중국을 향한 관심이 더 커졌다. 중국을 이해하지 않고 21세기를 살아가기란 사실상 불가능하다. 중국을 바로 코앞에 두고 있는 우리는 더욱 그러하다. 그러나 우리는 중국을 '세계의 공장' 정도로 취급할 뿐이다. 중국을 제대로 알려면 겉으로 드러난 현상을 넘어서 중국 역사의 뿌리인 장정을 이해해야 한다.

또한 장정은 역사상 유례를 찾아보기 어려운 대하 드라마이기도 하다. 적에 쫓기고 해발 5000미터에 이르는 설산과 죽음의 늪지대에 맞서 싸우며 오지를 헤매면서도 치열한 내부 투쟁을 벌이는 장정은 '현대판《삼국지》'이자 셰익스피어도 결코 쓸 수 없는 극적인 이야기다.

《레드 로드》는 어떤 책인가? 이 책은 한국인, 아니 비중국계 동양인이 처음으로 직접 장정의 전 구간을 돌아보고 쓴 장정 기행기다. 물론 어쩔 수 없이 못 간 곳이 있었고, 홍군처럼 1년을 들여 걷을 수는 없어 직접 차를 몰고 돌았다.

준비 과정은 험난했다. 먼저 1년 반 동안 연구와 조사를 하면서 중국어를 배웠다. 그중 6개월은 중국 현지에 머물렀다. 2008년 3월 10일부터 4월 28일까지 50일간 자동차로 하루 평균 열한 시간씩 1만 3800킬로미터를, 항공기 이동 거리를 포함하면 1만 8000킬로미터를 이동하면서 직접 보고 몸으로 취재했다. 거리로 보면 1만 3800킬로미터의 60퍼센트가 넘는 8000킬로미터를, 시간으로 보면 500여 시간의 70퍼센트가 넘는 350여 시간을 한국인이 한 번도 밟은 적 없는 오지의 비포장도로를 헤치고 앞으로 나아갔다. 30킬로미터(중국 기준 30공리*) 구간을 여섯 시간 반 만에 통과한 험난한 길도 있었다. 자오핑두皎平渡라는 유적지에 갈 때는 먼지가 20센티미터씩 쌓여 '세계에서 가장 험난한 길'로 불리는 산길을 오토바이를 타고 넘었다. 갑자기 터진 티베트 사태 때문에 두 차례나 티베트의 좡족壯族 지역에서 추방당하는 수난도 겪었다. 한마디로 '장정을 위한 장정'이자 '장정에 관한 장정'이었다.

《레드 로드》는 단순한 장정 기행문이 아니다. 현재의 시점과 21세기의 시각에서 장정과 문화대혁명, 개혁 개방 같은 중국 현대사의 여러 사건과 시장 경제, 사회주의, 민주주의, 민족주의 등을 직접 보고 느낀 대로 기록한 종합적인 '사색서'다. 그래서 여행지와 취재 대상도 장

* 중국은 거리를 나타낼 때 킬로미터보다 '공리(公里)'를 더 많이 쓴다. 1리(里)는 500미터, 1공리는 1킬로미터다.

정에 한정하지 않고 중국 공산당 운동의 뿌리인 베이징北京, 1차 공산당 대회가 열린 상하이上海, 공산당이 처음 봉기한 난창南昌, 마오가 태어난 고향이자 추수 폭동을 일으킨 창사長沙, 추수 폭동이 실패한 뒤 유격전을 벌인 징강 산井岡山, 문화대혁명 시절 덩샤오핑이 하방*된 트랙터 공장 등을 다녀왔다. 그러다 보니 차를 타고 이동한 거리가 장정보다 훨씬 긴 1만 3800킬로미터에 이르렀다. 또한 이 책은 역사와 정치를 넘어서 중국의 오지 풍경과 소수 민족을 다룬 오지 여행서이기도 하다.

다시 말해 《레드 로드》는 장정이라는 중국 현대사의 일대 사건에 관한 현지 답사기이자 휴먼 드라마이며 르포이고 오지 탐험기다. 따라서 독자의 관심에 따라 각각 다른 각도에서 읽을 수 있다. 이렇게 여러 목적을 충실하게 수행하기 위해 50일 동안 찍은 1만 장에서 좋은 사진만 골라 실었다. 따라서 이 책은 현재의 중국, 특히 중국의 오지를 보여주는 사진첩이자 화보이기도 하다. 그리고 '손호철의 세계를 가다' 시리즈 1탄으로 출간해 많은 독자의 사랑을 받은 라틴아메리카 기행 《마추픽추 정상에서 라틴아메리카를 보다》의 후속작이기도 하다.

주의할 점이 있다. 이 책만 읽고 중국 전체를 판단하면 안 된다. 홍군은 국민당군을 피하려다 보니 오지를 중심으로 다니는데, 그 지역들은 지금도 오지로 남아 있다. 따라서 평균적인 중국보다 낙후한 지역을 주로 돌아본 기록이라는 점을 잊지 말아야 한다. 중국 전체를 평가하려면 이런 오지 말고도 발달한 동부 해안 지방을 함께 살펴야 한다.

이 장정 기행은 2008년 6월부터 8월까지 《한국일보》에 '손호철 교

* 당원이나 공무원을 일정한 기간 동안 농촌이나 공장에 보내 노동에 종사하게 한 일.

수 대장정 길을 가다'는 제목을 단 시리즈로 연재했다. 《레드 로드》는 그 연재하고 겹치는 부분도 있지만, 한정된 지면 때문에 제대로 풀지 못한 이야기를 쓰고 싶은 대로 쓴 만큼 사실상 전혀 다른 글이다.

처음 한 계획하고 다르게 장정을 완주하지 못한 점은 무척 아쉽다. 티베트 사태가 터져 쓰촨 성 서북부 장족 지역 930킬로미터 구간을 답사할 수 없었다. 홍군이 한 장정이 1만 킬로미터에 이르니까 약 10분의 1을 다녀오지 못한 셈이다. 과정은 파란만장했다. 장족 자치구에 자리한 루딩교瀘定橋를 취재하다가 '위험 지역 외국인 출입 금지' 조치 때문에 공안의 '호위'를 받으며 추방됐다. 며칠 뒤 해발 4523미터 눈길을 넘어 열 시간 만에 다른 장족 지역으로 들어가려 했지만 도시 입구에서 또 가로막혀 허무하게 돌아왔다. 결국 계획을 수정해 장족 지역을 비행기로 건너뛰고 그다음 구간부터 장정을 계속했다(공안 덕분에 목숨을 구한지도 모르겠다. 우리가 가려던 지역에서 쓰촨 대지진이 일어났다. 자칫하면 대지진의 피해자가 될 수도 있었다).

계획보다 보름 정도 빨리 장정을 마치고 베이징으로 돌아온 뒤에도 통제가 풀리면 다시 그 구간을 다녀오려고 기다렸다. 그러나 언제 출입 제한이 풀릴지 알 수 없어서 포기하고 귀국했다. 한국에 돌아와서도 해제될 조짐은 보이지 않았다. 무작정 기다릴 수는 없는 만큼 아쉽지만 '미완성' 상태에서 책을 내기로 했다. 불가항력인 일이라고 해도 완성된 기록을 선보이지 못하게 된 점은 죄송할 따름이다. 출입 제한이 풀리고 지진 때 파괴된 도로 등이 복구되는 대로 빠진 구간을 완주해 인터넷에 기록을 공개하겠다. 그 내용을 보완해 개정판도 출간할 생각이다. 마지막으로 독자들이 이해하기 쉽게 책 뒤에 중국 현대사 연표와 주요 인물의 약력, 참고 도서 목록을 덧붙였다.

—

여러분을 이끌고 '장정을 향한 장정'을 떠나기에 앞서 감사해야 할 사람들을 이야기하고 싶다.

먼저 '중국 스승'이자 여행 친구로 장정을 함께 꿈꾼 전용호에게 감사한다. 대학 2학년 때인 1971년, 학생운동을 하다가 잡혀간 동대문경찰서에서 처음 만난 뒤 계속 친하게 지낸 37년 지기다.

전용호를 통해 알게 된 뒤 몽골과 알타이 등 오지 여행도 같이 다니면서 가깝게 지내는 이강현 현인코스메틱 사장도 중국 어학연수에 재정 지원 등 후원을 해줬다. 아우인 윤원균과 김종문은 직접 중국으로 와 지지를 보내줬다. 고교 동창인 윤용식 세강정형외과 원장은 5000미터 설산을 간다고 하자 고산병 치료제를 특별히 마련해줬다(결국 쓰지는 못했다).

베이징에 살고 있는 승석준, 신장원, 조원진 사장 등은 어학연수 때문에 홀아비 생활을 할 때 물심양면으로 많은 도움을 줬다. 장보기부터 여러 가지 베이징 생존법을 가르쳐줬고, 외로울 때면 식사와 술자리에 초대했다(장정을 다녀오자 조원진 사장은 놀랍게도 2008년 4월 18대 총선에 출마해 국회의원이 돼 있었다. 축하드린다).

이창휘 박사도 빼놓을 수 없다. 안타깝게도 중국에 체류하기 시작하고 나서 상당한 시간이 지난 다음에야 뒤늦게 연락이 닿았다. 이 박사는 1980년대 공안 사건인 서울사회과학연구소 활동을 통해 알게 된 후배인데, 그 사건으로 감옥을 다녀온 뒤 소식이 끊겼다. 국제노동기구ILO에서 노동 전문가로 일하면서 아시아 지역을 돌며 해외 생활을 한 이 박사는 베이징에 파견 나와 중국 노동 문제를 연구하고 조언하는 중이었다. 가끔 술잔을 기울이며 중국의 노동문제 등에 대한 뛰어난 강의를 들었다.

두 명의 스승에게도 감사를 전하고 싶다. 먼저 질식할 듯한 유신 치하의 복학 생활에 '중국정치론'으로 활기를 불어넣은 서울대학교 정치학과 최명 교수님이다. 장정, 그리고 현재의 마오쩌둥과 중국을 있게 한 쭌이遵義 회의(4장의 쭌이 부분 참조)를 처음 안 계기도 바로 최 교수님이 한 강의였다.

우리 시대의 사표師表 리영희 선생님은 1970년대의 필독서 《8억 인과의 대화》 등을 통해 중국 사회주의를 보는 생각을 키워주셨다. 여행 내내 리영희 선생님이 머리를 떠나지 않았다. 소련과 동유럽 등 현실 사회주의가 붕괴한 뒤 그동안 이기적인 인간 본성을 지나치게 과소평가한 점을 반성하고, 결국 현실은 사회주의의 이상만으로는 변화할 수 없으니 인간의 이기심과 사회주의의 이상을 조화시키는 일이 중요하다며 고뇌 어린 자기 고백을 털어놓는 모습이었다.

이 밖에도 옌볜延邊에서 우연히 만나 《불멸의 발자취》 등 장정에 참가한 조선인을 다룬 서적에 관한 귀중한 정보를 알려준 옌볜 대학교 고경수 교수, 설 연휴차 돌아간 옌볜에서 그 책을 구해온 서강대학교 정치외교학과 박사 과정의 조선족 유학생 이상우, 옌안의 한인 독립운동가 유적을 돌아보고 쓴 글을 보내주신 역사학자 이이화 선생님께도 감사드린다. 서강대학교 사회과학연구소의 서정연은 장정 도중에 필요한 여러 가지 행정 지원을 해줬다.

이번 장정을 준비하는 과정이 소문나면서 여러 언론사가 함께하자는 제의를 했다. 유학 시절 《미주한국일보》에서 기자로 근무한 인연, 5년째 고정 칼럼을 쓰고 있는 인연을 생각해 《한국일보》하고 함께하기로 했다. 이런 사연이 있기는 하지만 한국일보사가 지원하지 않았으면 이번 여행은 불가능했다. 이준희 편집국장은 내 계획을 들은 뒤 흔쾌히 지원을 약속하고 물심양면으로 도와줬다. 행정 지원을 해준 전략기획실 김대성 기자, 좋은 안내 기사를 쓴 이훈성 기자에게도 감사드린다. 《한국일보》에 연재하는 '손호철의 정치 칼럼' 데스크를 맡고 있는 임철순 주필도 큰 도움을 줬다. 장정 기간에는 한국 신문 기사를 매일 볼 수 없고 원고를 다 써도 인터넷이 안 돼 보내지 못한 적이 많은데도 사고 없이 칼럼이 실렸는데, 모두 임 주필 덕분이었다.

《미주한국일보》 시절부터 25년째 인연을 이어온 한국일보사 장재구 회장은 계획 초기부터 적극적인 지원을 아끼지 않았다. 비포장도로 같은 어려운 환경에도 자진 산夹金山(다쉐 산大雪山) 등 몇몇 구간에는 직접 동참했다. 그 과정에서 추방당하는 일까지 함께 겪어야 했다. 얼마 전 뛰어난 사진집을 내기도 한 사진 전문가인 장 회장은 실전에서 배운 촬영 비법도 전수했다. 감사드린다.

《에스비에스SBS》에서 방영한 〈차마고도* 1000일의 기록 — 캄Kham〉 등 오지 다큐멘터리를 만드는 박종우 감독도 장 회장이 제안해 같이 하려고 했지만, 여러 현실적인 여건 때문에 무산됐다. 대신 장 회장하고 함께 몇몇 구간에 합류해 취재하는 내 모습을 담은 사진을 찍고 비디오 촬영에 관한 현장 특강도 했다.

중국 쪽에도 감사하고 싶은 사람이 많다. 우선 여러 중국어 선생님이다. 란蘭 라오스老師(중국에서 선생에 부치는 호칭), 평彭 라오스, 마吗

* 인류 역사상 가장 오래된 육상 무역로. 중국 서남부에서 윈난, 쓰촨, 티베트를 넘어 네팔과 인도까지 이어지는 높고 험준한 길이다. 이 길을 거쳐 차와 말을 주로 교역해서 차마고도(茶馬古道)라는 이름이 붙었다.

라오스, 그리고 실전 중국어 교사인 아파트의 엘리베이터 안내원에게도 감사드린다. 취재 비자 발급 등 장정에 필요한 행정에 도움을 준 중국 대사관 관계자들, 취재에 도움을 준 여러 곳의 장정 기념관 관계자들, 자오핑두에서 넘어져 다친 나를 치료한 간호사에게도 감사드린다.

가장 감사하고 싶은 사람은 장정의 동반자들이다. 먼저 50일간 하루 열 시간 넘게 절반 이상이 험준한 비포장인 길을 운전한 세 운전기사, 아무도 안 간다는 자오핑두로 향하는 '세계에서 가장 험난한 길'을 자기 차를 몰고 가준 현지 기사, 이렇게 어렵게 도착한 산꼭대기에서 고장난 차 때문에 꼼짝하지 못하게 된 상황에서 트럭 사이 산길을 달려 목적지까지 데려다준 오토바이 기사에게 감사드린다. 그 사람들의 땀과 기술이 없었다면 이 책은 불가능했다.

가장 오랜 시간을 함께한 난창의 운전기사는 어렵게 마련한 새 차가 상할까 봐 너무 조심스럽게 운전을 해 길에서 대부분의 시간을 허비하게 하고 요구 사항에는 무조건 불가능하다는 식으로 대답해 내 속을 뒤집어놓은 적이 한두 번 아니었다. 시간이 지나고 나니 어렵게 마련한 차를 아낄 수밖에 없는 운전기사의 '차 사랑'을 이해하게 됐지만, 나머지 두 사람이 아니면 나는 중국 운전기사가 난창에서 만난 기사처럼 고객 사정은 염두에 두지 않고 서비스 정신이라고는 없다는 잘못된 통념을 지닐 뻔했다. 그다음에 만난 젊은 기사는 청두부터 다쉐산까지 이어지는 험난한 길을 기가 막히게 운전하면서도 자기가 알아서 사진 촬영 포인트에 차를 세우는 센스와 친절함을 갖췄다. 산시陝西성 지역을 함께한 마지막 기사는 우리가 '산시 성 주윤발'이라는 별명을 붙인 미남으로, 연륜이 묻어나는 운전 기술을 발휘해 몇 번이나 위기에서 우리를 구출했다. '예술'의 경지에 오른 운전 솜씨에 감탄하며 험한 산길도 지루하지 않게 넘을 수 있었다.

이 기사들 이상으로 감사하고 싶은 사람들이 오만용 선배와 김문걸 씨다. 개인적으로 만난 최고의 중국 전문가인 오만용 선배는 통역 겸 총간사로 여행의 세부 사항을 진두지휘했다. 일찍이 화교 학교 시절부터 닦은 중국어 실력이 뛰어나 만나는 사람마다 오 선배가 중국인이 아니라 한국인이라는 사실은 거짓말이라며 믿지 않았다. 오 선배의 유창한 중국어 실력이 아니면 장정 여행은 불가능했다.

오 선배는 역사, 문화, 음식 등 모든 분야에 관한 백과사전적 지식으로 여행을 풍부하게 해줬다. 탁월한 행정력으로 여러 잡무도 깔끔하게 해결했다. 사진에도 조예가 깊어 내 취재 활동을 사진과 비디오에 담아 기록으로 남겼다. 이 책에 실린 내 모습은 대부분 선배가 찍은 사진이다. 이런 점에서 오만용 선배는 이 책의 공동 저자라 해도 지나치지 않다.

조선족 무장 경관 출신인 김문걸 씨는 자동차 보조 기사 겸 보디가드, 개인 비서 등으로 여행을 도왔다. 사진과 비디오를 함께 촬영해야 해서 어려움이 많았는데, 렌즈 교환부터 촬영 기기 교체 등 사실상 보조 촬영 기사로 일했다. 건망증이 심해 이것저것 잃어버리는 나를 따라다니며 물건을 챙기는 일도 김문걸 씨 몫이었다. 김문걸 씨가 아니면 돌아올 때쯤 내 짐은 반으로 줄어들었다.

책 제작에 도움을 준 이들도 있다. 더 보기 좋은 책을 위해 디자인에 관해 조언해준 고등학교 미술반 선배 여홍구 연기획 대표, 그리고 《마추픽추 정상에서 라틴아메리카를 보다》에 이어 이번에도 출간을 맡아준 제자 정철수와 이매진 직원들에게도 감사드린다.

중국어 공부와 장정 계획 수립 등 여행을 준비한 6개월간 계속된 중국 체류와 두 달 동안 이어진 장정 기간 동안 남편과 아빠의 부재를 참아주고 매일 전화를 해 격려와 용기를 준 아내 상민과 딸 고은에게 감사한다. 연구와 여행 등으로 바빠 좋은 남편도 좋은 아빠도 되지 못하는 마음의 빚을 이번에도 지고 말았다.

4523미터 고지를 넘어 열 시간을 달려 도착한 쓰촨 성 샤오진小金 입구에서 티베트 문제 때문에 들어가지 못하고 쫓겨났다. 밤이 늦어 다시 청두로 돌아갈 수 없는 상황이라 산속에 있는 작은 여인숙에서 하룻밤 묵었다. 금실 좋은 좡족과 한족漢族 부부가 낯선 이방인들을 따뜻하게 대해줬다. 티베트 사태를 둘러싼 갈등을 넘어 다른 민족들이 어떻게 함께 지내야 하는지를 알 수 있었다.

오지에서 만난 이름 모를 사람들은 한국에서 온 이방인에 호기심을 느끼면서 우리는 잊은 지 오래된 순수하고 아름다운 웃음으로 나를 반겼다. 이 사람들의 웃음 덕분에 여러 번 포기하고 싶던 어려운 여행을 끝낼 수 있었다. 평범한 민중이야말로 직접 참여하거나 물심양면으로 도와 장정을 가능하게 한 역사의 진정한 주역이다. 장정에 참여하거나 도운 이름 없는 농민과 노동자들, 그리고 그이들의 후손으로서 내가 한 장정을 가능하게 해준 오늘날의 중국인들에게 이 책을 바치고 싶다.

마지막으로 티베트 문제가 평화적이고 합리적으로 해결되기를 기원한다. 장정을 다녀온 뒤 내가 쫓겨난 쓰촨 성 서북 지역에서 대지진이 발생해 많은 사람이 죽었다. 희생자들의 명복을 빈다.

2008년 6월

베이징에서

1. 장정을 꿈꾸다

★

장정은 선언이고, 선전 부대였으며, (혁명의 씨앗을 뿌린) 파종기였다. 장정은 우리의 승리였고, 적의 패배였다.

– 마오쩌둥, 1936

★

장정에 비교하면 한니발의 알프스 원정은 주말 피크닉에 지나지 않는다.

– 에드거 스노우, 《중국의 붉은 별》, 1937

★

장정 중 중국이라는 무대는 영웅주의와 비극, 음모, 유혈, 반역, 싸구려 오페라, 군사적 천재성, 정치적 간교함, 도덕적 목표, 정신적 지향, 인간적 증오로 가득차 있었다. 셰익스피어도 이런 이야기를 쓰지는 못했다. …… 장정은 유대인의 출애굽기, 한니발의 알프스 원정, 나폴레옹의 모스크바 진격, 그리고 놀랍게도 산과 들을 말 타고 정복한 위대한 미국의 서부 정복하고 비슷하다. 그러나 어떤 비교도 적합하지 않다. 장정은 역사상 유례가 없는 사건이다.

– 해리슨 솔즈버리, 《장정 – 알려지지 않은 이야기》, 1985

왜 장정인가

1934년 10월 16일 저녁. 마오쩌둥과 주로 농민으로 구성된 홍군 8만 5000명은 횃불을 들고 중국 남부 장시 성江西省에 있는 작은 도시 위두于都와 루이진瑞金을 떠나 생존을 향한 고달픈 여정을 시작했다. 장제스가 이끄는 국민당군을 피해 1만 킬로미터에 이르는 장정을 떠났다.

15년이 지난 1949년 10월 1일. 국공 내전*에서 승리한 중국 공산당은 톈안먼天安門 광장에서 중화인민공화국 창설을 선언했다. 장제스는 살아남은 60만 병력을 데리고 타이완으로 도주했다.

그 뒤 다시 59년, 장정이 끝나고 74년이 흐른 2008년. 중국은 미국과 일본에 이은 세계 3대 경제 대국으로 웅비하고 있다. 그리고 그 웅비의 상징으로 유치한 베이징 올림픽을 준비하느라 바쁘게 움직인다.

앞으로 26년 뒤, 장정 100주년이 되는 2034년. 전문가들은 중국이 일본을 제치고 세계 2대 강대국으로 부상할 수 있다고 본다.** 또한 앞으로 41년 뒤, 건국 100주년이 되는 2049년에 미국을 제치고 세계 제일의 경제 대국 자리에 오른다고 예상한다(물론 조만간 중국이 위기에 부딪힐 수밖에 없다는 비관론도 있다).

중화인민공화국이라는 체제와 오늘날 중국의 눈부신 발전, 그리고 앞으로 다가올 가능성이 큰 '팍스 차이나'(중국 패권 체제)까지, 모든 일들이 장정 덕분에 가능했다. 장정은 현대 중국을 이해하는 핵심이다.

* 1945년 일본군이 물러난 뒤 국민당과 공산당은 10월 10일 쌍십 협정을 발표했다. 어떤 일이 있어도 내전을 피하고, 독립·자유·부강의 새로운 중국을 건설한다는 데 합의한 결과였다. 그러나 국민당과 장제스는 미국이 한 지원과 압도적 군사력을 앞세워 합의를 파기하고 강경하게 맞서는 공산당과 마오쩌둥을 상대로 1946년 내전에 돌입했다. 결국 승리는 공산당에 돌아갔다.

** 실제로는 2010년에 일본을 제쳤다 — 개정판.

중국은 현재 시장 경제를 도입해 빠르게 성장하고 있다. 그러나 중국은 아직도 '중국 특색 사회주의' 국가라고 주장한다. 중국이 시장 경제를 도입한 뒤에도 왜 자본주의가 아니라 사회주의라는 말을 고수하는지, 왜 계속 공산당 1당 체제를 유지하는지는 장정을 통하지 않으면 이해할 수가 없다.

중국 공산당과 홍군은 장정의 종착지인 산시 성의 황토고원에 도착해 국민당군 추격대를 마지막으로 몰살시킨 1935년 10월 18일까지 368일 동안 스물네 개의 강을 건너고 눈이 녹지 않는 해발 4000미터 이상의 설산 다섯 개를 포함해 열여덟 개의 산을 넘었다. 장시 성에서 출발해 광둥廣東, 후난湖南, 광시廣西를 거쳐 구이저우貴州, 윈난云南, 쓰촨, 간쑤甘肅, 산시, 칭하이青海, 닝샤寧夏, 시짱西藏(티베트) 등 중국 전체 스물일곱 개 성(한국의 도하고 비슷한 중국의 행정 구역)의 절반에 가까운 열두 개 성을 거쳐 예순두 개 도시를 점령했다. 마오가 장정을 중국 전역에 공산주의를 선전하고 '혁명의 씨앗을 뿌린 파종기'라고 한 말은 과장이 아니다.

홍군은 장정 중 주간 행군 235일에 야간 행군 18일을 더해 모두 253일을 행군했다. 115일은 전투를 하거나 쉬었다. 115일 중 56일은 행군 방향을 놓고 마오가 이끄는 1방면군(중앙군)과 장궈타오張國燾가 이끄는 4방면군이 격론을 벌이는 바람에 발이 묶인 채 쓰촨 성 북서부 지방에서 원치 않은 휴식을 해야 했다. 이 56일을 빼면 사실상 행군을 하지 않은 날은 59일이었다. 이 59일 중에서 15일은 하루 종일 전투를 했다. 하루 평균 40킬로미터를 걸은 셈이었다. 하루 종일 전투를 한 15일 말고도 소규모 교전이 하루 평균 한 건은 있었다. 이런 강행군 탓에 출발할 때 8만 5000명이던 홍군은 도착할 때 8000명(4000명이라는 설도 있다)으로 줄었다. 처음부터 참가한 사람은 3000명뿐이었다. 서른 명에 한 명만 살아남았다.

긴 추억

어릴 때 소풍 가기 전날 설레어 잠을 못 잔 기억이 있다. 2008년 3월 9일 밤, 불혹을 넘긴 지도 오래된 50대 중반 나이에도 내일부터 꿈에도 그리던 장정을 떠난다고 하니 쉽게 잠이 오지 않았다. 짧게는 지난 2년 반 동안이, 길게는 30여 년에 걸친 추억이 주마등처럼 지나갔다.

1975년 봄 관악산. '데모'를 하다가 투옥과 제적, 강제 입영을 거쳐 돌아온 대학은 '삭막한 사막'이었다. 캠퍼스는 예전의 운치 넘치는 동숭동(지금의 대학로) 문리대 캠퍼스에서 관악산으로 옮긴데다가 '짭새'(형사)로 가득했다. 조국은 유신의 압제로 신음하는데 후배들은 고시 공부만 열을 올리고 있었다. 재미가 없었다.

그때 새로 부임한 최명 교수님이 가르치는 '중국정치론'은 학교 생활의 한줄기 빛이었다(김학준 교수님의 '소련정치론'도 그런 과목이었다). 중국 공산당의 역사는 정말 재미있었다. 어느 날 최명 교수님은 장정에 관해 말씀하셨다. 장정을 처음 접한 순간이었다. 그 이야기에 홀려서 바로 종로로 가 중국어 학원에 등록했다. 물론 한 달 만에 끝나고 말았지만 말이다.

1976년 여름. 리영희 선생님이 쓴 《8억인과의 대화》를 사자마자 밤을 새서 다 읽었다. 소련식 관료주의적 사회주의가 아니라 민중이 진정한 중심이 되는 중국식 사회주의 실험에 매료됐다. 리영희 선생님은 사회주의가 자본주의보다 비효율적인 이유는 사람들이 자본주의적 이

윤 동기에 물든 탓이라고 주장했다. 이를테면 의사가 더 많은 돈이 아니라 고통받는 환자를 고쳐주는 보람 때문에 좀더 열심히 일하지 못할 이유가 없고, 그런 사회를 만드려는 노력이 중국 사회주의의 정신이라는 말이었다.

의학은 여든 살에 죽을 돈 많은 환자들 다섯 명을 백 살까지 살게 하기보다는 경제사회적 어려움 때문에 쉰 살밖에 살지 못 하는 민중들 아흔 다섯 명을 여든 살까지 살게 해주는 수단이어야 하며, 이런 목표를 실현하는 인간이 중국에서 유명한 '맨발의 의사'라는 주장, 문화대혁명은 이렇게 새로운 인류애로 무장한 새로운 사회주의형 인간을 만드려는 시도라는 주장도 마찬가지였다. 물론 이제는 이상은 좋지만 캄보디아의 '킬링 필드'* 처럼 끝날 수밖에 없다는 점에서 문화혁명론을 비판적으로 바라보게 됐다(8장 〈장정을 끝내며〉 참조).

그 뒤 중국 사회주의와 장정은 내 의식 속에서 뒷전으로 밀려났다.

짧은 추억

2004년 여름, 후배 정치학자들하고 함께 한 달간 브라질, 아르헨티나, 칠레로 취재 여행을 다녀왔다. 남미 여행기 《마추픽추 정상에서 라틴아메리카를 보다》에서 밝힌 대로 나는 남미에서 남미가 아니라 중국을 발견했다. 이를테면 브라질과 아르헨티나가 의외로 호황이었는데 중국이 철강과 콩 등 원자재를 대량 구매하고 있기 때문이었다.

* 폴 포트가 이끄는 크메르 루주가 1975년부터 4년여 동안 저지른 학살을 말한다. 이때 캄보디아 전체 인구의 3분의 1에 맞먹는 200만 명에 가까운 사람이 죽었다.

2006년 2월. 중미의 '못 사는 나라' 과테말라에 갔다. 거기에서도 과테말라가 아니라 중국을 보고 왔다. 중국 때문에 강도만 늘어 치안이 엉망이었다. 과테말라는 노동력이 싸서 한국인이 중심이 돼 가까운 미국 시장을 겨냥한 봉제 산업이 활기를 띠었는데, 중국이 산업화되자 기업은 임금이 더 싼 중국으로 공장을 옮겼다. 그 결과 실업과 경제난이 심각해져 강도가 늘어났다.

이런 체험을 하면서 21세기를 이해하려면 중국을 알아야겠다는 생각이 강하게 들었다. 2006년 가을 중간고사 기간을 이용해 평소 잘 어울려 다니는 '71동지회'(1971년 위수령 때문에 제적된 운동권 대학생들 모임)의 전용호를 따라 옛 장안인 시안西安으로 단체 관광을 떠났다. 가이드한테 중국 공산당과 홍군이 장정을 끝내고 본거지로 삼은 옌안延安이 얼마나 머냐고 물었다. 가이드는 고속도로가 생겨 네 시간이면 간다고 대답했다. 단체 관광 일정에서 하루 빠져나와 거금을 들여 차를 한 대 빌려 옌안에 갔다. 마오, 저우언라이, 주더朱德가 함께한 토굴 사령부 등 혁명 유적을 보자 감동이 일었다. 잊고 있던 옛 추억이 되살아나고, 장정을 따라 가보고 싶다는 생각이 들었다.

다행히 2007년 9월부터 2008년 8월까지 안식년이라 수업을 하지 않아도 됐다. 첫 안식년 때는 미국에 다녀왔지만, 두 번째 안식년은 중국에서 장정을 준비하고 장정을 다녀오기로 마음먹었다.

구체적인 준비에 들어가다

장정을 가려면 많은 준비가 필요했다. 우선 정보를 모아야 했다. 중국어를 배울 동안 영어와 한국어로 된 책을 사 모아 공부를 했다. 장정

장정을 준비하며 본 책들.

을 외부에 처음 소개한 에드거 스노우Edgar Snow가 쓴《중국의 붉은 별Red Star Over China》등 먼지 덮인 책들도 다시 꺼내 읽기 시작했다.

장정을 직접 다녀온 사람들이 쓴 기행문이 필요했는데, 두 권이 있었다. 하나는 언론인 해리슨 솔즈버리Harrison E. Salisbury가 1980년대 중국 정부에서 초청받아 장정을 다녀온 뒤 쓴 책인《장정 — 알려지지 않은 이야기The Long March: The Untold Story》였다. 솔즈버리는 장정을 다녀온 첫 외국인이었다. 다른 하나는 2005년 장정 70주년을 맞아서 중국 출신 젊은 언론인 쑨수인Sun Shuyun이 장정을 여러 구간으로 나눠 다녀와 비판적으로 쓴《장정The Long March》이었다. 두 책 말고도 중국 현대사에 관한 여러 책들을 모아 읽기 시작했다(부록 〈참고한 책〉 참조).

본격적인 준비는 2007년 8월 말 안식년이 시작되자마자 베이징으로 날아가 아파트를 빌리면서 시작됐다. 통역을 데리고 갈 예정이지만 그래도 조금은 말을 해야 할 듯해 중국어부터 시작했다. 9월 초부터 6개월간 집중적으로 공부하기로 했다.

아침 여덟 시 반부터 중국어 학원에서 네 시간 동안 공부하고, 간단히 점심을 먹은 뒤 다른 중국어 학원에서 한 시부터 세 시까지 공부했다. 세 시 반부터는 한 시간 동안 발음 개인 교습을 받았다. 하루 일곱 시간의 강행군이었다. 게다가 일곱 시간 공부한 내용을 복습하고, 거의 매일 받아쓰기와 암기 시험을 준비하는 데도 최소한 세 시간이 필요했다. 돌이켜보건대 이런 방식이 올바른 공부 전략인지는 자신이 없다. 학원 공부에 너무 묶이는 바람에 중국 사람들을 만나 이야기하면서 실전 중국어를 배울 시간이 거의 없었다.

학원에 가려고 아침에 엘리베이터를 타면 안내원이 짧은 인사를 건넸는데, 도무지 무슨 말인지 알아들을 수가 없어 그저 웃기만 했다. '장발장'으로 들리기는 했는데, 하도 답답해서 학원 선생에게 물어보니 고개를 갸우뚱하다가 무릎을 치며 말했다.

"교수님, 아마도 출근하느냐는 뜻으로 '상반러마上班了吗'일 거예요."

중국어를 하루 일곱 시간씩 석 달 동안 배워놓고는 이런 간단한 말도 모르다니 비참했고, 공부 전략이 잘못된 모양이라는 생각이 들었다. 하고 싶은 말은 그런대로 하겠는데, 듣기를 뜻하는 '팅听'은 여섯 달 뒤에도 거의 되지 않았다.

장정 계획 세우기

어쨌든 서너 달이 되자 중국어 책은 어느 정도 읽을 수 있게 돼 장정에 관련된 책을 사서 읽기 시작했다. 그리고 장정 70주년을 맞아 중국 중앙방송CCTV이 만든 장정 10부작과 홍군의 장정 비디오 등 장정 관련 비디오도 보면서 장정 경로를 연구했다. 이런 정보를 바탕으로 구체적인 계획을 세우기 시작했다.

자세한 중국 지도를 사서 경로를 표시하고, 그 길을 따라 차가 다닐 수 있는 도로를 찾고, 반드시 들러야 하는 역사적 장소의 기념물 등을 골라 그곳에 가는 방법을 알아내는 일이 중요했다. 긴 시간이 필요한, 답답하고 고통스러운 작업이었다. 어느 정도 시간이 지나자 하도 많은 자료를 읽고 공부한 덕분에 암기할 수 있는 수준이 됐다.

구체적인 일정을 짰다. 날씨가 어느 정도 풀리는 3월 10일에 베이징에서 시작해 상하이, 난창, 창사, 징강 산을 거쳐 장정 출발지인 루이진으로 간 뒤, 여기에서 장정 종착지인 우치吳起와 옌안을 거쳐 5월 13일에 베이징으로 돌아오는 약 65일에 걸친 일정이었다. 마오와 중앙군(1방면군)이 간 장정로 1만 킬로미터만이 아니라 2방면군과 4방면군이 간 길도 일부 돌기로 했다. 이런 전체적인 윤곽 아래 거리와 지형을 감안해 하루 단위로 이동 일정과 취재 계획을 작성했다(그러나 앞에서 이미 말한 대로 티베트 사태 때문에 중앙군이 이동한 930킬로미터 구간을 비롯해 2방면군과 4방면군이 이동한 일부 구간을 대부분 갈 수 없게 돼서 실제 일정은 보름이 당겨져 4월 말에 끝났다).

돈과 사람 그리고 차

다음에는 같이 갈 사람들과 차량, 경비를 마련했다. 경비 문제는 가장 쉽게 해결됐다. 《한국일보》에 기행문을 연재하고 경비를 지원받기로 했다. 긴 여정에 필요한 경비와 차량, 팀워크 등을 고려해 같이 갈 사람들은 소수 정예로 꾸려야 했다. 먼저 유능한 통역 겸 총무가 필요했다. 처음에는 베이징 대학교에서 중국 현대사를 공부하고 영어를 할 줄 아는 중국 대학원생을 통역 겸 가이드로 고용할 생각이었다. 그러나 친구인 전용호는 중국어를 잘하고 현지 사정에 밝으며, 사업 때문에 중국 안에서 발이 넓고 한국 현실을 잘 아는 오만용 선배를 추천했다. 일리가 있는 말인 듯해 도와달라고 하자 오 선배도 흔쾌히 수락했다. 정말 잘한 선택이었다.

자동차도 문제였다. 험난한 길을 생각할 때 당연히 사륜구동 차량을 빌려야 했다. 그러나 장기 여행이라 나, 오 선배, 기사 말고도 보조 기사가 필요한데다가 두 달간 쓸 많은 짐을 생각하면 두 대가 필요했다. 직접 운전할 생각도 해봤지만 현실적으로 불가능했다. 국제 면허증은 면허를 등록한 지역만 유효하기 때문이었다. 그러면 운전기사만 세 명이 필요하고 경비가 기하급수로 늘어날 수밖에 없었다. 고민 끝에 설산을 넘어야 하는 청두부터는 사륜구동 차를 빌리고 청두까지는 승합차를 빌려 움직이기로 했다(이 선택은 현실적으로 불가피했지만 나중에 많은 문제를 일으켰다). 어차피 보조 기사가 필요한 만큼 렌터카 회사에 요청하지 말고 운전할 수 있고 보디가드도 될 만한 조선족을 한 명 데려가기로 했다. 알고 지내던 조선족 사업가에게 부탁하니 마침 얼마전에 전역한 전직 무장 경관을 소개했다. 그렇게 해서 김문걸 씨가 합류했다.

장정 후반부에는 평소 오지 여행과 사진 촬영을 즐기는 《한국일보》 장재구 회장과 차마고도 다큐멘터리를 찍은 박종우 감독이 합류하기로 했다(그러나 갑작스러운 일정이 생겨 두 사람은 짧은 시간만 함께 했다. 그 짧은 시간에 추방이라는 아름답지 않은 추억도 같이 겪었다).

장정 내내 큰 힘이 된 오만용 선배와 김문걸 씨.

마지막 장벽은 행정 절차로, 중국 정부의 취재 허가를 받는 일이었다. 중국 특파원들에게 물어보자 자기들도 지방 취재 등을 허가받기가 아주 어렵다고 했다. 다만 올림픽이고 주제가 장정이니 허가를 할 가능성도 높다고 봤다. 그래서 그냥 여행 비자로 가다가 현지에서 문제가 생기느니 정식 허가를 받아 취재 비자로 가기로 했다. 중국 대사관과 중국 정부는 취재 기획에 아주 우호적이고 협조적이었다. 그래도 행정적으로 요구하는 사항이 많아 문서를 만드느라고 나와 오 선배가 꽤 고생을 했다. 출발 직전까지 비자가 나오지 않아 예약한 베이징행 비행기 표를 취소하고 다음날 가는 등 작은 시련도 겪었다.

그 밖에도 설산을 오를 때 쓸 겨울 파카와 아이젠부터 오랜 기간 기름진 중국 음식을 먹고 버티는 데 필요한 비상식량, 관련 자료 등 짐 꾸리기도 큰일이었다.

2. 장정을 향하여

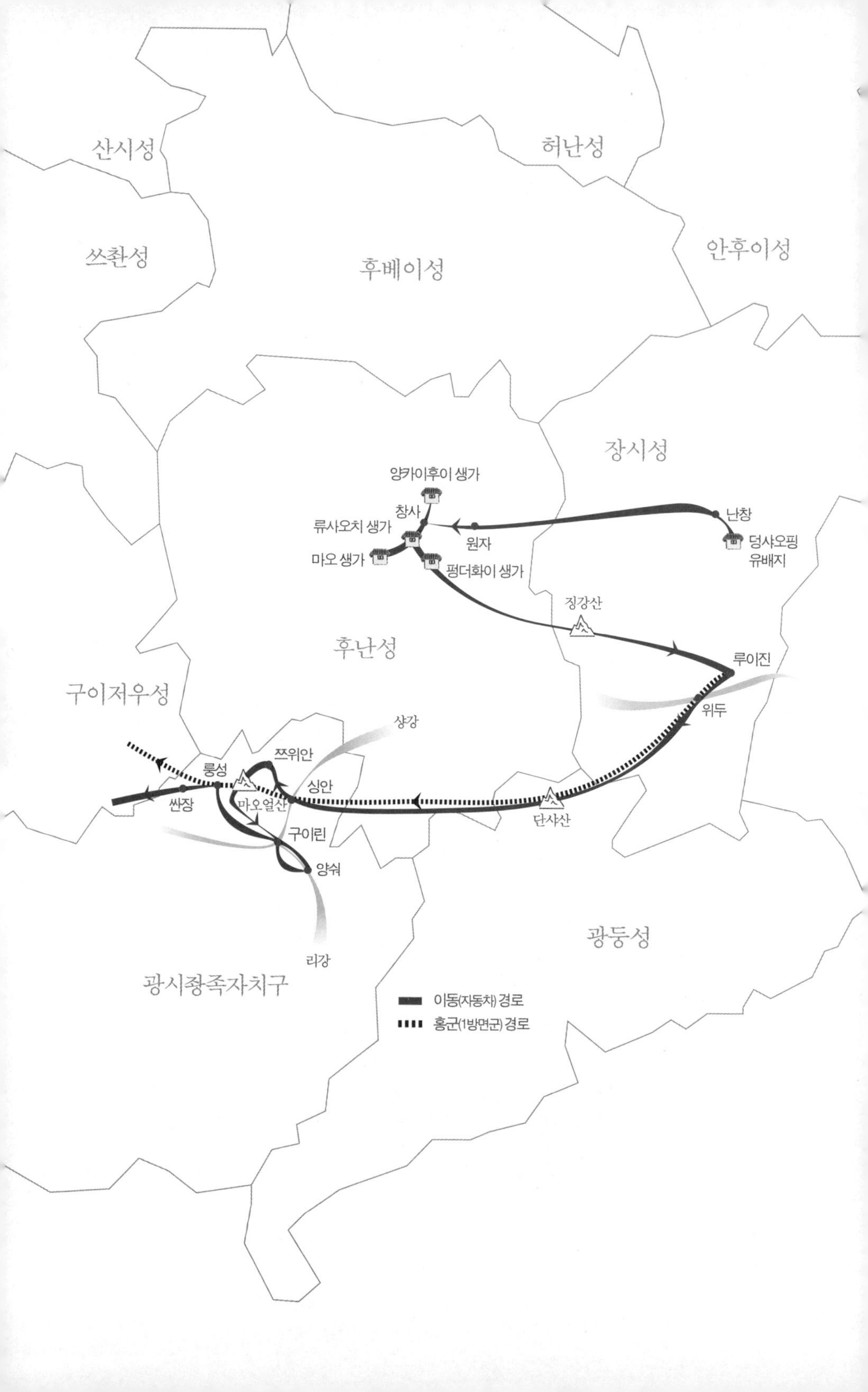

산시성
허난성
쓰촨성
후베이성
안후이성
장시성
양카이후이 생가
창사
류사오치 생가
마오 생가
원자
난창
덩샤오핑
유배지
펑더화이 생가
징강산
후난성
루이진
위두
구이저우성
샹강
룽성
쯔위안
싱안
싼장
마오얼산
구이린
단샤산
양숴
리강
광둥성
광시좡족자치구
이동(자동차) 경로
홍군(1방면군) 경로

베이징北京

올림픽과 홍루 그리고 거지

3월 10일, 여행 첫날이었다. 올림픽 주경기장에 들러 올림픽 준비 상황을 살펴보고, 《아리랑》의 주인공 김산의 아들을 만나고, 홍루에 들러 중국 공산당의 흔적을 찾아보는 빡빡한 일정이었다.

올림픽 개막식과 폐막식이 열릴 주경기장으로 가자 공사를 하느라 쳐놓은 푸른색 담장 사이로 거대한 회색 경기장이 모습을 드러냈다. 웅비하는 중국의 국력을 나타내는 듯 웅장했다. 담장 사이로 경기장을 보려고 많은 중국인이 모여 있었다. 가까이 가니 다들 카메라나 휴대폰으로 사진을 찍느라 바빴다. 중국이 올림픽에 쏟는 관심과 중국인들이 느끼는 긍지를 잘 보여주는 장면이었다.

김산의 아들인 까오잉광高永光 씨를 만나기로 한 베이징 대학교로 향했다. 기왕이면 김산이 활동한 홍루에서 이야기를 나누고 사진도 찍고 싶어 베이징 대학교 서문에서 만나기로 약속했다. 그리고 어느 중국 기자가 우리한테 관심을 보여 까오 씨를 만나기 한 시간 전에 먼저 보기로 했다.

베이징 대학교에 도착하자 중국 기자가 전화를 해 자기는 홍루 앞에 있는데 어디냐고 물었다. 서문 앞이라고 하자 홍루는 새로 옮긴 베이징 대학교가 아니라 옛 베이징 대학교 자리에 있다고 말했다. 그러나 까오 씨를 먼저 만나기로 한 만큼 중국 기자에게 사과하고 약속을 취

마오와 김산 등이 활동한 역사적 장소, 홍루.

소했다. 처음부터 일이 꼬여 조짐이 좋지 않았다.

까오 씨를 만나 인터뷰(7장의 '《아리랑》의 주인공 김산' 참조)를 한 뒤 택시를 타서 홍루로 가려 했는데, 택시 기사들이 홍루를 몰랐다. 여러 명에게 물어본 뒤에야 홍루를 아는 택시 기사를 만났다. 홍루에 도착하자 왜 사람들이 이 건물을 홍루라고 부르는지 이해가 됐다. 이곳은 중국 공산주의의 아버지인 리다자오李大釗와 천두슈陳獨秀가 교편을 잡고 젊은 이들에게 혁명 사상을 가르친 장소이고, 마오가 활동한 곳이다. 김산처럼 독립운동을 하러 중국에 온 한인들도 활약한 역사적 현장이기도 하다. 외부인은 출입할 수 없는 곳이라 방문 목적을 설명한 뒤 들어가 건물 사진만 찍고 나왔다.

다음날에는 상하이로 떠나기 전에 필요한 여러 가지 준비를 했다. 먼저 한국 가게에 가서 라면, 고추장, 멸치볶음 등 두 달 동안 기름진

사회주의 국가 중국에서 만난 거지.

중국 음식에서 우리를 구제할 비상식량을 샀다. 장정 출발지인 장시성에서 활동하는 기자들이 쓴 장정 기행문이 서점에 들어왔나 한 번 더 알아보러 왕푸징王府井 거리로 갔다. 중국의 '명동'이라 할 수 있는 왕푸징은 명품 상점들이 즐비하고 옷차림이 화려한 중국인들이 쇼핑을 즐기고 있어 개혁 개방의 분위기를 느낄 수 있었다. 그런데 두꺼운 겨울옷을 입고 바닥에 웅크려 자고 있는 노숙자가 보였다. 왕푸징의 노숙자, 묘한 대비였다. 사회주의라면 다른 것은 몰라도 노숙자와 거지는 없어야 하지 않을까? 거지가 있는 사회주의, 중국이 주장하는 중국 특색 사회주의는 묘하다는 생각이 들었다.

상하이上海

하늘 위에서 돌아본 중국 현대사

3월 12일, 베이징을 떠나 상하이행 비행기에 올랐다. 상하이와 다음 행선지인 난창, 이 두 도시는 중국 현대사의 분수령 같은 곳이다. 두 도시 사이의 관계, 그리고 그 관계가 중국 현대사에 끼친 영향을 이해하려면 중국 현대사를 간단하게 돌아봐야 한다.

19세기 후반 중국은 만주족이 지배하던 청나라가 근대화에 실패하고 서구 열강의 제국주의에 제대로 대응하지 못하면서 사실상 해체되고 만다. 그 뒤 중국은 각 지역에서 독자적인 군대를 갖추고 지역을 지배하는 군벌들이 지배하는 군벌 국가로 전락했다. 봉건 영주들이 지배한 중세 유럽하고 비슷한 모습이었다.

쑨원孫文은 군벌들을 제압하고 서구 같은 근대적 국민국가를 만들기 위해 노력했으며, 1913년에 국민당을 창당했다. 그리고 1921년에 중국 공산당이 창당됐다. 국민당하고는 당분간 협력하라고 소련과 국제 공산당 본부(코민테른)*가 지시하자 중국 공산당은 1차 국공 합작**에 들어갔다. 1924년 쑨원의 근거지인 광저우廣州에 북벌군을 양성할 황포군

* 각 나라의 공산당을 연계하고 일관되게 지도하려는 목적으로 결성돼 1943년까지 유지됐다.

** 공산당과 국민당이 북방의 군벌과 제국주의 열강에 대항하려 1924년에 맺은 협정. 북벌에 크게 기여하지만 공산당의 영향력이 확대될까 두려워한 장제스가 배신하면서 1927년에 붕괴됐다.

관학교가 들어서고 국민당의 장제스가 교장으로 취임했다. 그리고 공산당의 저우언라이가 정치부 주임으로 초빙됐다. 젊은 공산당원들도 이 학교에 입학해서 교육받았다.

1926년 7월, 공산당원을 포함한 국민혁명군이 군벌들을 소탕하는 북벌에 들어가 파죽지세로 승리를 거둔다. 우한武漢을 점령했고, 상하이도 점령할 수 있다는 기대가 생겼다. 그런 와중에 상하이 노동자들이 북벌을 도우려 총파업에 들어갔다. 1차 총파업과 2차 총파업은 실패했지만, 1927년 3월에 일어난 3차 총파업은 수십 만 명이 참여해 거리를 장악하는 등 성공적이었다. 노동자들은 북벌의 영웅 장제스에 우호적이어서 '장제스 만세'와 '국민당 만세'를 외쳤다.

4월 12일, 장제스는 상하이의 갱 두목이자 악덕 매판 자본가*인 황진룽黃金榮하고 뒷거래를 했다. 국민당군이 방조하는 사이에 황진룽의 부하들은 기관총을 설치하고 노동자들에게 총격을 가했다. 노벨 문학상을 받은 프랑스 소설가 앙드레 말로Andre Malraux가 《인간의 조건La Condition humaine》에서 잘 그리고 있듯이 수백 명이 죽고 수천 명이 사라졌다. '4·12 학살'이었다. 대대적인 공산당 숙청 운동도 전개됐다. 저우언라이는 체포 직전에 간신히 빠져나오지만 거액의 현상금이 걸린 처지가 됐다. 이렇게 해서 1차 국공 합작은 깨지고 말았다.

중국 공산당은 이 일이 불러온 반작용으로 당 총서기를 맡아온 천두슈를 몰아냈다. 그리고 평화적인 국공 합작 노선 대신 무장 투쟁이라는 좌파 노선으로 선회했다. 이런 좌파 노선에 따른 첫 '작품'이 난

* 식민지 시기에 민족 기업을 키우는 대신 개인의 이익을 위해 외국 자본에 결탁해 나라의 이익을 해친 제3세계의 상업 자본가를 가리킨다.

창 봉기이며, 그다음 '작품'이 추수 폭동이다(2장의 난창과 창사 부분 참조).

1927년 7월 25일, 짙은 눈썹이 인상적인 잘생긴 젊은이가 난창에서 가장 좋은 그랜드 호텔(강서여관이라는 설도 있다) 25호실에 체크인했다. 저우언라이였다. 다른 방들에도 허룽河龍 등 쟁쟁한 공산당 간부들이 투숙하기 시작했다. 봉기를 준비하느라 각자 군대를 이끌고 난창에 집결했다.

8월 1일, 난창 시 공안국 국장인 주더가 국민당군 지휘관들을 연회에 초대해 발을 묶자 공산당군은 허룽 부대 등을 동원해 사상자 3000여 명을 안겨주며 국민당군을 격파한 뒤 난창을 장악했다. 그러나 광둥으로 진군해 혁명의 근거지를 마련하려는 계획은 실패했다. 저우언라이와 허룽 부대가 광둥으로 이동하다가 국민당군에 참패해 전멸한 때문이었다. 저우언라이와 허룽은 간신히 살아남아 상하이와 홍콩으로 도망쳤다.

공산당 중앙당은 난창 봉기 말고도 후난, 후베이湖北, 광둥, 광시 등 네개 성에서 추수 폭동을 일으키기로 했다. 마오도 고향인 후난 성에서 추수 폭동을 책임지라는 지시를 받았다. 1927년 9월 9일, 추수 폭동의 횃불이 올랐다. 마오는 후난 성의 몇몇 소도시를 장악하는 데 성공하지만 피해도 컸고, 성도省都(성의 수도)인 창사는 공격할 엄두도 내지 못했다. 전선위원회를 소집한 마오는 창사를 공격하는 대신 후난 성과 장시 성의 경계에 자리한 징강 산으로 들어가 유격전을 벌이기로 했다.

상하이의 두 얼굴

상하이는 중국의 '붉은 자본주의'를 상징한다. 상하이는 서구 열강의 오랜 조차지*이던 역사적 유산을 바탕으로 중국의 새로운 시장 경제를 주도하고 있다. 서울을 뛰어넘는, 아니 전세계 어디에 내놓아도 결코 빠지지 않는 스카이라인과 와이탄外灘**의 화려한 네온사인이 이 사실을 증언한다.

상하이는 중국 사회주의의 상징이자 메카이기도 하다. 바로 중국공산당이 창립한 곳이기 때문이다. 상하이의 선진 노동자들은 1920년대 총파업 투쟁부터 1960년대 문화대혁명에 이르기까지 중요한 역사적 국면에서 선도적이고 적극적인 투쟁을 벌였다. 그래서 상하이는 '두 얼굴'의 도시다.

상하이에 도착해 숙소를 잡은 뒤 바로 신톈디新天地로 향했다. 신톈디는 서구식 카페가 모여 있는 번화가다. 이곳에 들어서자 중국이 아니라 파리에 와 있는 느낌을 받았다. 재미있게도, 그리고 어떻게 생각하면 충격적이게도 신톈디는 중국 공산당이 창설된 역사적인 장소 바로 옆에 있었다. 택시 기사에게 신톈디를 가자고 한 이유는 카페 거리를 둘러보고 싶기 때문이 아니라 중국 공산당 제1차 전국대표대회(전대)가 열린 유적지를 찾아가야 하기 때문이었다.

1921년 7월 23일, 마오를 비롯한 열세 명이 상하이 프랑스 조차지 안에 있는 2층 건물에 모였다. 공산당원 쉰세 명을 대표한 대의원 열세 명은 중국 공산당 창당을 위한 열띤 토론에 들어갔다. 눈치를 챈 경찰이 수색에 나서자 급히 가까운 호수에 떠 있는 유람선으로 옮겨 창당 선언문을 낭독했다. 이때가 7월 30일이었다.

* 한 나라가 다른 나라한테 빌려 통치하는 영토. 영토권은 빌려준 나라에 있고, 통치권은 빌린 나라에 있다.

** 해변가에 있는 유서 깊은 거리로, 상하이 최고의 관광 명소.

저우언라이 회고전 포스터가 걸린 왼쪽 끝 건물이 카페 거리 바로 옆에 자리한 중국 공산당 창당 대회 유적지다.

마침 1차 전대 회의 유적지에서는 저우언라이 회고전을 열고 있었고, 공산당의 성지답게 관광객도 꽤 많았다. 대의원 열세 명이 회의를 한 회의실은 촬영할 수 없었다. 사무실로 가서 취재 목적을 설명하고 나서야 촬영해도 좋다는 허락을 받았다. 이 회의에서 마오는 중요한 인물이 아니었다. 이때 중앙위원으로 선출된 인물은 장궈타오였다. 장정 도중 4방면군 사령관인 장궈타오는 홍군이 갈 방향을 놓고 마오하고 깊이 갈등했다. 소외받는 마오와 최고 엘리트 장궈타오가 갈등을 겪다가 결국 마오가 승리한 과정을 보면 역사란 정말 묘하다는 생각을 지울 수 없다.

무엇보다도 신톈디에서 나는 혼란스러웠다. 다른 곳도 아니고 혁명의 최고 성지라 할 수 있는 곳에 이국적인 카페 거리가 들어설 수 있게 허락한 중국. 실용주의라고 해야 할지 자신감이라고 불러야 할지 어지럽기만 했다. 이런 혼란은 장정의 성지인 자오핑두의 진사 강金沙江 도하 기념탑 바로 옆에 있는 가라오케를 발견한 때 다시 찾아왔다(5장의 자오핑두 부분 참조).

1차 전대 회의 유적지와 파리를 떠올리게 하는 카페 거리 신텐디는 중국의 현재를 잘 보여주는 곳인지도 모른다. 전혀 다른 '의미'의 장소가 가까운 거리에 공존하는 모습은 공산당 체제를 유지하면서도 시장 경제를 적극 도입하는 중국식 사회주의를 상징하지 않을까?

불 꺼진 와이탄은 인류의 미래?

상하이가 지닌 최고의 매력을 꼽으라면 와이탄의 야경이 꼭 들어간다. 화려한 네온사인과 조명은 환상적이다. 시간도 늦고 피곤하지만 멋진 사진을 찍으러 와이탄으로 향했다. 그런데 와이탄은 조명이 다 꺼져 죽은 거리가 돼 있었다. 해안을 따라 설치된 전망 도로에서 장사하는 노점상에게 물어보니 요즘은 주말에만 조명을 켜고 평일에는 끈다고 했다. 지난 춘제(설날) 때 폭설이 내린 뒤부터 그렇게 한다는 말도 덧붙였다. 발전 문제와 송전 문제 탓에 생긴 전력난 때문에 관광객이 많은 주말에만 조명을 켠다는 설명이었다.

후난 등 중국의 남방 지역은 겨울에도 비교적 따뜻해 눈이 오지 않는다. 그런 곳에 지난겨울 폭설이 내리는 바람에 전기가 끊기고 귀성객이 도로에서 발이 묶여 오도 가도 못하고 고생하는 모습을 뉴스에서 본 적이 있었다. 그러나 상하이까지, 폭설 사태에서 한 달이 지난 뒤에도 전력난에 시달린다니 뜻밖이었다.

불이 꺼져 황량한 와이탄 거리야말로 환경 오염과 에너지 위기에 봉

차들이 내뿜는 매연과 나무나 석탄을 때는 연기로 뿌연 중국 거리.

착한 불안한 미래를 상징하는 모습이 아닐까? 따뜻한 지방에 내린 폭설도 환경 오염 때문에 일어난 기상 이변의 결과다. 폭설이라는 기상 이변은 전력난을 불러왔다. 어디 전력뿐이랴? 고갈 위기를 맞아 천정부지로 치솟는 석윳값은 또 어떤가? 중국은 자원을 확보하느라 아프리카, 중동, 중앙아시아 같은 자원 강국들한테 많은 정성을 기울이고 있다. 개혁 개방 정책에 따라 중국의 석유와 에너지 소비량은 앞으로 더 늘어날 수밖에 없다. 그렇다고 우리를 돌아보지 않고 중국 탓만 하면서 에너지 위기를 걱정하는 태도는 이기적이다. 해결하기가 쉽지 않은 딜레마다.

난창南昌

애물단지 '애마'를 만나다

3월 14일, 상하이를 떠나 난창으로 향했다. 12일 밤에 와이탄의 야경을 촬영하려다가 조명이 꺼져 실패하는 바람에 다음날 상하이의 자본주의를 상징하는 번화가의 낮 풍경이라도 찍느라 예정보다 일정이 하루 늦어졌다. 베이징에서 구하지 못한 중국 기자들이 쓴 장정 기행기를 살 수 있어서 그나마 다행이었다.

공항에 내리자 젊은 중국인이 우리를 기다리고 있었다. 쓰촨 성의 성도인 청두까지, 다시 말해 설산을 넘을 사륜구동으로 차를 바꿀 때까지 40여 일간 같이 지낼 운전기사였다. 날카롭기는 하지만 똘똘하게 생긴 듯해 마음에 들었다. 물론 그런 평가를 곧 후회하고 말았다.

밖으로 나가자 스타렉스를 중국식으로 개조한 승합차가 기다리고 있었다. 우리를 중국의 여러 오지로 인도할 소중한 '애마'였다. 오 선배가 말한 중국에서 가장 큰 렌터카 회사는 40일 넘게 차를 빌린다는 말을 듣고 고장나지 않을 새 차를 배차해주겠다고 했는데, 정말 새 차였다. 차에 올라서 보니 시트의 비닐 커버도 아직 그대로 있었다(운전기사는 자기 차를 아껴서 여행이 끝날 때까지 비닐을 떼지 않았다. 한 달 동안 한 관찰에 따르면 아마도 닳아서 없어질 때까지 결코 떼지 않는다고 장담한다).

차를 타고 렌터카 회사로 가서 계약을 했다. 나중에 안 일이지만 그

차는 회사 소유가 아니라 운전기사의 차였고, 회사가 계약을 한 뒤 대금을 받아 차를 가진 운전기사하고 일정 비율로 나누는 방식이었다. 이런 사실은 운전기사가 차를 너무 아끼는 통에 알게 됐는데, 우리가 고생하게 된 중요한 원인의 하나였다.

운전기사는 차에 무리가 간다며 비포장도로에서는 아예 기어갔고, 시속 120킬로미터가 제한 속도인 고속도로에서도 90킬로미터를 넘지 않았다. 그런 탓에 하루에 평균 한 시간 반에서 두 시간을 더 차에서 보내야 했다. 그만큼 취재를 못 하고, 사람들 만날 시간을 빼앗기고, 몸도 힘들었다. 오죽하면 헤어질 때 운전기사에게 한마디 했겠는가.

"그렇게 차가 아까우면 몰고 다니지 말고 집 천장에 매달아놓으쇼."

출발할 때는 그런 일이 벌어질 줄 전혀 모르고 있었다. 새 차에서 나는 냄새에 취해 즐거운 여행을 기대하며 마냥 설레기만 했다. 한 치 앞도 못 내다보는 인간의 미련함이여!

계약을 끝내고 난창 역으로 향했다. 워낙 짐이 많은데다가 나와 오 선배는 상하이에 들러야 해서 김문걸 씨는 기차를 타고 베이징에서 난창으로 직접 내려오기로 한 때문이었다. 김문걸 씨를 만나서 차에 짐을 실었다. 마지막 열의 시트를 뽑아내야 할 정도로 짐이 많았다. 드디어 출발이다.

모든 권력은 총구에서 나온다?

빨주노초파남보의 화려한 색상으로 원을 그린 천장과 벽. 총구가 천장을 겨누고 있는 거대한 소총. 마치 포스트모던한 팝아트 설치 미술의 한 장면 같았다.

'모든 권력은 총구에서 나온다'는 말을 상징하는 난창 봉기 기념 조형물(왼쪽). 난창 봉기를 기리는 기념탑(오른쪽).

다음날인 3월 15일, 난창봉기 기념관으로 들어가자 가장 먼저 나를 맞은 형상은 이런 충격적인 조형물이었다. 공산당이 세운 혁명 유적 기념관이니 당연히 무겁고 칙칙한 사실주의적 조형을 생각했는데, 뒤통수를 맞은 기분이었다.

앞에서 말한 대로 난창 봉기는 국공 합작에서 배신당하고 피의 희생을 치른 공산당이 독자적 무장 투쟁을 펼치기로 한 뒤 벌인 첫 무장 봉기다. 그렇게 보면 난창 봉기를 아주 기가 막히게 잘 표현한 작품이었다. 그리고 '모든 권력은 총구에서 나온다'는 마오의 유명한 말이 떠올랐다. 조형물이 형상화하고 있는 주제가 바로 마오가 한 이 발언이기 때문이었다. 이 발언은 마오와 공산주의자들이 선거나 의회 같은 민주 정치를 혐오하고 폭력 혁명을 선호한다는 사실을 보여주는 구절로 자주 인용된다. 나도 어느 정도는 그렇다고 생각해왔다. 그렇지만 이제는 이런 발언이 나오게 된 맥락을 무시한 잘못된 해석이라는 진실을 깨달았다.

마오가 한 이 발언은 중국 공산당이 독자적 무장 투쟁 방침을 결정한 우한 회의에서 나왔다. 따라서 이 발언은 피의 희생을 치른 뒤의 평화 노선은 적의 폭력에 패배할 수밖에 없으니 권력을 잡으려면 대항 폭력을 가져야 한다는, 비정하고 엄혹한 사실을 지적하려는 현실 분석일 뿐이었다. 그렇다고 마오가 비폭력주의자라거나 폭력 사용을 꺼린 사람이라는 이야기는 아니다. 마오는 문화대혁명 때 장정 시기에 생사고락을 같이한 부하들을 거의 모두 죽일 정도로 잔인했다. 다만 문제가 된 발언만은 특정한 맥락 속에서 이해해야 한다는 뜻이다.

어쨌든 거꾸로 선 장총 조형물을 보면서 역사에서 폭력이라는 문제를 다시 한 번 생각했다. 우리는 폭력이 아니라 정의가 결국 승리하며 비폭력의 힘이 폭력보다 더 강하다고 이야기한다. 나도 규범적으로는 폭력 또는 난창 봉기 방식의 대항 폭력, 나아가 비폭력을 넘어서 모든 폭력에 반대하며, 이런 대립을 극복하려는 적극적인 반폭력을 선호한다. 그러나 나이가 들고 현실을 알수록 역사에서 폭력의 힘이라는 현실을 부정할 자신이 없어진다. 고대 노예들이 스파르타쿠스 반란* 같은 무장 저항이 아니라 비폭력 저항만 했다면, 그리고 중국 농민이 공산당의 지도 아래 홍군을 조직하지 않고 비폭력 저항 운동만 펼쳤다면, 노예의 사슬과 봉건적 수탈이라는 족쇄에서 해방될 수 있었을까?

첫 인상이 너무 강렬해서 그런지 다른 조형물과 전시물은 평범했다. 그래서 허룽 부대 지휘부와 장시 혁명열사 기념관으로 향했다. 허룽은 윈난의 리장丽江, 샹거리라香格理拉,** 쓰촨의 다오청稻城, 간쯔甘孜 등 서쪽 끝에 있는 오지를 가로지르며 고난의 행군을 한 2방면군을 이끈 전설적인 장군이다. 콧수염이 멋진 허룽의 체취를 느껴보고 싶었다.

의열단 단장 김원봉 등 우리 조상들이 남긴 체취를 찾아보고 싶은 마음이 사실은 더 컸다. 난창 봉기에 참여한 허룽 부대에는 김원봉 말고도 많은 한인 좌파 독립운동가들이 함께했다. 아쉽게도 한인들의 흔적은 남아 있지 않았다.

장시 혁명열사 기념관은 국공 합작으로 진행된 북벌 전쟁 때 국민혁명군 기관총수로 참전해서 전사한 한인 열사 김준섭에 관한 자료가 많이 남아 있다고 해서 찾았다. 그러나 내부 수리 중이라 문이 굳게 닫혀 있었다. 이렇게 내부를 고친다며 문을 닫아서 보지 못한 기념관이 많았는데, 여기가 1호였다.

* 기원전 73년 로마의 검투사 스파르타쿠스가 일으킨 노예 반란. 스파르타쿠스는 한때 세력을 크게 떨치지만, 기원전 71년 로마군에 패해 처형된다.

** 제임스 힐튼(James Hilton)이 소설 《잃어버린 지평선(Lost Horizon)》에서 지상 낙원으로 묘사한 곳. 샹그릴라는 이상향의 대명사가 돼 사전에 실렸다. 여러 곳이 다양한 근거를 들어 자기 고장이 진짜 샹그릴라라고 주장했는데, 관광 산업을 고려한 중국 정부가 2002년 윈난 성 짱족 자치구의 행정 구역 명칭을 샹거리라 현으로 바꿨다.

마오, 농민을 발견하다

난창에 이은 다음 행선지는 추수 폭동의 현장이자 마오의 고향인 창사였다. 창사는 후난 성 최고의 관광지인 장자제張家界로 가려는 사람들이 많이 들르는 성도이기도 하다. 3월 16일, 창사로 가려고 고속도로로 향했다. 아침 안개 때문에 앞이 잘 보이지 않았다. 중국은 안개가 끼는 등 날씨가 나쁘면 고속도로를 봉쇄했다. 교통경찰이 고속도로를 봉쇄해 트럭 수십 대가 톨게이트 입구에 길게 늘어서 있었다.

첫 출발부터 차질이 생겨 여정이 순탄하지 않을 듯한 예감이 들었다. 할 수 없이 국도로 돌아가기로 했다. '국도'는 이름값을 못했다(나중에 다른 국도와 도로를 경험하고 나서야 이 도로가 오히려 '호화 도로'라는 사실을 알았다). 반면 시골 풍경을 보는 색다른 경험을 했다. 길가 개천에는 여성들이 빨래를 하고 있었다. 잊고 있던 아늑한 추억의 풍경이었다.

난창에서 창사까지 거리는 530킬로미터였다. 도로 사정이 나빠 시간이 많이 걸렸다. 기념관이 닫힌 뒤 도착할까 봐 걱정이었다. 다행히 추수폭동 기념관은 창사에 70킬로미터 못 미친 원자文家에 있어서 오후 다섯 시 전에 도착했다. 여기도 내부 수리 중이었지만 직원한테 취재하러 한국에서 왔다고 말하니 문을 열어줬다.

마오 등 후난 성의 공산당원들은 창사 부근 여러 지역에서 추수 폭

추수폭동 기념관 앞에는 장총과 농민의 손을 함께 형상화한 조각이 눈에 띄었다.

동을 일으킨 뒤 국민당군이 추격해오자 이곳에 모였다. 창사 공격을 포기하고 징강 산이 있는 남쪽 산악 지대로 들어가 유격 기지를 만들어서 지구전을 벌이기로 했다. 기념관으로 들어가자 난창에서 본 조형물처럼 하늘을 향하는 장총 모양을 한 조각이 눈에 띄었다. 다만 농민이 참여한 봉기라는 사실을 상징하기 위해 횃불을 든 농민의 손이 함께 있었다. 기념관 안에는 추수 폭동 관련 자료를 많이 전시해놓았다.

추수 폭동은 중국 혁명의 주동력이 된 농민이 처음으로 중국 현대사의 중심 세력으로 등장한다는 점에서 주목할 만하다. 중국 공산당은 러시아 혁명에서 한 경험에 바탕을 둔 코민테른의 지도에 따라 농민보다는 노동자를 혁명의 중심 세력으로 보고 있었다. 피의 학살로 끝나기는 하지만 상하이 노동자들의 봉기가 보여주듯이 그때만 해도 기성 질서에 저항해 싸운 세력은 노동자였다. 추수 폭동을 계기로 중국 인구의 절대다수를 차지하는 농민도 압제에 저항해 무기를 들었다. 장정에 참여한 홍군의 30퍼센트는 노동자인 반면 농민은 노동자보다 두 배 넘게 많은 68퍼센트를 차지했다. 오늘날의 중국을 만든 일등 공신은 농민이었다.

역설적이게도 지금 중국에서 농민, 특히 농민 출신인데 도시에 불법으로 들어가 일하는 농민공, 그리고 노동자는 개혁 개방의 혜택을 받지 못하는 소외 계층이다. 물론 개혁 개방에 따른 경제 발전 덕분에 중국 역사상 처음으로 다수 농민이 절대 빈곤에서 탈출했다. 그러나 상대적 빈곤은 심각하다. 얼마 전 중국사회과학원이 지난 10년간 개혁으로 거둔 성과의 분배율을 조사한 결과에 따르면 공무원(29.2%), 연예인(20.2%), 민영 기업주(자본가)와 자영업자(17.7%), 국영 기업과 집단 기업 간부(16.1%) 등이 많은 수익을 나눠 가진 반면 인구의 절대다수를 차지하는 농민공(0.5%)과 농민(1.3%)은 노동자(0.9%)하고 함께 가장 혜택을 받지 못했다.

길에서 본 농민의 모습도 그러했다. 트랙터가 아니라 소나 쟁기로 농사를 짓는 모습이 많았다. 이야기를 들어보니 농사를 지어 한 달에 600위안(한화 8만 4000원) 이상 벌기가 쉽지 않다고 한다. 《중국농민조사》*라는 책이 고발하는 중국 농민의 현실은 충격적이다. 혁명과 역사는 항상 이런 식으로 귀결되고 마는 걸까?

이런 현실을 고려해 후진타오胡錦濤 정부는 농촌세를 폐지하는 혁명

* 천구이디(陳桂棣)와 우춘타오(吳春桃) 부부가 쓴 《중국농민조사(中國農民調査)》는 발간되자마자 큰 반향을 불러일으키지만 곧 금서로 지정됐다. 그런데도 '어둠의 경로' 등을 통해 800만 부 넘게 팔렸고, 세계적으로 유명한 '레트레 율리시스 르포 문학상'을 받았다.

적 조치를 취했다. 중국 역사상 처음으로 농민이 지주와 정부에 소작료나 세금을 내지 않게 됐다. 이런 조치도 심각한 도농 양극화 해결에는 역부족인 듯했다. 우울한 기분으로 기념관을 나와 창사로 향했다.

비운의 여인 양카이후이

다음날 아침, 비가 내리는 창사 시내를 벗어나 시외로 향했다. 운전기사가 차에 문제가 생겨 수리를 받겠다고 해서 택시라도 타고 양카이후이楊開慧의 흔적을 찾아 나서기로 했다.

양카이후이는 마오의 첫째, 아니 정확하게 말하면 둘째 부인이다. 마오는 열네 살에 부모가 억지로 권해 네 살 위인 먼 친척하고 결혼했다. 그러나 마오가 한 말에 따르면 첫째 부인하고 같이 산 적은 없고, 게다가 결혼하고 일 년 뒤에 부인이 죽는 바람에 열다섯 살에 홀아비가 됐다.

마오가 처음으로 마음을 주고 연애를 해서 결혼한 사람은 같은 고향 출신이자 스승의 딸인 양카이후이다. 그러나 마오는 1927년 9월 추수 폭동을 지휘하러 집을 떠난 뒤 돌아오지 않았다. 대신 징강 산으로 들어간 뒤 통역(마오는 이 지방 사투리를 몰라 통역이 필요했다)이던 열여덟 살 혁명 소녀 허쯔전賀子珍한테 반해 곧 결혼을 했다.

1930년 10월 마오가 이끄는 부대가 창사를 공격하자 국민당군은 양카이후이와 여덟 살 아들을 함께 체포했다. 국민당군은 마오가 다른 여성을 만나 결혼해 사는 사실을 알려주면서 직접 이혼을 발표하고 마오를 공개 비난하면 살려주겠다고 제안했다. 양카이후이는 이 제안을 거부했고, 스물아홉 살 꽃다운 나이에 형장의 이슬로 사라졌다.

양카이후이는 마오를 끝까지 믿은 걸까?

창사에서 북쪽으로 40킬로미터 정도 가니 카이후이開慧가 나왔다. 양카이후이가 묻힌 고향은 마을 이름까지 카이후이로 바꿨다. 카이후이 식당, 카이후이 여관, 카이후이 약방까지 마을이 온통 카이후이였다.

양카이후이 묘에 도착하자 언덕 위에 서 있는 조각상이 눈에 들어왔다. 하얀 석고로 만든 양카이후이는 소복을 입은 단아한 모습으로 새벽비를 맞으며 마오를 기다리는 듯했다. 자기를 배신한, 게다가 자기 곁을 떠난 뒤 몇 달도 지나지 않아 다른 여성하고 결혼해버린 마오를 목숨까지 포기하면서 버리지 못한 그 마음이 아름답다 못해 처절하게 느껴졌다.

마오의 새 부인인 허쯔전은 양카이후이의 존재와 비참한 죽음을 알았을까? 하기는 허쯔전도 얼마 뒤 마오의 마음을 사로잡은 장칭江青에 밀려 비참하게 쫓겨나고 말았다.

조각 뒤에는 양카이후이를 그리워하며 마오가 쓴 시 〈접연화蝶戀花〉를 커다랗게 새겨놓았다. 자기를 나비에 비유하고 양카이후이를 꽃에 빗대서 나비가 꽃을 사모한다는 내용이다.

사실 마오는 부인이나 가족에게 도통 관심이 없었다. 3주 동안이나 이 지역에 머물고 있으면서도 양카이후이와 아들을 구하려 노력하지 않았다. 나처럼 평범한 인간은 도저히 이해하지 못할 대목이다. 그렇다면 이 시는 뒤늦은 죄책감의 표현일까? 한 시대를 만드는 영웅이라는 사람들은 최소한의 인간적 도덕마저 초월하는 걸까? 중국 현대사의 격랑 속에 스러진 여인의 명복을 빌었다.

좌회전 깜빡이를 켜고 우회전하는 중국

"미국은 우회전 깜박이를 켜고 우회전해 갔다. 그래서 다소 덜컹거리지만 아직 잘 가고 있다. 러시아는 좌회전 깜박이를 켜고 좌회전해 가다가 고랑에 처박혔다. 이 모습을 보고 놀란 중국은 좌회전 깜박이를 켜고 우회전해 가고 있다. 그것이 바로 중국 특색 사회주의다. 중국 특색 사회주의는 결국 자본주의다."

어느 나라나 택시는 민심의 잣대다. 중국이라고 다르지 않다. 양카이후이 유적지에서 창사로 돌아오면서 택시 기사하고 나눈 대화 덕분에 중국의 여러 면을 알았다. 먼저 언론의 자유 문제다. 물론 중국이 이른바 자유주의 진영처럼 신문과 방송 등 언론의 자유가 보장되는 나라는 아니다. 그러나 택시 기사가 하는 얘기를 들으니 일상에서 사람들끼리 정부 비판 정도는 자유롭게 할 수 있는 자유는 생긴 듯했다.

내용도 무척 재미있었다. 고등 교육을 받은 지식인하고는 거리가 멀어 보이는 운전기사가 중국 특색 사회주의라는 오늘날 중국의 현실을 명쾌하게 설명했다. 흔히 '모든 것은 우리가 체험하는 현실과 그 현실에 의미를 부여하는 의미 체계의 결합물'이라고 한다. 중국 특색 사회주의라고 정부와 언론이 의미를 부여해도 결국 일반 국민이 생활에서 피부로 느끼는 현실적 체험의 힘은 무서웠다.

택시 기사는 정부 관리들이 저지르는 부정부패에 비판적이었다. 새로 취임한 성장(한국의 도지사)도 측근들을 데려다가 끼리끼리 다 해먹고 있다며 목청을 높였다. 사실 개혁 개방으로 가장 덕을 많이 본 사람들은 공무원이다. 중국에서 아직도 최고 부자는 정부다. 미국을 비롯한 많은 국가의 정부가 만성 적자에 시달리는 현실을 생각하면 중국 정부는 세계에서 가장 부유할지도 모른다. 중국은 세율이 무척 높은데다가 민영화를 한 뒤에도 알짜 대기업의 최대 주주는 여전히 정부이기 때문이다.

정부 관리들이 많은 혜택을 누리고 있으며 심심찮게 언론을 장식하듯이 부정부패도 심각한 수준이라고 택시 기사는 목소리를 높였다. 동료 기사들을 보면 20퍼센트 정도 노후 보험에 들어 있는데 자기는 수입이 시원찮아 보험도 없으니 나이 더 들면 어떻게 해야 할지 모르겠다면서 화를 냈다. 마오가 살아서 이 택시를 탄다면 고향 사람이 털어놓는 민심을 듣고 무슨 생각을 할지 궁금했다.

점심은 후난식으로 해결했다. 듣던 대로 매웠다. 사천 요리의 매운 맛이 후추 비슷한 화자오花椒를 넣은 '마라麻辣'(혀를 마비시키는 매운 맛)라면, 후난 요리의 매운 맛은 고추가 내는 맛('마라'가 아닌 '라辣')이라 우리 입맛에 맞았다. 후난 출신답게 매운 음식을 좋아한 마오는 혁명가라면 매운 음식을 잘 먹어야 한다면서 매운 음식을 못 먹는 독일인 오토 브라운(코민테른이 파견한 군사 고문. 중국 이름 리더李德)을 놀렸는데, 그래서 후난 성 출신인 혁명가들이 많은 걸까? 우리도 매운 음식을 잘 먹어서 한국의 사회운동이 세계적으로 명성을 날릴 정도로 강한 걸까?

마오 생가로 가는 비포장도로

샤오산韶山. 창사에서 서남쪽으로 50킬로미터 정도 떨어진 작은 마을이다. 사방이 산으로 둘러싸인 계곡에 자리한 샤오산은 1950년대만 해도 호랑이가 잡힐 정도로 오지였다. 이 마을에서 마오가 태어났다.

샤오산으로 가는 길은 별 문제가 없을 줄 알았다. 이제는 국부가 된 마오의 생가가 있는 곳 아닌가? 길은 비포장인데다가 엉망진창이었다. 북한이라면 아스팔트를 깔고 길을 잘 닦을 텐데 이렇게 엉망인 모습을 보면 마오는 우상화가 덜 된 모양이었다. 그렇게 생각하니 엉망진창 길도 참을 만했다. 마을에 도착하자 국부의 생가답게 주차된 차가 많았다. 단체로 온 관광버스가 여러 대 눈에 띄었다. 완만한 언덕길을 올라가자 왼쪽에 연못이 하나 나오고 오른쪽에 사람들이 모여 있는 생가가 보였다.

왼쪽에 있는 연못은 마오가 공부보다는 일을 하라는 아버지하고 대판 싸운 뒤 투신하겠다며 겁을 줘 항복을 받아낸 곳이었다. 마오는

사람들이 많이 찾는 마오쩌둥 생가.

대가 끊기기를 원하지 않는 아버지의 약점을 이용한 승리이자 내 생애 처음으로 계급 투쟁에서 이긴 중요한 사건이라고 그 일을 회고했다. 빚 많은 가난한 집에 태어나 자수성가한 아버지는 마오가 집안 장부를 정리하고 집에서 운영하는 쌀가게의 도제가 돼 돈을 벌기를 원했다. 마오는 일보다는 공부를 하고 싶어했다. 아버지가 수업료를 안 준다고 하자 서당에 가려고 마음에도 없는 결혼까지 했다.

어머니가 마오 편을 들어서 그나마 다행이었다. 어머니와 외가가 설득해서 마오는 사범학교에 들어갔고, 거기에서 좌파 사상을 접했다. 만일 어머니가 아버지를 설득하는 데 실패했으면 우리가 아는 마오는 없을 가능성이 컸고, 중국의 역사도 달라졌겠다. 역사란 참 묘하다.

마오가 아버지에게 품은 증오는 아주 심각했다. 1968년 문화대혁명이라는 이름 아래 장정 동지들을 대규모 숙청할 때는 '중국판 이근안'

인 고문관에게 이런 말을 하면서 아쉬워했다.

“내 아버지도 살아 있으면 비행기(팔을 뒤로 묶고 머리를 땅에 박게 하는 고문)를 태울 텐데.”

지도자의 리더십 스타일이 어린 시절에 한 경험에서 큰 영향을 받는 현실을 보면, 마오가 문화대혁명 때 보여준 잔인함은 아버지하고 겪은 불화에서 연유하는지도 모른다.

마오의 생가는 그 시대의 중국 농촌에서는 꽤 큰 집이었다. 방이 여섯 개 달린 기와집이니 부농인 셈이었다. 사실 펑더화이彭德懷 등 몇몇을 빼면 마오쩌둥, 저우언라이, 덩샤오핑 등 중국 혁명의 지도자들은 대부분 부농이나 중산층 출신이다.

레온 트로츠키와 이오시프 스탈린의 전기를 쓴 작가 아이작 도이처Issac Deutscher는 중산층 출신인 블라디미르 일리치 레닌과 트로츠키 등이 계급적 배경을 버리고 프롤레타리아트를 위해 혁명의 길을 걸은 반면 스탈린은 타고난 계급적 본능에 따라 혁명의 길을 갔으며, 그런 차이가 잔인한 스탈린을 만든 원인이라고 주장했다. 마오를 생각하면 그런 주장이 꼭 맞지는 않는 듯하다.

징강 산井岡山

13억 기름 전쟁

3월 18일, 징강 산으로 향했다. 그런데 문제가 생겼다. 차에 기름을 넣어야 하는데 주유소마다 기름이 없다고 했다. 다른 차들은 기름을 넣고 있어서 저 차가 넣는 기름은 뭐냐고 물으니 휘발유라고 했다. 휘발유는 구할 수 있는데 경유는 없다는 말이었다. 경유 품귀 현상은 중국 어디에 가도 마찬가지였다. 중국에 승용차보다 트럭이 워낙 많아서 그런 모양이었다.

주유소는 하루에 팔 수 있는 양이 정해져 있어 문을 여는 아홉 시보다 한 시간 먼저 와서 줄을 서 기다렸다. 차 한 대에 얼마 이상(대개 100위안) 안 파는 경우가 많았다. 가끔 낮에도 기름을 파는 곳이 있어 가보면 방금 판 기름이 마지막이고 이제 없다며 잡아뗐다. 자동차 번호판을 보고 외지 차이면 골탕을 먹였다. 고속도로는 낮에도 기름을 팔았지만, 트럭이 수십 대 줄을 서 있어 포기했다.

본격적인 장정은 아직 시작도 안 했는데 자동차 기름이 없어 여기에서 꼼짝 못 하나 싶어 눈앞이 노래졌다. 십여 군데를 헤매다가 거의 자포자기할 때쯤 아주 지저분하고 작은 구멍가게 같은 주유소가 나타났다. 대부분의 주유소는 페트로차이나(중국석유천연가스공사)가 운영하는데, 그곳은 사설 주유소였다. 경유가 있었다. 조금 비싸기는 했다. 그러나 돈이 문제인가? 가득 넣으라고 했다. 중국에도 개인 기업에

트럭이 줄을 서 있는 주유소. 대도시를 벗어난 지방에서는 경유가 무척 귀했다.

는 기름이 있다는 생각에 마음이 찜찜했다.

베이징에서 여섯 달 살았지만 대도시에서는 이런 일이 전혀 없어 몰랐는데, 중국의 에너지 사정이 얼마나 심각한 수준인지를 실감했다. 석유는 고갈되고 소비는 늘어나는 미래에는 어떻게 해야 하나? 하기는 어디 중국뿐이랴, 저 풍경은 우리의 미래가 아닐까?

다행히 길을 가다 기름이 떨어져 자동차가 멈추는 상황은 피할 수 있었다. 우리가 멀리 이동하는 이유를 설명하고 서류도 보여주며 설득해서 기름을 가득 넣는 식으로 연명했다. 그래도 아침마다 한 시간 넘게 줄을 서는 시간 낭비를 감수해야 했고, 언제 기름이 떨어질지 몰라서 마음을 졸여야 했다.

징강 산과 좌파 《수호지》

기름을 가득 넣자 마음이 뿌듯했다. 즐거운 기분으로 징강 산으로 향했다. 징강 산은 난창과 창사의 남쪽 중간 지점에 있으니 오던 길을 거슬러 난창이 있는 장시 성으로 되돌아가야 한다. 장시 성으로 돌아가는 고속도로가 다시 안개로 출입이 통제되는 바람에 지방 도로를 타고 첩첩산중으로 들어섰다. 80년 전 추수 폭동에 실패한 마오가 자기를 따르겠다는 병사 600명을 이끌고 징강 산으로 향한 바로 그 길이다. 마오는 이 길을 걸으며 무슨 생각을 했을까?

길은 또 공사 중이었다. 돌아갔다. 돌아가도 공사 중. 돌고 돌아 간신히 정강산 행 고속도로를 타고 징강 산 톨게이트에 도착했다. 톨게이트에 내리자 붉고 긴 마름모꼴을 비스듬히 세워 오성홍기의 별과 낫을 형상화한 뒤 '징강산'을 써 넣은 조형물이 나타났고, 그 뒤로 징강 산이 보였다.

해발 900미터 정도인 징강 산은 넓은 지역에 평평하게 펼쳐져 있었다. 그러나 후난 성과 장시 성의 경계에 자리해 국민당 정부의 영향력에서 벗어난 곳이었다. 이 지역에는 이미 화적떼 500명이 자리를 잡고 소작료와 세금을 받으면서 실질적인 정부로 행세하고 있었다. 마오는 화적떼가 홍군을 경계하지 않도록 직접 찾아가서 남부로 가려고 잠시 머무는 중이라며 거짓말을 한 뒤 같이 지내기로 했다. 그러고는 토호들을 공격해 처형하는 방식으로 지역을 장악하고 화적떼를 부하로 삼았다. 마오가 자주 읽던 《수호지》에 나오는 의적하고 비슷한 모습이 됐다. 현대판 송강宋江*인 셈이었다. 신문들은 마오를 중요한 화적 두목으로 보도했다. 이 일 때문에 마오는 모스크바와 중앙당한테 비판을 받기도 했다. 그러나 주더가 부대를 이끌고 합류하면서 전설적인 '주-

커다란 조형물 뒤로 징강 산이 보인다.

마오 부대'가 탄생했다. 펑더화이도 부하들을 데리고 산으로 올라왔다.

흔히 중국에는 다섯 곳의 성지가 있다고 한다. 마오의 시신과 혁명 박물관이 자리한 베이징, 마오 생가가 있는 창사, 마오가 장정 중 권력을 잡게 되는 쭌이 회의가 열린 쭌이, 장정을 끝내고 도착한 홍군이 수도로 삼은 옌안, 징강 산이다.

징강 산은 5대 성지의 하나답게 잘 정돈돼 있었다. 고급 숙박 시설이 즐비해 휴양지에 놀러온 기분이었다. 나중에 창사, 쭌이, 옌안 등 다른 성지도 모두 둘러봤지만 이렇게 호화스러운 시설은 없었다. 수백억 원을 들여 외양만 번지르하게 만들어놓아 정신은 사라지고 껍데기

* 《수호지》의 주인공. 1121년 화이난(淮南)에서 농민 반란을 일으키며 상당한 기세를 올린 실존 인물이다.

고급 휴양지처럼 보이는 징강산 혁명 유적지와 징강산 혁명열사 기념비.

만 남은 광주 국립5·18민주묘지처럼 제도화된 혁명 유적이라는 느낌이 강하게 들었다.

군에서 운영하는 아주 고급스러운 호텔에 숙소를 잡고 기념관으로 올라갔다. 꽤나 많은 계단을 지나자 뾰쪽한 금빛 조각들이 난창과 창사에서 본 소총 조형물처럼 하늘을 향하고 있는 모양의 '징강산 혁명 열사 기념비'가 나타났다. 징강 산을 형상화한 모양이다. 왼쪽에는 창을 든 어린 손자하고 함께 산으로 들어간 아들을 그리워하는 듯 먼 곳을 응시하는 주름 깊은 할머니를 묘사한 조각이, 오른쪽에는 떠난 남편을 그리는 아내와 홍군을 묘사한 조각이 보였다. 할머니는 발밑의 호화 관광 시설을 바라보며 무슨 생각을 하고 있을까?

세 가지 기율과 여덟 가지 주의 사항

마오는 징강 산 시절에 홍군의 기본 규율을 만들었다. 이때 만든 세 가지 기율과 여덟 가지 주의 사항('3대 기율, 8개 주의 사항')은 홍군의 기본 지침이 됐다. 농민들이 홍군을 지지한 중요한 이유의 하나로 꼽히는 이 규율을 보면 마오 특유의 실용주의나 현장주의가 드러난다. 관념성을 배제하고 경험과 생활에서 우러나는 생생한 현장성을 살린 대중적 사고 말이다.

세 가지 규율은 다음 같다. 첫째, 명령에 복종하고, 둘째, 가난한 농부의 재산은 아무것도 빼앗으면 안 되고, 셋째, 몰수한 지주의 재산은 곧바로 정부에 제출한다. 여덟 가지 주의 사항*은 더 구체적이다. 마오는 부하들에게 어려운 마르크스주의를 가르치는 대신에 생활에 필요

* 여덟 가지 주의 사항은 다른 판본도 전해진다. 이를테면 다음 같다. 첫째, 공손하게 말하라, 둘째, 물건을 살 때는 제값을 치러라, 셋째, 빌리면 꼭 갚아라, 넷째, 피해를 끼치면 반드시 보상하라, 다섯째, 사람을 때리거나 말을 함부로 하지 말라, 여섯째, 농작물을 망치지 말라, 일곱째, 부녀자를 희롱하지 말라, 여덟째, 포로를 학대하지 말라.

한 아주 구체적인 사항을 정리해 교육했다. 어쩌면 그런 구체적인 행동이 농민의 신뢰와 지지를 받아 승리하게 된 원동력인지도 모르겠다.

첫째, 민가를 떠날 때는 (잘 때 쓴) 문짝을 제자리에 갖다놓는다.

둘째, 잘 때 쓴 짚단도 묶어서 제자리에 갖다놓는다.

셋째, 인민들에게 예의 바르게 행동하며 되도록 도와준다.

넷째, 빌려 쓴 물건은 모두 돌려준다.

다섯째, 손상된 물건은 모두 배상한다.

여섯째, 농민하고 한 거래는 신용을 지킨다.

일곱째, 산 모든 물건은 값을 치른다.

여덟째, 위생에 신경쓰고, 화장실은 민가에 피해를 주지 않는 먼 곳에 만든다.

언제 읽어도 구체성에 혀를 내두르지 않을 수 없다. 한국의 진보 운동도 신뢰를 되찾으려면 거창한 이론이 아니라 이 여덟 가지 주의 사항처럼 구체적인 행동 지침이 필요한지도 모른다.

3. 장정을 떠나다

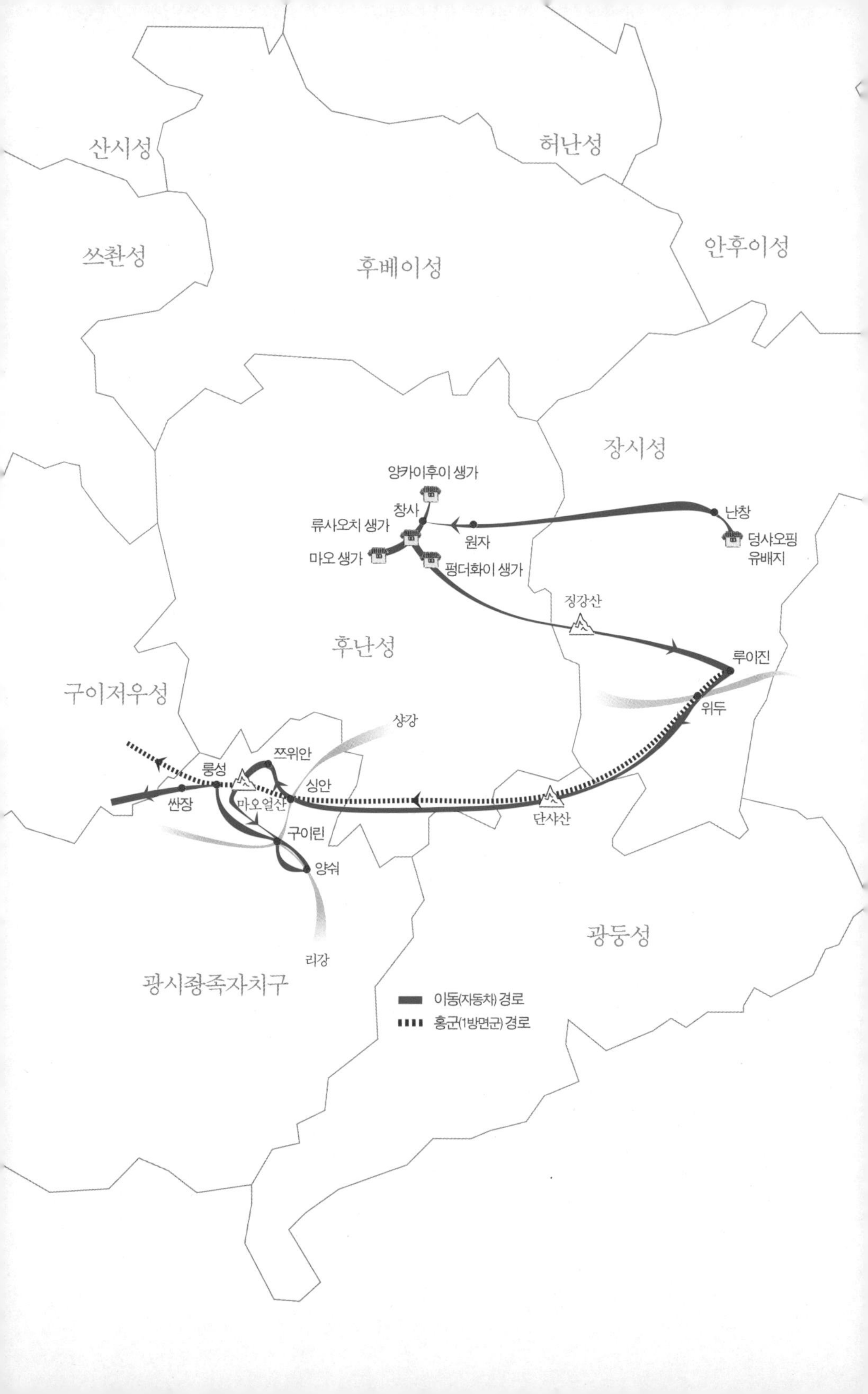
산시성
허난성
쓰촨성
후베이성
안후이성
장시성
양카이후이 생가
창사
류사오치 생가
마오 생가
펑더화이 생가
원자
난창
덩샤오핑
유배지
징강산
루이진
위두
후난성
구이저우성
샹강
쯔위안
룽성
싱안
싼장
마오얼산
단샤산
구이린
양쉬
리강
광둥성
광시좡족자치구
이동(자동차) 경로
홍군(1방면군) 경로

루이진瑞金 위두于都

5차 포위 작전을 뚫어라

징강 산에서 세력을 키운 마오는 산에서 내려와 장시 성의 루이진 지역을 장악했다. 루이진은 평지이지만 접근하기 힘든 오지라서 국민당이 장악하지 못한 곳이었다.

1931년 11월 7일. 러시아 혁명 14주년인 이날 중국 공산당은 장시 성을 중심으로 홍군이 장악한 지역을 묶어 중화소비에트공화국을 선포했다. 면적 16만 제곱킬로미터에 인구 1000만 명인 해방구가 탄생했다. 수도는 마오가 장악한 루이진으로 정했다. 모스크바는 루이진도 장악하고 있는데다가 마침 이름도 널리 알려진 마오를 국가 수반인 중앙위원회 주석으로 임명했다.* 마오를 평생 따라다닌 '주석'은 이렇게 처음 등장했다.

주석은 사실 내각 책임제에서 대통령이 놓인 처지하고 비슷하게 허울뿐인 자리였다. 중앙당이 위험한 상하이를 떠나 안전한 루이진으로 옮겨오면서 모든 일을 관장하게 된 사람은 당서기인 저우언라이였다. 게다가 모스크바에서 유학하고 마오보다 열네 살이나 어린 스물다섯 살 청년 보구博古가 소련의 전폭적인 지지 아래 도착해 당을 장악했

* 소련과 코민테른은 중국 공산당이 쓰는 자금을 대부분 제공하는데다가 국제 공산당 본부라는 권위도 지녀 거의 절대적인 영향력을 행사했다.

고, 코민테른이 파견한 독일인 군사 고문 오토 브라운도 합류했다. 중국 공산당을 움직이는 3인위원회(저우언라이, 보구, 브라운)가 자리잡았다. 마오는 루이진을 장악하면서 토착 공산당 지도부를 무자비하게 숙청한 실책을 비판받고 권력에서 밀려났다.

장제스와 국민당군은 소비에트 지역 포위 작전에 들어갔다. 홍군은 적의 약점을 이용해 네 차례의 포위 작전을 모두 물리쳤다. 소비에트에 근거지를 두고 정규군이 전면전을 벌이는 방식을 원하는 3인위원회에 맞서 마오는 소비에트를 포기하고 홍군을 소부대로 나눠 유격전을 해야 한다고 주장했다. 마오는 패배주의라며 비판받았는데, 이런 노선 투쟁 속에서 마오의 부하인 덩샤오핑은 희생양이 돼 투옥되고 이혼까지 했다.

1934년 들어 국민당군은 전투기 400대와 대포 수천 문, 병력 100만 명을 동원한 5차 포위 토벌 작전에 들어갔다. 일정 거리마다 토치카를 만들어 홍군 지역을 완전히 포위했다. 3인위원회는 홍군이 살아남으려면 소비에트를 포기하고 포위망을 뚫은 뒤 다른 곳에 있는 홍군(먼저 후난 성 서북부에 근거지를 둔 허룽의 2방면군)하고 합류해야 한다고 결정했다. 장정을 결정한 셈이었다. 다시 말해 장정은 마오가 결정하지 않았다. 그리고 이 이동이 1만킬로미터에 이르는 역사적인 장정이 되리라고 생각한 사람은 아무도 없었다. 마오도, 장제스도 마찬가지였다.

기이한 살생부

마오가 장정에 낀 일은 행운이었다. 마오는 루이진에서 서쪽으로 70킬로미터 정도 떨어진 위두라는 작은 도시에 반연금 상태로 갇혀 있었다. 말라리아에서 간신히 회복해 운신하기도 쉽지 않았다. 게다가 사사건건 시비를 거는 눈엣가시를 제거하고 싶던 보구는 병 치료를 핑계 삼아 마오를 모스크바에 보내겠다고 보고했다. 모스크바는 마오가 모스크바로 오다가 국민당군에 잡힐 수 있다는 이유를 들어서 반대했다. 몇몇 학자들은 마오가 보구에게 앞으로 말썽 부리지 않겠다고 약속하는 한편 지주들한테 빼앗아 숨겨둔 큰돈을 내놓은 덕분에 장정에 참여하게 된 듯하다고 주장하기도 한다.

문제는 마오 추종자들이었다. 3인위원회는 장정을 떠날 사람들과 남을 사람들을 나눴다. 남을 사람들은 지도부가 안전하게 빠져나갈 수 있게 국민당군에 맞서 목숨을 건 전투를 벌일 각오를 해야만 했다. 운 좋게 살아남더라도 생포돼 처형을 당할 수밖에 없었다. 잔류자 명단이란 살생부나 다름없었다.

부상자 2만 명과 홍군이 빠져나갈 동안 국민당군을 잡아둘 결사대 6000명이 남기로 했다. 나이 많은 사람과 병자도 남았다. 잔류자에는 지도부에 밉보인 마오의 측근이 많이 포함됐다. 이를테면 마오의 3형제 중 막내인 마오쩌탄毛澤覃이 그렇다. 허쯔전이 낳은 마오의 두 살배기 아들도 아이는 두고 간다는 규정에 따라 한 농가에 남겨졌다.

허쯔전은 다른 고위 간부들의 부인들하고 함께 장정에 참여했다. 다만 임신 7개월이어서 들것에 실려 길을 떠났다. 장정에 참여한 홍군 8만 5000명 중 여성은 고위 간부의 부인 등 35명뿐이었다. 마오의 바로 아래 동생인 마오쩌민毛澤民은 재정과 군수 책임자로 짚신과 의복 제작 등을 총지휘한 뒤 장정에 합류했다.

장정을 떠나는 홍군에는 덩샤오핑도 끼어 있었다. 감옥에서 나와 졸병으로 강등된 덩샤오핑은 오척 단구의 몸으로 개인 짐과 쌀가마니,

탄환 주머니, 소총 등 40킬로그램에 이르는 짐을 지고 장정을 떠났다. 졸병 신분이지만 장정에 낄 수 있어서 그나마 다행이었다. 장정에 끼지 못해 루이진을 사수하다가 목숨을 잃었다면 덩샤오핑식 개혁 개방은, 따라서 오늘날의 중국은 불가능했을지도 모르기 때문이다. 기이한 살생부가 중국의 역사를 바꿨다.

중국판 '원조 최대포' 논쟁

3월 19일, 징강 산을 떠나 오후 늦게야 루이진에 도착했다. 해가 지기 전에 취재를 끝내야 해서 서둘렀다. 가장 먼저 찾은 곳은 루이진 시내에서 서북쪽 4킬로미터 지점에 있는 사조우바沙洲坝. 지저분한 거리를 지나가자 옛 소비에트 정부 건물이 나타났다. 2차 전국소비에트대표대회를 열고 소비에트 정부 강당으로 쓴 건물이 남아 있었다.

인상이 예쁜 기념관 학예사가 나와서 친절하게 설명했다. 우리가 올해 이곳을 방문한 첫 외국인이라며 반가워했다. 붉은 글씨로 '중화소비에트공화국 임시중앙정부'라고 쓴 우아한 회색 건물에는 붉은 별 속에 중국 영토를 그린 지구본이 보였다. '임시' 중앙 정부라니……. 베이징으로 진군해 '정식' 중앙 정부를 선포하겠다는 패기가 느껴지는 명칭이었다. 베이징 올림픽 성화가 이곳에서 출발해 중국 곳곳을 달릴 예정이라는 설명도 들었다. 그만큼 중국 정부가 이곳이 지닌 역사적 의미를 중요하게 생각한다는 말이었다.

건물로 들어가자마자 벽에 걸린 자료부터 확인했다. 미리 조사한 대로 2차 전국소비에트대표대회에 참석한 중앙집행위원회 명단이 걸려 있었다. 깨알 같은 글씨를 읽다가 '비스터毕士悌'라는 이름을 찾아냈

중화소비에트공화국 임시 중앙 정부 건물.

다. 한인 혁명가 양림楊林의 중국 이름이다. 이 오지까지 들어온 잊힌 한인 혁명가의 체취를 느낄 수 있었다(5장의 '진사 강을 건너라'와 7장의 '장정에서 살아남은 한인들' 참조).

다음 행선지는 서북쪽에 자리한 예핑叶坪에 있는 홍군 광장. 1931년 11월 7일 중국 공산당이 소비에트 공화국을 선포하고 마오를 주석으로 선출한 장소다. 그런데 저녁 다섯 시가 넘어 문이 닫혀 있었다. 다행히 한국에서 취재 온 사람들이라고 하자 빨리 사진 찍고 나오라며 문을 열어줬다. 안으로 들어가자 변절자 때문에 위치가 발각돼 사조우바로 옮기기 전까지 임시 정부로 쓴 여러 건물이 나타났다.

건물 뒤에는 커다란 광장이 있었다. 홍군 광장이었다. 잔디가 깔린 바닥에는 하얀 돌로 '선열들의 발자취를 따라서'라고 쓰여 있고, 글씨가 끝나는 곳에 포탄 모양을 한 붉은색 기념탑이 보였다. 루이진을 상

홍군 열사 기념탑.

징하는 홍군 열사 기념탑이었다. 기이한 살생부 때문에 남겨진 뒤 주력군이 빠져나갈 수 있게 시간을 벌고 죽어간 이름 없는 홍군을 생각하며 묵념을 올렸다. 이 사람들이야말로 장정의 진정한 영웅이 아닐까?

늦었지만 오던 길을 돌아 위두에서 자기로 했다. 징강 산에서 루이진으로 가려면 위두를 거쳐야 하는데, 장정은 서쪽인 루이진에서 위두로, 위두에서 다시 서쪽으로 가는 방향이었다. 해가 진 껌껌한 밤길을 따라 루이진을 벗어나자 시 경계에 '장정 출발지 루이진'이라는 펼침막이 나타났다. 밤이지만 차를 세워 사진을 찍었다. 오던 길에 위두에서도 '장정 출발지 위두'라는 펼침막을 본 기억이 났다. 장정 출발지가 두 군데라는 말인가? 마포에 가면 여러 군데에서 볼 수 있는 '원조 최대포' 간판 같은 '원조 논쟁'이 벌어지고 있었다.

장정 출발지 원조라고 주장하는 루이진(왼쪽)과 위두(오른쪽).

역사와 권력

원조 장정 출발지는 어디일까? 루이진일까, 위두일까? 중국 안 분위기는 압도적으로 위두다. 루이진에는 소비에트 임시 정부 등은 남아 있지만 장정에 관련된 제대로 된 기념관이 없다. 위두에는 거대한 장정 기념관과 장정 기념탑 등이 있다. 장정 여행을 시작하는 사람들은 대부분 루이진이 아니라 위두로 간다. 물론 지도부가 위두를 도하 지점으로 선택해 1934년 7월에 루이진에서 위두로 사령부를 옮기고 장정을 준비한 사실은 맞다. 그러나 소비에트 정부와 주력군은 루이진에 머물러 있었고 위두가 루이진 서쪽에 자리해 루이진에서 위두를 통해 서쪽으로 장정을 떠난 점을 감안하면 루이진이 장정 출발지라는 주장이 더 설득력 있다. '원 출발지'는 분명히 루이진이다.

참가자들만 해도 그렇다. 루이진은 인구 23만 명 중에서 3만 5000명이 장정에 참가해 1만 명이 희생됐다. 위두는 22만 명 중에서 1만 6000명이 참가해 1만 명이 희생됐다. 수적으로도 루이진이 우세하다.

원조 논쟁에서는 왜 위두가 우세할까? 이유는 간단하다. 출발할 때 당 지도부가 위두로 옮겨와 있었다. 특히 마오가 위두에서 장정을 떠났다. 결국 역사란 승자의 역사이고, 원조 논쟁에도 권력 관계가 개입될 수밖에 없는 법이다. 역사가든 보통 사람이든 마오가 어디에서 출발한지가 궁금할 뿐 소비에트 수도가 처음에는 어디이고 주력군이 출발한 곳이 어디인지는 관심이 없다. 미셸 푸코Michel Foucault*가 한 말이 생각났다. "이 세상에 참과 거짓은 존재하지 않으며, 진리란 결국 자기가 하는 주장이 진리라고 주장할 수 있는 권력 관계를 의미한다."

사실 장정 하면 우리는 마오를 비롯한 중앙 1방면군이 걸은 1만 킬로미터 행군을 생각한다. 그러나 장정은 그 행군만을 의미하지 않는다. 2방면군인 허룽 부대는 후난 성 서북부를 출발해 구이저우 성을 거쳐 윈난 성의 서북쪽 끝으로 진군해 리장의 위룽쉐 산玉龍雪山, 샹그릴라의 메이리쉐 산梅里雪山을 넘고, 다오청, 간쯔, 아바阿坝 같은 쓰촨 성 서북부의 장족 지역을 지나 1방면군하고 합류했다. 거리로 보나 길이 험한 정도로 보나 1방면군보다 더 고생했다(7장의 '허룽 장군과 2방면군' 참조). 4방면군도 마찬가지다. 이런데도 역사가 1방면군 중심으로 기술되고 기억되는 현실 또한 결국 권력 때문이다. 역사가 기억을 둘러싼 정치 투쟁인 이유가 바로 여기에 있다.

이런 생각을 하며 위두에서 마오가 머물던 숙소를 찾았다. 마오 숙소 앞에는 학교를 마치고 집으로 돌아가는 아이들이 놀고 있었다. 숙소를 관리하는 사람도 제대로 없었다. 아이들 놀이터가 된 모습이 화

* 지식과 권력 사이의 관계와 담론의 문제, 일상 속에 편재하는 미시 권력을 둘러싼 일상성의 민주주의 문제를 파헤친 포스트모더니즘 철학자다.

마오 숙소 앞에서 놀고 있는 천진난만한 아이들.

석화되고 신격화된 유적보다 더 아름다워 보였다.

기념관으로 가는 길은 공사 중이었다. 눈앞에 보이는 기념관을 가려고 이리저리 헤맸다. 위두 강 도하를 기념하는 기념탑이 있었고, 그 뒤에 기념관이 보였다. 기념관에 들어가자 장정을 결정한 3인방의 얼굴부터 위두 강을 건너는 데 필요한 부교를 만들 때 쓴 문짝 등이 전시돼 있었다. 짚신 만들기 등 위두 주민이 장정을 떠나는 홍군을 지원하려고 한 여러 일들을 유형별로 묘사한 그림들이 인상 깊었다. 홍군

마오는 이 강을 건너 장정을 떠났다.

과 민중은 물과 물고기 같은 관계여서 민중의 지지가 없으면 홍군이 존재할 수 없다는 마오의 지적을 잘 보여주고 있었다.

밖으로 나오자 도하 지점에 기념석이 설치돼 있고, 그 뒤로 배가 보였다. 이런 배 800척을 동원해 부교를 여러 개 설치한 홍군은 1934년 10월 16일 저녁 여섯 시 횃불을 밝힌 채 강을 건너 장정을 떠났다. 말라리아 후유증 때문에 들것에 실려 강을 건넌 마오는 마흔 살이었다.

74년 전 마오가 건넌 위두 강은 준설 작업을 하느라 엉망진창이었다. 옛날 맛은 나지 않아도 자식 열 명 중 여덟 명을 장정에 떠나보낸 한 어머니의 통곡 소리가 들리는 듯했다. 1949년 장제스가 이끄는 국민당군에 승리를 거둔 홍군이 위두를 지나간다는 소식을 듣고 이 어머니는 사흘 밤낮을 잠도 자지 않고 거리에 나와 자식들을 기다렸다. 그러나 아무도 돌아오지 않았다.

인터뷰

98세 홍군을 만나다

이제 해야 할 일은 살아 있는 홍군 참가자를 만나는 것이었다. 장정이 74년 전(끝난 해 기준으로는 73년 전) 일이라서 생존자는 대부분 세상을 떠났다. 다행히 장정 70주년 기념으로 장정 경로를 따라가며 취재한 중국 기자들에 따르면 위두에 95세 홍군이 살고 있었다. 3년이 지나 이제 98세인데, 아직도 살아 있을지 걱정이었다.

책에 적힌 주소를 보고 집을 찾다가 포기했다. 오토바이 기사에게 10위안을 줄 테니 그 주소로 데려다달라고 했다. 기사가 근처에 데려갔지만 집은 못 찾았다. 동네 사람들에게 물어보니 골목 안으로 들어가라고 했다. 낡은 집이 보였는데, 다행히 주소가 맞았다. 안으로 들어가니 인상 좋고 선하게 생긴 40대 초반 남성이 의아한 표정으로 우리를 쳐다봤다. 노병을 만나러 왔다니까 아버지는 안채에 계신다고 했다.

홍군 모자를 쓰고 나타난 노병은 생각보다 건강하지만 귀가 어두워 대화하는 데 어려움이 많았다. 노병은 한국에서 왔다고 하자 무척 놀라며 반가워했다. 한국에서 사 간 사탕을 선물로 드리고, 기념품으로 만든 장정 기념 손목시계도 직접 채워드렸다. 벽에 걸린 부부 사진, 손자와 손녀들을 포함해 온 가족이 함께 찍은 사진은 머지않아 역사 속으로 사라질 장정의 산 증인이 보내는 일상을 잘 증언하고 있었다.

막내아들 청런화曾仁華 씨가 통역을 해줘 사탕을 맛있게 드시는 청푸양曾富樣 할아버지를 인터뷰했다.

언제, 왜 홍군이 가담했습니까?

스물두 살이던 1932년이었어. 그때는 소작농이었지. 농민과 일하는 사람이 주인 되는 세상을 만들어준다고 하니 주저 없이 참가했어.

가족이 반대하지 않았나요?

반대라니. 그때 위두에서는 홍군이 되면 최고 영예였는데.

장정 때는 무슨 일을 하셨죠?

펑더화이 부대에서 기관총수를 했지. 7킬로그램이나 나가는 기관총을 메고 다녔어. 한번 져봐. 얼마나 무거운지 몰라.

힘든 일은 무엇이었나요?

라오 산老山이랑 다쉐 산 같은 고신을 넘는 일이지. 가파른데다가 산소가 부족해 기절할 뻔했어.

위험한 순간은 없었나요?

우리 부대에서 일고여덟 명만 살아남았는데, 나는 상처 하나 안 입었지. 다 하늘에 계신 상제님이 돌봐주신 게지. 그 뒤부터 고마워서 소고기를 안 먹어.

장정이 끝나고 무엇을 하셨습니까?

옌안에 있다가 일본이 망한 뒤에 장제스군이랑 치른 해방 전쟁까지 참전하고 1953년에 고향으로 돌아왔어. 쑤저우蘇洲에서 당이 배려해서 결혼도 했지.

귀향 뒤에는 무슨 일을 하셨습니까?

장정 전에는 글을 못 읽었는데 장정 중에 글을 배웠지. 귀향하고는 정부 농업생활협동조합 같은 곳에서 창고 관리원으로 일했어.

정부가 한 배려는 없었나요?

장정에 참여한 배려로 30년 전에 5000위안을 지원해줘서 이 집을 지었지. 그것 말고 특별한 배려는 없었어.

자녀는 어떻게 되세요?

3남 1녀. 마누라는 5년 전에 노환으로 죽었어. 지금은 막내랑 같이 살고 있지.

건강하셔서 장정 80주년 때(2014년)도 다시 뵐 수 있기를 빕니다.

자네들도 장정 잘 다녀와. 조심들 하고.

단샤 산丹霞山

단샤 산에서는 '물건' 자랑하지 말라

위두를 떠난 홍군은 남쪽으로 이동해 광둥 성으로 들어가 국민당군의 포위를 뚫을 수 있었다. 1차 저지선과 2차 저지선을 책임진 광둥 지역 군벌이 다른 군벌들처럼 장제스와 홍군 사이에서 이중적 태도를 보인 덕분이었다. 군벌들은 공산당을 싫어했지만 장제스도 싫어했다. 저우언라이는 특사를 보내 홍군을 무사히 보내주면 거액을 주겠다고 제의했다. 광둥 성의 군벌은 25만 달러를 받고 홍군을 통과시켜주기로 했다. 홍군은 3차 저지선도 어렵지 않게 통과했고, 4차 저지선, 곧 중국 최고의 산수山水라는 구이린桂林 북쪽의 싱안興安을 가로지르는 샹 강湘江에 도달할 때까지는 큰 문제가 없었다.

샹 강으로 가는 길이 쉽지는 않았다. 장정 경로를 따라서 차가 다닐 수 있는 길은 없었다. 그나마 많이 돌지 않으려면 광둥 성으로 내려가 광둥 성, 장시 성, 후난 성의 경계에 있는 323번 국도를 타야 했다. 이 323번 도로가 북으로 가는 106번 도로를 만나는 곳에 단샤 산이 있었다. 특별한 유적은 없지만 홍군이 옆을 지나간 산으로 유명한 곳이라 이곳에서 잠을 자기로 했다. 운전기사는 차에 문제가 생겨 정비를 해야 한다고 했다. 다음날 차를 정비할 동안 단샤 산에 다녀왔다.

유네스코가 지정한 세계 지질 공원인 단샤 산은 붉은 돌로 유명하다. 그중에서도 양원석陽元石과 음원석陰元石이 가장 널리 알려져 있다. 산

높이 28미터에 지름 7미터인 양원석(왼쪽)과 높이 10미터가 넘는 음원석(오른쪽).

으로 올라가자 중국인이 '세계 최고의 기이한 바위'라고 부르는 양원석이 나타났다. 남자 성기를 빼닮은 높이 28미터에 지름 7미터짜리 바위가 거대한 위용을 자랑하며 솟아 있었다.

중국에는 '동북에 가서 술 자랑 말고, 베이징 가서 벼슬 자랑 말고, 상하이 가서 상술 자랑 말고, 광저우 가서 돈 자랑 말라'는 말이 있다. 한국의 호남에서 '여수 가서 돈 자랑 말고, 벌교 가서 주먹 자랑 말라'는 말하고 비슷한 표현이다. 그런데 이 마을 사람들은 거기에 하나 더 덧붙일 말이 있다면서 '단샤 산 와서 물건 자랑 말라'고 했다. 양원석을 보니 그 말이 이해가 됐다.

양원석이 내뿜는 기가 너무 세서 마을 아이들의 80퍼센트가 남자애라고 한다. 그래서 아들 낳고 싶은 사람들이 이곳에 신혼여행을 많이 온다. 마을 호적을 조사할 수도 없는 노릇인데, 믿을 만한 이야기일까. 양원석이 잘 보이는 산 위로 올라가니 바위를 향해 바닥에 태극과 8괘를 그려놓고 향을 피우고 비는 사람들이 있었다. 아들을 점지해달라는 기도를 하는 듯했다. 사회주의적 통제가 무너지면서 옛 시절 무속도 되살아나고 있었다.

산에서 내려와 다른 산으로 올라가니 음원석이 나타났다. 여성의 성기를 빼닮은 바위였는데, 크기가 10미터를 넘고 음부 모양을 한 부분만 5미터나 됐다. 중국이 워낙 큰 나라이다 보니 온갖 기이한 물건이 많았다. 사실 이곳 사람들은 단샤 산의 기기묘묘한 산세를 고려할 때 장자제처럼 공항만 있으면 관광객을 쓸어 모을 수 있다고 큰소리쳤다. 시간이 없어 몇 곳만 대강 봤지만 충분히 그런 말을 할 만했다.

남성과 여성의 성기를 닮은 바위가 이 산의 특징인 만큼 남녀의 사랑을 주제로 한 기념물이 많았다. 하트 모양을 한 커다란 자물쇠와 작은 하트 모양 자물쇠도 팔았다. 이 자물쇠를 설치하면 사랑이 잠긴 채로 변하지 않는다는 말에 젊은 연인들이 많이 사서 달고 있었다.

공원 입구에도 중국의 성 관련 유물을 전시한 세계성박물관이 있었다. 단샤 산을 홍보하려고 몇 년전 이곳에서 세계성학회가 열렸는데, 그때 참석한 성교육 강사 구성애 씨가 남긴 사인이 크게 걸려 있었다.

샹 강에서 당한 패배는 역사의 '간지'?

"그때부터 샹 강에서 잡은 고기는 먹지 않았다." 장정에 참여한 홍군 장군이 회고록에서 쓴 말이다. 샹 강에서 죽은 숱한 동지들의 시체를 물고기들이 먹었다고 생각한 때문이었다.

3차 저지선을 돌파한 홍군은 1934년 11월 말 광시좡족 자치구廣西壯族自治區의 구이린에서 가까운 샹 강에 도착했다. 국민당군은 이곳에 마지막 방어선인 4차 저지선을 쳤다. 11월 30일, 언제나 어려운 임무를 수행해온 린뱌오林彪 부대가 국민당군을 견제하는 사이 3인위원회와 마오, 당 지도부가 강을 건넜다. 12월 1일, 홍군 3만여 명이 강을 건넜다. 그러나 그 정도가 전부였다.

4만 명이 넘는 홍군이 사라졌다. 야포 등 중화기, 발전기, 인쇄기, 의료용 엑스레이 등 '움직이는 정부'라는 별명에 걸맞게 구색을 맞춰 가지고 다니던 장비들을 강물에 던져버렸다. 12월 3일, 홍군이 흘린 피로 붉게 물든 강물 위에는 카를 마르크스가 쓴 《공산당 선언》과 레닌이 쓴 《국가와 혁명》 등 홍군이 버린 혁명서들이 둥둥 떠다녔다.

왜 이런 상황이 벌어졌을까. 중국이 밝힌 공식 견해에 따르면 일주일 정도 이어진 전투에서 국민당군이 가한 지상 공격과 공습 때문에 1만 5000명 이상이 죽고 다치는 등 장정 기간 중에서 최대 피해를 입었다. 반면 장정에 비판적인 외부인들은 샹 강 전투가 홍군이 지어낸 허구의 이야기라고 주장한다. 그런 이들은 샹 강 전투는 일어난 적이 없으며 강을 건너면 고향으로 돌아가기 어려워진다고 생각한 농민들이 집단 탈주한 탓이라고 설명한다. 또 다른 학자들은 장제스가 마오를 자기가 원하는 방향으로 몰아가려고 지휘부와 주력군이 강을 건너는 동안 내버려두다가 공격을 시작해서 나머지 병력들을 흩트려버린 결과라고 주장한다(5장의 '진사 강을 건너라' 참조).

샹 강에서 꽤 많은 농민이 도주한 사실은 맞는 듯하다. 그러나 샹 강 전투는 일어난 적이 없고 탈영과 도주 때문에 4만 명이 넘는 병력이 사라져버렸다는 주장은 말이 되지 않는다. 패배를 책임진 3인위원회, 특히 보구와 오토 브라운이 쭌이 회의에서 권력을 잃고 마오가 권력을 잡게 되는 사실을 설명할 수 없기 때문이다. 샹 강 전투에서 패배하지 않았는데 왜 보구와 오토 브라운이 순순히 권력을 내놓았겠는가? 큰 충격을 받아 샹 강을 바라보며 권총으로 자살하려는 보구를 저우언라이가 말린 적이 있다는 주장도 전한다.

샹 강에서 당한 패배 덕분에 마오가 권력을 잡고 중국 공산당이 혁명을 승리로 이끈 마오식 전략과 전술을 채택하게 된 데 주목해야 한다. 어쩌면 샹 강 전투, 그리고 샹 강 전투의 패배는 중국 혁명을 가능하게 하려고 역사가 중국 공산당에 의도적으로 준 '시련'이거나 불행으로 포장된 '축복'인지도 모른다. 한마디로 역사의 간지라고나 할까?

저녁 밥상에 생선을 뺀 이유

3월 22일, 샹 강으로 향했다. 길을 돌아 돌아서 오후 네 시쯤 샹 강이 흐르는 싱안에 도착했다. 먼저 찾기로 한 곳은 홍군의 도하 작업을 총

비가 내리는 샹 강.

괄한 지휘 본부가 있던 싼관탕三官堂이라는 낡은 서당. 이 서당은 홍군이 샹 강을 건넌 제서우界首 나루터에 있다고 했는데, 마을 사람들에게 아무리 물어도 다 모른다고 했다. 삼륜차 기사에게 홍군 도하 지휘소에 데려다주면 10위안을 주겠다고 하자 우리더러 따라오라고 했다.

아주 가까운 곳이었다. 이렇게 가까운 곳을 사람들이 몰랐나 싶어 살펴보니 현판에 '홍쥔탕紅軍堂'이라고 쓰여 있었다. 이름이 바뀌어 모른 모양이다. 사진에서 본 낡은 건물도 새롭게 단장한 모습이었다. 그런데 문이 잠겨 들어갈 수가 없었다. 더구나 주변에 관리 사무실도 없었다. 가까운 집에 물어보니 관리는 현 사무실에서 하니 거기 가서 물어보라고 했지만, 하필 토요일이라 월요일까지 기다려야 했다. 홍쥔탕 안에 들어가려고 이틀을 낭비할 수는 없었다.

홍쥔탕과 그 뒤로 흐르는 샹 강이 잘 보이는 전망대를 찾아 나섰

샹강 열사 기념공원의 기념비.

다. 홍쥔탕에 있는 낡은 집으로 들어가 옥상에서 사진 좀 찍자고 부탁했다. 옥상에 올라가자 새로 단장한 홍쥔탕과 샹 강이 보였다. 그동안 지형이 바뀐지 모르겠지만 폭은 그리 넓지 않았다. 내리는 비가 이 강에서 죽어간 홍군들의 피눈물처럼 느껴졌다. 나도 오늘 저녁 밥상에서 생선은 빼야겠다고 생각했다.

샹강 열사 기념공원으로 향했다. 비는 더 거세게 몰아쳤다. 이곳도 문이 닫혀 있었지만 직원들에게 부탁해 들어갔다. 많은 계단을 올라가니 높다란 기념비가 보이고 계단 앞에는 거대한 조각이 두 개 서 있었다. 오른쪽은 전쟁을 상징하는 조각으로, 샹 강에서 죽어간 젊은 병사들의 고통스러운 얼굴을 큼지막하게 만들어놓았다. 그 옆에 있는 약간 작은 조각이 더 인상적이었다. 전쟁에 대립하는 평화를 상징하는 듯한 이 조각은 어린이와 여인을 형상화했는데, 눈을 감은 여인의 모나리자 같은 엷은 웃음을 보니 모든 근심이 사라지고 마음이 평안해졌다. 저런 평화의 웃음이 가득한 세상은 불가능할까? 빗줄기가 거세지고 밤은 다가오지만 밤새도록 그곳을 떠나고 싶지 않았다.

라오 산에서 좌절하다

샹 강을 건넌 홍군은 첫 시련을 안겨준 산을 만났다. 그 지방에서는 늙은 라오산제老山界라고 부르는 마오얼 산苗儿山이었다. 샹 강 서북쪽 쯔위안에 있는 이 산은 해발 1800미터로 높기도 하지만 아주 가팔라서 홍군에게 엄청난 고통을 줬다.

샹 강에서 간신히 살아남은 홍군은 한 사람밖에 걸을 수 없는 좁은 절벽 길에서 밥도 굶은 채 서서 잠자며 밤을 지새워야 했다. 다음날 해가 뜬 뒤에도 길은 험난하기만 해 많은 말과 병사들이 발을 헛딛고 절벽 아래로 떨어져 목숨을 잃었다. 90도 각도의 레이궁옌雷公岩에서는 환자들까지 들것에서 내려 바위를 기어올라야 했다.

쯔위안에 도착해 잠을 잔 뒤 다음날 아침 마오얼 산으로 향했다. 꼬불꼬불한 길을 따라 산으로 들어가자 기막힌 대나무 밭이 나오고 사방에 수송을 하려 모아놓은 대나무들이 눈에 띄었다. 중국에서 대나무 경치는 쓰촨의 촉해죽림蜀海竹林이 유명하다는데, 그곳까지 굳이 갈 필요가 없을 듯했다. 아름다운 시골 마을을 지나자 다리가 나타났고, '마오얼산 공원'이라고 써놓은 문이 모습을 드러냈다. 공원에 도착했지만, 문은 닫힌 채 팻말만 하나 서 있었다. 공사 때문에 공원을 폐쇄한다는 공고였다. 무슨 공사들을 그렇게 많이 하는지, 가는 곳마다 공사 중이라 들어갈 수 없는 곳이 너무 많았다. 몇 년전 무릎을 다쳐 등산

수송을 하려 모아놓은 대나무들. 들어가지 못한 마오얼산 공원. 홍군이 지나간 홍군교(위부터).

을 하지 말라고 의사가 경고했다. 그래도 라오 산에 올라가보려고 각오를 단단히 하고 왔는데 못 들어간다니 맥이 빠졌다.

마을로 돌아가니 '장정 반점'이라는 간판이 눈길을 끌었다. 이곳이 홍군이 지나간 길이라는 사실을 상기해줬다. 먼 길을 돌아가야 하니까 점심이라도 먹고 가려고 식당마다 들어가도 밥이 없었다. 식당 간판만 걸어놓았지 손님이 들지 않아 밥을 안 해놓은 탓이었다. 할 수 없이 가지고 간 라면을 끓여달라고 해서 끼니를 해결했다. 오던 길에 보니 홍군이 지나간 낡은 홍군교가 나타났다. 아쉬운 대로 내려서 다리 사진이라도 찍었다.

저녁 늦게 구이린에 도착했다. 출발할 때 편의상 여행을 몇 구간으로 나눴는데, 1구간 종착지에 다다랐다. 오랜만에 '짝퉁'이기는 하지만 한국 음식을 하는 식당에서 김치를 먹었다. 행복했다.

구이린桂林

장이머우의 뮤지컬을 보다

중국 최고의 풍경. 구이린의 리 강漓江을 부르는 명칭이다. 1구간이 끝나 약속한 대로 운전기사에게 하루 휴식을 주고 리 강 관광을 갔다. 비가 내리고 있어서 걱정됐지만 리 강은 비가 좀 와야 더 아름답다고들 했다. 한국인 단체 관광객이 대부분 리 강의 일부만 훑고 지나가는 반면 우리는 양숴陽朔까지 87킬로미터 전 구간을 완주하기로 했다. 오후 세 시까지 다섯 시간 넘게 걸리는 유람이다. 저녁에는 양숴에서 장이머우張藝謀 감독이 만든 수상 뮤지컬 〈인상〉이라는 을 감상하기로 했다.

강 양쪽에 늘어선 기암들을 잘 보고 싶어서 맨 앞쪽에 자리를 잡았다. 배가 출발하자 양옆으로 기암들이 지나갔다. 비와 안개에 가린 모습이 더 신비했다. 신선이라도 나올 듯했다. 워낙 큰 기대를 한 탓인지 별다른 감흥은 없었다. 두세 시간 지나자 점점 지루해져 잠이 들었다. 마오얼 산에서 캔 약초로 담근 술이라는 말에 홀깃해 한잔한 약술에 그동안 쌓인 피로가 한꺼번에 몰려온 탓이기도 했다.

양숴에 도착했다. 구이린에 견줘 아담한 도시였다. 양숴는 '중국에서 서양 사위가 가장 많은 마을'이라는, 보기에 따라 명예스러울 수도 있지만 별로 자랑스럽지 않을지도 모를 별명으로 불린다. 세계적으로 이름난 관광지라 여행 온 외국 젊은이들이 현지 아가씨들하고 눈이 맞아 그대로 주저앉는 바람에 서양인 사위가 가장 많은 마을이 됐다. 그만

리 강을 널리 알린 기암들 사이로 달리는 유람선.

큼 리 강이 세계적으로 널리 알려진 관광지라는 이야기다.

해가 지자 장이머우의 〈인상〉을 보려고 리 강으로 향했다. 〈인상〉은 열두 개의 기암 산봉우리와 길이 2킬로미터에 너비 500미터인 리 강을 무대로 이용하고 마을 사람들을 포함한 배우 1000명이 등장하는 대형 뮤지컬이었다. 언제 또 이런 대형 공연을 구경할 수 있을까? 바쁘게 살다보니 한국에서도 평생 보지 못한 뮤지컬을 중국 땅에서 장정 일주를 하다가 관람한다고 생각하니 기분이 묘했다.

커다란 야외 세트와 많은 출연진을 자랑하는 대형 뮤지컬이 특이했고, 내용도 규모만큼 환상적이었다. 고등학교 시절만 해도 미대에 가려고 열심히 그림을 그린 미술학도로서 그림에 계속 관심을 두고 살았지만, 〈인상〉은 평생 어디에서도 본 적 없는 색의 향연이었다.

뮤지컬은 빨강, 파랑, 하양, 노랑 등 색깔별로 막이 구성돼 있었다.

장이머우의 뮤지컬 〈인상〉의 한 장면.

이런 색깔을 소수 민족의 복장과 문화에 결합해 환상적인 작품을 만들었다. 빨강이 주제인 첫 막이 가장 인상적이고 충격적이었다. 어둠이 내린 검은 강에서 소수 민족 수십 명이 여러 줄로 좌우로 늘어서서 100미터가 넘어 보이는 붉은 천을 펼치고 내리고 하자 눈앞에는 거대한 붉은색 파도가 일렁였다. 핏빛 파도는 고통 속에서도 끈질기게 살아온 중국 농민을 상징하는 붉은 황토의 물결이었다. 수천 년의 억압을 깨트리려 일어서는 홍군의 봉기를 보는 듯했다.

룽성龙胜 싼장三江

평생 머리카락을 자르지 않는 사람들

라오 산을 넘은 홍군은 가까운 구이저우로 향했다. 구이저우는 먀오족苗族과 동족侗族 같은 소수 민족이 많은 지역으로, 홍군은 이곳에서 처음으로 소수 민족을 만났다. 3월 25일, 이 행적을 따라나선 우리들이 들른 첫 행선지는 구이린에서 구이저우로 북상하는 길(국도 321번)에 있는 룽성龍勝이었다. 룽성은 좡족壯族과 야오족瑤族이 사는 지역으로 장발촌과 다랑논으로 유명하다. 구이린이 가까워 가는 길도 상태가 괜찮았고 관광지로 잘 개발돼 있었다.

산으로 올라가자 '세계 제일 장발촌'이라는 팻말이 나타났다. 여성들이 평생 머리카락을 한 번도 안 자른다는 야오족 마을이었다. 큰 나무 아래에서 나이든 여성들이 화려한 옷을 입은 채 베를 짜고 있었다. 차에서 내리자 긴 머리를 틀어 올린 여성들이 달려와 기념품을 사라고 매달렸다. 구이린에 가까워 지나치게 관광지처럼 바뀐 모양이었다.

다시 산으로 올라갔다. 야오족 다랑논이 더 아름답다지만 가까운 좡족 다랑논에 가기로 했다. 차에서 내려 40분 정도 가파른 산을 걸어 올라가야 한다. 시간을 아끼느라고 좡족 여성에게 부탁해 안내를 받았다. 작은 마을이 나타났다. 150가구에 750명이 사는데, 10년 전부터 개발이 시작되면서 생활이 나아졌다. 농사보다는 관광업이 수입이 더 낫다는 말이었다. 논에 물이 차 다랑논이 가장 아름다운 5월과 10월에는

돈을 내고 찍은 장발족 여인들(위). 순수한 웃음이 부러움을 자아내는 장방족 사람들(아래).

사진 찍으러 오는 사람들이 몰려 방을 구할 수 없어서 방값이 천정부지로 뛰었다. 가난을 상징하는 다랑논이 이제는 괜찮은 돈벌이 수단이 되다니, 참으로 역설적이었다. 마을을 지나자 길 건너편에 '민족 특색 여관'으로 쓰이는 커다란 전통 가옥 앞으로 대나무 광주리를 등에 멘 긴 머리 여성들이 빠르게 걸어가는 모습이 보였다.

전망대에 서자 다랑논이 보였다. 발 아래로 가장 낮은 해발 380미터부터 가장 높은 1180미터까지 무려 800미터에 이르는 가파른 경사를 따라 논이 빽빽하게 자리잡고 있었다. 경이로운 풍경이었다. 숱한 좡족이 대대로 흘린 땀의 산물인 만큼 아름다운 자연보다도 더 아름다웠다. 그러나 물이 찬 논은 별로 없었다. 사람 마음이 참 간사해서 물이 있으면 좋겠다는 아쉬움이 들었다(5장의 위안양 부분 참조).

그때 아까 본 여성들이 다가와 사진을 찍으라고 했다. 다랑논을 배경으로 긴 머리를 푼 장면을 찍는 데 한 사람당 40위안이었다. 흥정해서 모두 40위안을 주고 사진을 찍었다. 오지 소수 민족의 전통문화까지 상품이 되고 있다는 생각이 들어 사진을 찍으면서도 찜찜했다.

다랑논을 내려와 마을을 지나가는데 아이를 업은 여성들이 보였다. 가지고 온 사탕을 주며 이야기를 나눴다. 순수하고 밝은 웃음에 돈을 주고 사진을 찍으며 느낀 찜찜한 기분이 말끔히 사라졌다.

욕심은 수난을 부르나니

룽성으로 나왔다. 지도를 살펴보니 룽성에서 30킬로미터 정도 떨어진 곳에 룽성 온천이라는 곳이 있었다. 저녁 여섯 시가 다 됐지만 오래 걸려도 한 시간이면 가지 싶었다. 오랜만에 온천욕으로 피로를 풀 겸 그곳에서 자기로 했다.

잘못된 결정이었다. 온천으로 가는 도로를 완전히 다 뜯어서 고치는 바람에 길이 엉망이었다. 양쪽에서 밀려드는 통에 한번에 지나갈 수

못을 하나도 안 쓰고 지은 동족 전통 예술의 결정판인 펑위챠오.

가 없어서 차들이 완전히 뒤엉켜 움직이지를 못했다. 쫄쫄 굶다가 밤 아홉 시 반에야 룽성 온천에 도착했다. 겨우 30킬로미터를 가는 데 세 시간 반이 걸렸다(그러나 돌이켜보면 중국에서 이 정도는 매우 빨리 간 편이었다). 온천욕 한번 하려다가 죽을 고생을 했다. 그래서 옛말에 욕심을 버리라고 하지 않던가.

목적지에 도착하자 별 네 개짜리 고급 호텔과 기가 막힌 시설을 갖춘 노천 온천이 모습을 드러냈다. 이런 시설이 있는 곳으로 오는 도로가 왜 그 모양인지 도저히 이해할 수가 없었다. 도로 공사를 하기 전에도 도로 상태는 그리 좋지 않았다. 도로 공사만 해도 그렇다. 이 정도 시설이면 공사 기간 중에는 우회 도로 같은 대책을 마련해야 했다. 온천에 몸을 담근 채 이런 생각에 잠겨 있는데, 차에서 시달린 보름간의 피로가 뜨거운 물에 풀리면서 그만 물속에서 잠이 들고 말았다.

다음날 아침도 굶고 일찍 길을 떠났다. 길이 막히기 전에 문제의 도로를 벗어나야 하기 때문이었다. 룽성으로 돌아와 구이린의 명물이라는 쌀국수로 배를 채우고 화장실로 가는데 피시방이 눈에 띄었다. '미성년자 출입 금지'라는 팻말이 보였다. 성인 피시방이 틀림없었다. 이제 중국도 성인 피시방이 이런 시골까지 들어온 모양이었다.

이어서 싼장三江 근처에 자리한 펑위챠오風雨橋로 향했다. 펑위챠오는 또 다른 소수 민족인 동족이 지은 건축물로, 다리에 비를 막는 기와지붕을 얹은 지은 특이한 모습으로 유명했다. 그중에서도 싼장에 있는 펑위챠오는 길이 64미터, 높이 10.6미터, 폭 3.4미터로 크기 면에서 단연 으뜸이어서 많은 사람들이 찾는 곳이었다.

다리 밑에는 물을 끌어들이는 물레방아가 돌고 다리 위에는 커다란 회색 기와지붕이 여러 채 줄지어 있는 펑위챠오는 이국적이고 아름다운 건축물이었다. 이 커다란 건축물을 못 하나 쓰지 않고 모두 나무를 맞물리는 방식으로 지었으니, 동족 전통 예술의 결정판이라고 할 만했다. 특히 다리 위에서 올려다본 천장의 모습은 여러 색깔을 한 나무들이 엇갈려 무척 아름다웠다.

아직 시간이 많이 남아서 구이저우 성의 총장從江으로 향했다. 이제 드디어 장정의 큰 전환점인 구이저우로 들어가는 길이었다. 그 길이 그토록 긴 여정이 될 줄은, 총장으로 가는 날이 그렇게 긴 하루가 될 줄은 전혀 알지 못했다.

4. 길 아닌 길을 지나

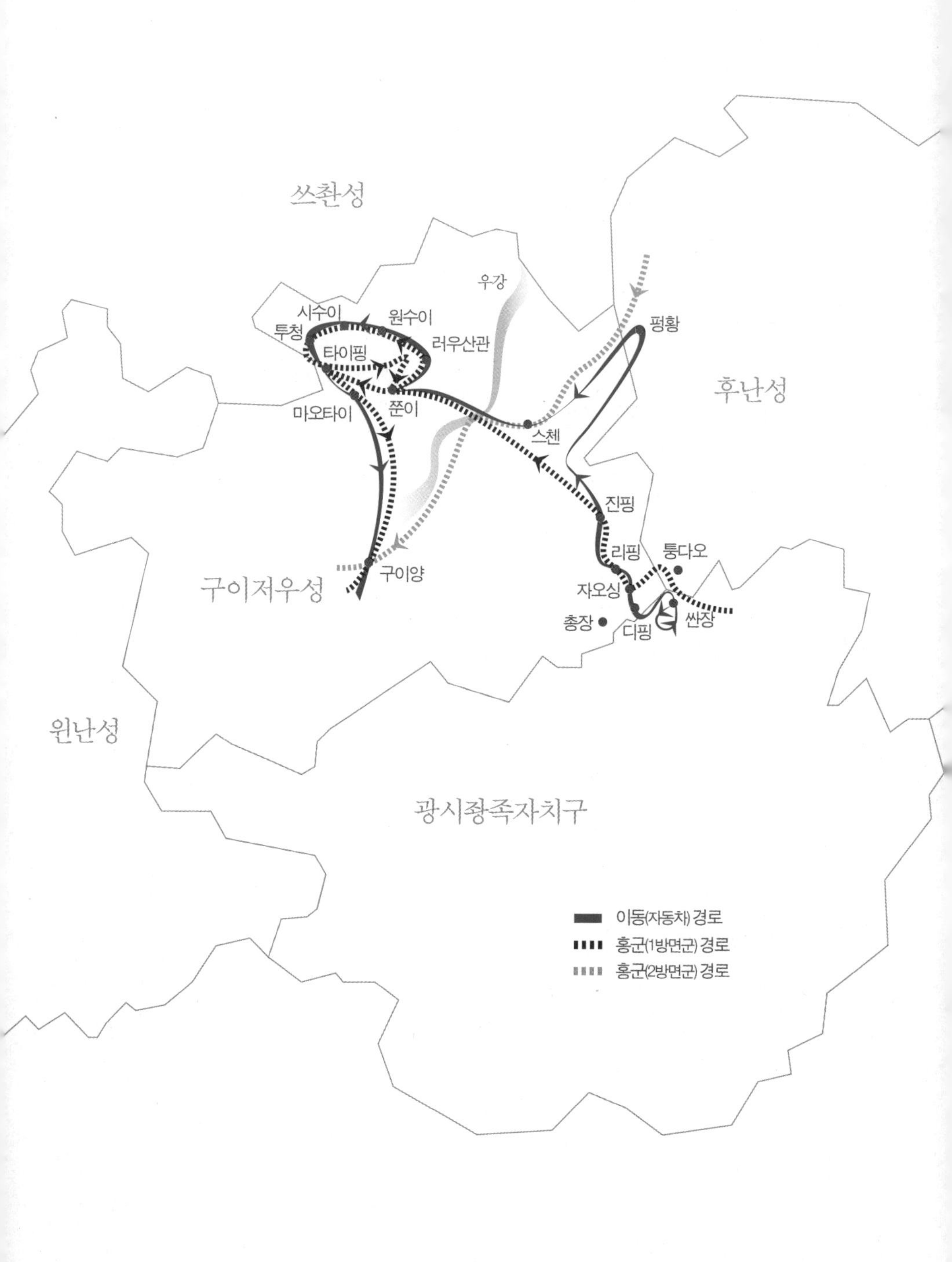
쓰촨성
우강
시수이
원수이
투청
러우산관
타이핑
평황
후난성
마오타이
쭌이
스첸
진핑
리핑
퉁다오
자오싱
총장
디핑
싼장
구이양
구이저우성
윈난성
광시좡족자치구
이동(자동차) 경로
홍군(1방면군) 경로
홍군(2방면군) 경로

구이저우貴州

역사를 바꾼 가난의 땅

"천무삼일청天无三日清, 지무삼척평地无三尺平, 인무산분은人无三分銀. 사흘 넘게 하늘이 맑은 날이 없고, 세 자 넘게 땅이 평평한 곳이 없으며, 은화 세 냥보다 많은 돈을 가진 사람이 없다."

구이저우에 관해 내려오는 말이다. 그 정도로 비가 많이 오고, 평지가 없고, 사람들이 가난하다는 뜻이다. 소수 민족의 메카인 구이저우는 예나 지금이나 중국에서 가장 가난한 곳이다. 구이저우를 간다고 하자 베이징에 사는 친구들이 그곳에는 아직도 지나가는 차를 세워 터는 도적떼가 있다고 걱정해줄 정도였다.

홍군은 장정에서 열두 개의 성을 지나갔다. 그중 가장 오래 머문 지역이 바로 구이저우다. 1934년 12월 초부터 1935년 3월 말까지 거의 넉 달을 구이저우에서 보냈다. 장정 기간의 3분의 1을 구이저우에서 지냈다. 츠수이 강赤水河을 네 번이나 건너는 등 구이저우를 뺑뺑 돌았다.

홍군이 지나간 열두 개의 성 중에서 중국 역사를 바꾸는 데 가장 크게 기여한 곳을 딱 한 곳만 고르라면 그곳도 바로 구이저우다. 구이저우의 쭌이에서 보구와 오토 브라운 등 코민테른과 모스크바파가 실각하고 마오가 권력을 잡으면서 중국 공산당과 중국의 역사가 바뀌었다.

마오얼 산을 넘은 홍군은 구이저우 성 남부의 소수 민족 지역을 지나 리핑黎平을 점령하고 리핑 회의를 열었다. 쭌이 회의의 전초전이라 할 리핑 회의에서 마오는 반격의 발판을 마련했다. 그 뒤 홍군은 전위안鎭远을 거쳐 우 강烏江에 도착했다. 우 강 도하 작전을 무사히 끝낸 홍군은 붙잡은 국민당군에게서 빼앗은 옷으로 변장하고 쭌이를 무혈 점령했다. 그리고 쭌이 회의를 열어 보구와 브라운이 2선으로 물러나고 마오가 권력에 복귀한다. 쭌이에서 중국 공산당은 구이저우 성, 윈난 성, 쓰촨 성에 걸친 드넓은 지역에 새로운 근거지를 마련하고 창장 강長江江(양쯔 강揚子江)을 건너 북상해 쓰촨 성 동북부 퉁장通江에 자리잡고 있던 장궈타오의 4방면군하고 합류하기로 결정했다. 홍군은 구이저우의 죽령이라 할 만한 러우산관婁山關*에서 츠수이 강으로 진격하지만 국민당군이 강하게 저항해서 창장 강을 건너 북상하는 데 실패했다.

마오는 국민당군이 진군 방향을 알지 못하게 하려고 남하한 뒤 다시 북상하는 식으로 츠수이 강을 네 차례나 건넜다. 이렇게 츠수이 강을 건넌 지역 중의 한 곳이 중국을 대표하는 술 '마오타이'를 생산하는 동네 마오타이다. 예상을 깨고 이미 점령한 적이 있는 쭌이로 되돌아가 다시 한 번 점령해 국민당군을 혼란에 빠트렸다. 그러고는 서남쪽에 있는 윈난 성으로 빠져나갔다(5장의 '국민당을 속여라! — 마오식 손자병법' 참조).

* 구이저우 고원과 쓰촨 분지의 경계에 자리한 다러우 산(大婁山)에 있다. 츠수이 강과 우 강 수계의 분수령이며, 산체의 대부분은 구이저우 성 북부에 있다. 러우산관은 쓰촨 성과 구이저우 성의 교통과 군사 요충지다.

총장从江

총장행 '입시 4수'

3월 26일, 싼장을 떠나 총장으로 향할 때만 해도 구이저우로 간다는 기대에 들뜬 기분이었다. 한 시간 정도 지났는데 갑자기 운전기사가 비명을 질렀다. 총장으로 가는 국도를 수리하고 있었다. 아스팔트를 다 뜯어낸데다가 비까지 내려 차들이 다닐 수 없는 길이었다. 공사 중인 사람들은 우리가 탄 차는 통행할 수 없다고 했다.

아찔했다. 지도를 펴놓고 비상 작전 회의를 했다. 총장으로 가는 길을 포기하고 북쪽의 퉁다오通道를 거쳐 구이저우로 들어가는 수밖에 없었다. 사실 퉁다오는 홍군이 지나간 중요 도시 중 하나로, 처음에는 우리도 이곳을 지날 예정이었다. 그런데 며칠 전 주한 중국 대사관에서 일부러 전화해 우리가 도착할 때쯤 그곳에 다른 일이 있으니 퉁다오로 가지 말아달라고 해서 일정을 바꿨다.

한 시간을 달려 씬장으로 돌아온 뒤 다시 북쪽으로 갔다. 다행히 퉁다오로 가는 길은 상태가 좋았다. 그러나 한 시간 정도 더 가니 공안이 도로를 막고 있었다. 퉁다오 쪽으로 가는 길을 다 파내어 공사 중이라고 했다. 두 시간을 낭비하고 이 길로 가는데 또 못 간다면 어쩌라는 말인가? 불평을 늘어놓자 오던 길로 돌아가다가 마을에서 좌회전해 산을 넘어가면 총장으로 가는 길이 나온다고 가르쳐줬다.

공안이 알려준 길은 돌아가려는 다른 차들로 이미 만원이었다. 이 우회로도 만만치 않았다. 해발 900미터인 무척이나 가파른 산을 지그재그로 넘어가야 했다. 고도가 높아지자 양옆으로 차밭이 나타나고 산을 넘어가니 100년은 됨 직한 낡은 가옥 100채 정도가 모인 동족 마을이 보였다. 집들은 모두 같은 방향으로 위성 안테나를 달고 있었다. 100년 된 고옥들의 행렬과 안테나의 숲, 기막힌 장면이었다. 그러나 총장으로 가려 삼수를 하고 언제 목적지에 닿을지도 모르는데 뒤에서 차들이 밀려드는 판에 사진 찍게 차를 세우자는 말을 차마 할 수 없었다(이런 이유 때문에 사진을 찍지 못한 적이 한두 번이 아니다).

길을 잘못 들었을까, 얼마 뒤 차들이 없어졌다. 그래도 계속 길을 가니 싼장에서 가려다가 실패한 총장 가는 길 표지판이 나타났다. 오른쪽으로 가면 총장이고 왼쪽으로 가면 싼장이라는 표지판이었다. 돌고 돌아 싼장에서 가려다가 못 간 곳에서 총장 쪽으로 20킬로미터 정도 떨어진 곳에 도착했다. 우회전해서 총장 쪽으로 가는 도로를 보니 어둠 속으로 20킬로미터 전에 본 길보다 더 깊게 파인 진흙투성이 길이 나타났다. 승냥이 피하려다 호랑이 만난다고 더 험난한 길로 돌아왔다. 하늘이 노랬다. 해가 져서 그 먼 길을 다시 돌아갈 수는 없었다. 다시 돌아가더라도 이번에는 어디로 간다는 말인가? 구이저우는 왜 우리에게 쉽게 문을 열어주지 않고 이런 시련을 주는 걸까? 장정이 준 고통을 조금이라도 맛보라는 배려일까, 아니면 통과세일까?

정보가 힘! 150위안짜리 고액 '알바'

그래도 길을 찾아야 했다. 이곳에서 밤을 샌 뒤 트럭을 불러 차를 싣고 문제의 구간을 건너가는 수밖에 없었다. 마침 옆에 작은 식당이 보이고 그 앞에 트럭이 서 있었다. 저 길을 어떻게 가야 하냐고 물었다. 트럭 기사로 보이는 사람이 오던 길로 돌아가면 산길이 하나 나오는데 그쪽으로 가면 진흙길을 지나 총장 쪽으로 난 좋은 도로로 나갈 수 있다고 말했다. 구세주였다. 좀더 자세히 설명해달라고 하자 말로 하면 찾을 수 없고 150위안(2만 1000원)을 주면 자기가 우리 차를 타고 거기까지 안내하겠다고 했다. 운전기사와 김문걸 씨는 150위안은 말이 안 된다고 펄쩍 뛰었다. 하기는 150위안이면 웬만한 사람 사나흘 일당이니 중국 기준으로 볼 때 정말 '도둑놈'이나 마찬가지였다. 그러나 그 길로 넘어가지 못하는 경우를 생각하면 150위안이 아니라 500위안을 달라고 해도 주고 싶은 심정이었다. 정보가 힘이었다.

트럭 기사는 돌아올 때를 대비해 장화를 신고 손전등을 든 채 나타나 우리 차에 탔다. 그러고는 좌회전과 우회전이라는 말만 한 마디씩 했다. 편하기 짝이 없는 고액 '알바'였다. 험하고 좁은 산길을 돌고 돌아 산을 올라갔다 내려갔다 하다보니 작은 마을이 나타났다. "저 마을에서 우회전하면 총장 가는 길이니까 그길로 가쇼." 트럭 기사는 이 말만 남기고 내리려 했다. 물론 150위안은 잊지 않고 챙겼다.

마을을 지나 나타난 길은 트럭 기사가 한 말대로 앞에서 본 진흙길하고 다르게 우리 차가 지나갈 수 있었다. 그러나 깊은 진흙탕이 아니라는 점만 다를 뿐 포장도로를 수리하려고 다 뒤집어놓아 엉망이라는 데는 차이가 없었다. 가로등 하나 없고 오가는 차도 보이지 않는 칠흑 같은 밤길을 몇 시간이고 계속 나아갔다.

결국 총장으로 곧장 가지 말고 도중에 평위차오로 유명한 디핑地平 쪽으로 들어가기로 했다. 디핑 가는 산길이 총장 가는 길보다는 낫지 싶었다. 디핑에 도착한 뒤 너무 피곤할 듯해 여기서 자자고 말하니까

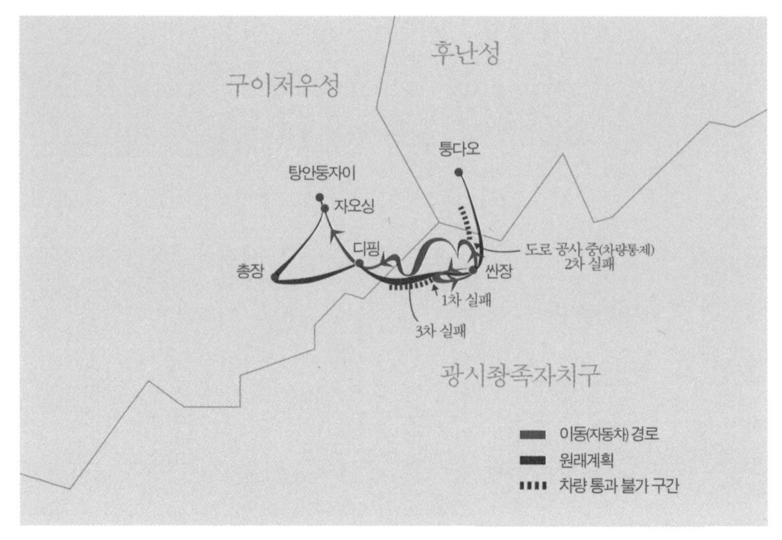

총장으로 가려다가 세 번이나 실패한 우리는 결국 자오싱으로 방향을 틀었다.

운전기사는 자오싱肇興까지 더 가자고 했다. 디핑에는 그럴듯한 여관이 없기 때문이었다. 운전기사는 차를 끔찍하게 아껴 여행 내내 주차장을 갖춘 그럴듯한 숙소가 아니면 잠을 자려 하지 않았다. 밤새 차에 문제가 생길까 봐 겁을 냈다. 피곤하더라도 관광지라서 깨끗한 호텔이 있을 가능성이 큰 자오싱까지 가자는 말이었다.

자오싱에 도착하니 밤 열한 시 반이었다. 아침 일곱 시에 출발해 열여섯 시간 반을 길에서 보낸 셈이었다. 내가 이렇게 녹초가 될 정도인데 운전기사는 어땠을까? 홍군이 지나간 자오싱은 동족 마을이었다. 동족 전통 가옥처럼 생긴 우아한 호텔이 보였다. 다행스럽게도 남은 방이 있었다. 그런데 갑자기 마을 전체가 정전이 되는 통에 핸드폰, 카메라, 캠코더 등을 충전하지 못했다. 장정을 시작한 뒤, 아니 중국에 온 뒤 가장 긴 하루가 이렇게 끝났다.

꿈꾸던 중국, 동족 마을의 아침

홍군은 동족이 사는 이 지역을 지나가지만 큰 어려움을 겪었다. 오랜 역사를 거치며 피해 의식을 지니게 된 동족은 한족을 싫어한데다가 국민당 간첩들이 공산당은 부인을 공유한다느니 하는 헛소문을 퍼트린 탓에 주민 대부분이 산으로 도주해버렸다. 홍군은 지주 집 창고에서 곡식은 구하지만 맷돌은 찾지 못해서 기와 두 개를 비벼 낟알을 까서 밥을 해 먹었다.

부슬비가 내리는 자오싱 거리의 아침 풍경은 내가 보고 싶어한 소수 민족이 사는 마을 모습이자 마음속으로 꿈꾸던 중국이었다. 인구 8000명인 아담한 마을로 나갔다. 벌써부터 복작대는 시장이 사람 사는 냄새를 솔솔 풍겼다. 학교에 가는 아이들이 줄서서 작은 찰밥 덩어리에 양념한 돼지고기를 한 조각 얹은 음식을 먹고 있었다. 값은 1위안(140원). 하나 사서 먹어보니 정말 맛있었다.

동족 전통 복장을 한 젊은 여성들이 좌판에 앉아 자매처럼 다정하게 이야기를 나누고 있었다. 마을 중심가 도로로 나가니 양쪽 길가에 낡은 전통 가옥들이 늘어서 있고, 그 사이로 수레를 끌고 가는 아저씨, 양 끝에 채소를 매단 긴 막대를 어깨에 메고 시장으로 가는 아줌마, 길을 쓰는 청소 노동자, 아침 수다에 바쁜 젊은 여성들, 학교 가는 아이들이 지나가고 있었다. 정말 이래야 한다고 생각하던 사람 사는 동네

자오싱 거리의 아침 풍경.

모습이었고, 어디를 찍어도 모두 기막힌 작품이 되는 곳이었다.

작은 돌다리를 건너 고루鼓樓*가 보이는 곳으로 향했다. 골목에는 복을 비느라 종이를 태우는 사람들이 여럿 있었다. 고루 근처에는 이른 아침부터 마을 사람들이 모여 이야기를 나누는 중이었다. 고루를 지나 마을 풍경을 살피려고 언덕으로 올라가 어느 집 마당으로 들어갔다. 기와지붕의 바다 사이로 고루가 솟아 있고 굴뚝에서 연기가 피어오르는 모습이 풍경화 같았다.

언덕을 내려와 또 다른 골목으로 들어가니 이층 창문에 매단 대나무에 전통 방식으로 물을 들인 검은색과 남색 천이 여러 개 걸려 있고,

* 북을 매단 집이라는 뜻으로, 높은 탑 모양 기와지붕이 특징인 동족의 마을회관 같은 곳.

골목 사이로 보이는 고루와 기와지붕의 바다 사이로 솟아 있는 고루.

자오싱은 상업화와 개발의 광풍을 견뎌낼 수 있을까.

그 밑에 한 여성이 천을 염색하는 모습이 보였다. 조금 더 가니 냇가에서 한 여성이 나무 방망이로 실 꾸러미들을 두드리고 있었다. 낡은 집 앞에 있는 황톳빛 연못, 그 앞 처마 밑에 놓아둔 대나무 의자에 앉아 정답게 담소를 나누는 사람들, 뾰쪽한 돌을 세로로 쌓은 축대 위에 쟁여놓은 잔가지 땔감들, 이층 창가에 빨래를 널은 고색창연한 가옥 등 눈에 보이는 모든 것들이 감동이었다.

그런 전통 가옥들 속에 눈이 띄는 오래된 표어가 있었다. '중화 민족은 소수 민족의 전통적 미덕을 존중한다.' 당연한 말이다. 소수 민족의 전통과 정겨운 마을이 잘 보존되기를 기원했지만, 상업화와 개발의 광풍 속에서 아름다운 자오싱도 그다지 오래 살아남을 수는 없을 듯했다. 이미 많은 젊은이가 도시로 빠져나가면서 고령화 현상이 부쩍 심해지고 있었다.

오지에도 왕따는 있다

자오싱에서 그리 멀지 않은 곳에 자오싱보다 더 '무공해' 동족 마을이 있다. 중국 정부가 노르웨이 정부의 도움을 받아 지정한 '살아 있는 소수 민족 생태 박물관'인 탕안둥자이堂安侗寨다. 더 깊은 산골에 자리한 탕안둥자이로 가다보니 물을 잔뜩 가둔 다랑논이 안개에 싸여 있었다. 룽성에서 본 메마른 다랑논하고는 또 다른 아름다움을 보여줬다.

탕안둥자이는 150가구가 사는 작은 마을이었다. 마을 입구에는 '살아 있는 소수 민족 생태 박물관'답게 방문객이 지켜야 할 행동 지침을 중국어와 영어로 써놓았다. '초대받기 전에는 호기심이나 사진을 찍으러 개인 집으로 들어가지 말라, 마을 사람들이 일상 생활을 누릴 권리를 침해하지 말라, 마을 사람들의 문화를 존중하라' 등이었다.

마을 사람들은 다들 바쁘게 움직이고 있었다. 고루 아래에서는 노인 목수가 하는 지휘에 따라 마을 목수들이 대패질을 했다. 모래와 목재를 쌓아놓은 마당에서는 여성들이 중심이 돼 어깨에 메는 지게로 짐을 나르고 있었다. 마을에 불이 나 집이 타버린데다가 집들이 죄다 낡은 탓에 모두 나서서 새집을 짓는 중이라고 했다.

불에 타서 새로 지은 집들이 드문드문 끼여 있어 자오싱보다 고색창연한 맛은 덜했다. 그렇지만 사람들은 더 순박했다. 고단한 일생이 얼굴에 새겨진 칠순 할아버지의 때묻지 않은 웃음은 나도 저렇게 늙고 싶다는 마음을 들게 했다. 친절하기도 했다. 대부분 먼저 다가와 사진을 찍어달라고 했다. 시장 경제에서는 이미 사라진 공동체 의식이 살아 있는 모습도 무척 보기 좋았다.

개구쟁이 삼총사가 나타나 사진을 찍어달라며 손가락으로 브이 자를 만들었다(희한하게도 중국 시골에서 사진을 찍으려 하면 사람들은

즐거운 모습으로 함께 집을 짓는 사람들.

십중팔구 브이 자를 만들었다. 아이들일수록 더 그랬다. 안타까운 획일주의적 소비 문화다). 나무토막에 앉은 한 아이가 다른 아이들하고 전혀 어울리지 못하는 모습이 신경쓰였다. 다 함께 사진을 찍어주고 싶어서 손짓을 해도 올 생각을 안 하고 침울한 얼굴로 앉아 있었다. 아무래도 왕따 같았다. 그 아이는 개구쟁이 삼총사가 사라지자 그제서야 자기도 사진을 찍어달라며 손가락으로 브이 자를 만들어 보이면서

먼저 다가와 사진을 찍어달라던 삼총사와 삼총사가 사라지자 브이 자 손가락을 들며 밝게 웃는 아이.

웃었다. 원래 침울한 아이는 아니었다. 오지에도 왕따는 있었다.

마을을 빠져나오는데 이동 통신 대리점이 보였다. 생태 박물관과 이동 통신 대리점은 안 어울리는 한쌍이었다. 그렇다면 왕따와 이동 통신은 어울리는 한 쌍일까? 사라져가는 존재들을 향한 그리움을 가득 안고 탕안둥자이를 떠났다.

무엇에 쓰는 저울인고

자오싱을 떠나 리핑으로 가는 흙길에 주유소가 나타났다. 작은 구멍가게 주유소였다. 값은 비싸지만 다행히 기름이 있었다. 주유소 주인은 기름을 주유기에서 넣지 않고는 운전기사를 데리고 창고 안으로 들어갔다. 쌀을 다는 데 쓰는 커다란 저울로 기름통 무게를 쟀다. 저울추를 달고 무게를 잰 깡통을 받아들고 주유구로 가져가 기름을 넣었다. 저울로 무게를 달아 기름을 파는 곳이었다. 기름을 부피가 아니라 무게로 사고파는 모습은 처음 봐서 무척 신기했다. 굳이 액체 상태인 기름을 무게로 달아 파는 이유를 알 수 없었다. 기름을 저울에 달아 판다고 하면 한국 사람들은 어떤 반응을 보일까?

뉴욕 양키스 모자와 장독대

리핑으로 가는 길도 만만치 않았다. 모든 일은 상대적이었다. 총장으로 가는 길을 겪고 난 뒤에는 모든 길이 고속도로처럼 느껴졌다. 리핑에 도착해 리핑 회의가 열린 현장을 찾아가니 시장 한가운데였다. 뉴욕 양키스 모자에 커다란 선글라스를 쓰고 백발 수염을 휘날리는 할아버지부터 구두 수선 아주머니까지 시간이 있으면 오랫동안 돌아보고 싶은 재미있고 정이 가는 시골 장터였다.

리핑 시내에 있는 시장, 한가운데 있는 리핑 회의 기념관, 장독대, 장례식 풍경(왼쪽 위부터 시계 방향).

리핑 회의 기념관도 문이 닫혀 있었다. 직원에게 사정을 설명하니 들어가도 좋다며 열어줬는데, 정전이라 제대로 관람할 수가 없었다. 조명도 없는 회의 장소와 기념관을 대충 훑었다.

리핑에서 북쪽으로 80킬로미터 떨어진 진핑錦屛에 숙소를 잡았다. 운전기사가 주차장이 없다고 불평해 괜찮은 호텔을 버리고 허름한 곳으로 갔다. 화장실 냄새가 너무 나서 추운데도 밤새 창문을 연 채 잠을 잤다. 아침에는 새소리와 닭 울음소리에 기분 좋게 잠에서 깼다. 밖에는 비가 내리고 있었다. 길에는 화환이 길게 줄지어 있고 줄 끝에 한 노인을 찍은 사진과 하얀 학으로 장식한 관이 놓여 있었다. 장례식이었다. 중국에 와서 처음 본 장례식인 만큼 사진을 열심히 찍었다. 떠난 이의 영혼은 학처럼 훨훨 날아 어디로 갔을까.

사진을 찍느라 여관 옥상을 왔다갔다하는데 밑에 장독대가 보였다. 우리가 쓰는 장독과 장독대하고 똑같았다. 장독 안에 든 장도 우리가 먹는 장하고 비슷했다. 맛을 보지는 못했다. 구이저우에서 마주친 장독대는 먹거리로 연결된 동아시아를 상징했다. '장독대 로드'였다.

펑황鳳凰

오토바이 탄 '삐끼'

3월 28일, 진핑에서 출발해 하루 종일 엉망인 길을 달려 구이저우 성과 후난 성 서북쪽 경계에 자리한 펑황에 도착했다. 저녁 여섯 시 반이었다. 중국에서 가장 아름다운 고성이라는 펑황 고성을 구경하고 펑황이 있는 후난 성 서북 지역에서 활동한 허룽 장군이 이끈 2방면군의 흔적을 찾아보려는 생각이었다. 마오와 1방면군 중심으로 일정을 짠 만큼 잊힌 2방면군의 체취를 조금이라도 느끼고 싶었다. 아쉽게도 펑황에는 2방면군 유적이 없어서 장자제 쪽으로 방향을 틀어 더 동쪽으로 들어갔다. 도로 사정과 일정을 고려할 때 불가능한 선택지였다.

펑황에 들어서니 여기저기에서 오토바이가 나타나 우리 차를 따라왔다. 남성이 운전을 하고 젊은 여성은 팸플릿을 흔들고 있었다. 다른 오토바이들도 마찬가지였다. 창문을 내리고 자세히 보니 여관 안내 팸플릿이었다. 손님을 유치하려는 '삐끼'였다. 평생 처음 보는 장면이라 신기했지만, 아무리 유명 관광지라 하더라도 오토바이 탄 '삐끼'는 황당했다. 차가 서자 몰려든 삐끼들은 이미 전화로 고성 안 강가에 자리한 전망 좋은 전통 가옥 여관을 예약한 사실을 알려주니 실망한 얼굴로 뿔뿔이 흩어졌다.

숙소가 자리한 고성은 한가운데 흐르는 강을 따라 배를 타고 경치를 구경할 수 있어서 마치 중국의 베네치아 같은 곳이었다. 다만 고성

손님을 모으려 노력하는 '삐끼'들.

안으로 차가 들어갈 수 없어서 짐을 다 들고 갔다. 꼭 필요한 짐만 챙겨도 꽤 무거웠다. 광장에는 비상하는 새의 조각이 서 있었다. 평황을 상징하는 봉황이었다. 여관으로 가려고 골목으로 들어섰다. 골목길 양쪽에 고색창연한 집들이 줄지어 서 있었다. 그림에서 볼 만한 아름다운 풍경이었다. 하루를 꼬박 달려온 보람이 있었다.

호텔은 3층짜리 전통 가옥이었는데, 가운데 복도 겸 공동 공간에서 강과 반대편 집들이 한눈에 들어와 전망이 아주 좋았다. 낡은 집이라 시설이 엉망이고 화장실 냄새도 많이 났다. 야경을 구경하러 밖으로 나와 거리를 걷는데 갑자기 도시 전체가 정전이 됐다. 거리가 완전히 암흑천지여서 호텔로 돌아가는 일이 걱정이었다. 자오싱과 리핑에 이어 벌써 세 번째 겪는 정전이었다. 지방은 전기 사정이 심각했다. 하기는 2000년에 안식년을 맞아 머문 미국 캘리포니아 주 로스앤젤레스에서도 정전을 겪었다. 발전소와 송전 시설 등 전력 산업을 민영화한 뒤 전기 사업자들이 전기 요금을 올려 수익을 내려는 속셈으로 발전 시설을 정비한다며 가동을 중단하는 장난을 쳐 신호등이 꺼지는 등 혼란이 벌어졌다. 미국 생각을 하면 중국 오지에서 겪은 정전은 애교였다.

중국의 베네치아, 평황 고성

평황의 새벽 모습을 찍고 싶어 일찍 일어나 거리로 나갔다. 아침 안개를 머금고 있는 평황 고성은 눈에 보이는 모든 곳이 예술 작품이었다. 유네스코 세계 문화유산으로 등재된 윈난 성의 리장 고성도 아름답지만, 평황 고성은 큰 강을 끼고 양쪽으로 유서 깊은 고옥들이 늘어서 있다는 점에서 한 수 위였다. 고색창연한 고옥들이 강물에 비쳐 물 위에 만든 또 하나의 거리도 매력적이었다.

강가로 내려가자 붉은 등을 단 고옥들이 부드러운 곡선을 그리며 줄지어 있었고, 그 앞에 광주리를 놓고 무엇을 줍는 한 할머니가 보였다. 다리를 건너가자 반달꼴로 휘어 돌출된 강을 따라 꽤 먼 거리에 있는 고옥들이 붉은 등을 드리운 마을 전경이 모습을 드러냈다. 탄성이 절로 터져 나왔다. 강가에 세운 탑에서 강가의 다른 곳을 오가는 작은 배들, 강을 걸어서 건너갈 수 있게 만든 징검다리도 있었다. 시간이 지나면서 거리로 나온 토산물 파는 상인들도 눈길을 끌었다.

평황은 자오싱보다 여러 면에서 나았다. 문제는 사람이었다. 친절하고 순수한 자오싱 사람들에 견줘서 평황 사람들은 돈에 훨씬 민감했다. 거리에서 물건을 파는 소수 민족을 찍으려 하면 돈부터 달라고 손을 내밀었다.

강가에 붉은 등을 단 고옥들.

호텔로 돌아가려고 골목길을 걷는데 김문걸 씨가 갑자기 텔레비전을 보자며 걸음을 멈췄다. 시시티브이 뉴스가 나오고 있었다. 티베트 라싸에서 불을 지르는 티베트인들이 보였다. 여행 다니느라고 한국 뉴스를 제대로 보지 않은데다가 중국 언론도 제대로 보도하지 않아 몰랐는데, 티베트 사태가 벌어지고 있었다.

국영 방송이라서 중앙 정부의 시각으로 티베트 사태를 보도하는 탓에 객관적인 사실을 알기는 힘들었다. 그러나 분명히 많은 티베트 사람이 다친데다가 티베트가 자유를 크게 제약받을 듯해 같아 마음이 좋지 않았다. 우리도 쓰촨 성 티베트족 지역을 지나가야 하는데 혹시 문제가 생겨 출입하지 못할까 봐 덜컥 걱정이 됐다(이런 걱정은 나중에 현실이 됐다). 호텔은 인터넷이 연결되지 않았다. 큰 도시로 나갈 때까지 우리가 할 수 있는 일은 없었다.

스첸石阡

푸른 눈의 선교사

"홍군이 온다!" 1934년 10월 1일, 구이저우 성에 자리한 산골 마을 스첸에 비상이 걸렸다. 사람들이 허둥대는 사이 홍군은 마을을 포위했다. 홍군은 스첸 중심가에 있는 성당과 교회를 둘러싸고 푸른 눈의 신부와 선교사들을 체포했다. 외국인 목격자로 장정을 가장 생생하게 겪은 스위스 출신 루돌프 보스하트Rudolf A. Bosshardt 선교사의 560일 장정은 이렇게 시작했다.

전위안으로 가려던 계획을 바꿔 스첸으로 방향을 틀었다. 펑황에서 2방면군의 흔적을 찾아보려는 계획이 실패했으니 마오와 1방면군이 지나간 전위안 대신에 길은 험하지만 허룽 부대와 2방면군의 흔적이 확실히 남아 있는 스첸을 지나가기로 했다.

보스하트 선교사를 체포한 홍군은 중앙군 선발대였다. 장정을 통해 2방면군을 찾아 합류하는 목표를 세운 중앙군은 2방면군이 있는 곳을 파악해 보고하라는 임무를 주고 선발대를 파견했다(보스하트 선교사가 체포된 날은 장정을 출발하기 보름 전이었다). 제대로 된 지도도 없이 허룽 부대를 찾아 나선 중앙군 선발대는 성당에 걸린 대형 지도를 보고 매우 기뻐했다. 선발대는 보스하트 선교사가 프랑스어로 된 지도를 읽어주자 허룽 부대가 있는 곳을 알게 됐고, 150킬로미터 떨어진 후난 성 서북부에 머물던 허룽 부대를 찾아가 합류할 수 있었다. 그러나 본대하고 연락이 끊겨 2방면군으로 소속을 바꾼 채 장정을 겪었다.

보스하트 선교사는 같이 잡힌 다른 선교사들하고 함께 제국주의의 스파이라는 죄명으로 약식 재판을 받고 구금 18개월과 몸값 10만 달러를 선고받았다. 다른 인질들은 한 명씩 석방되지만 보스하트는 계속 붙잡혀 있었다. 보스하트는 홍군이 붙잡은 여러 외국인 중에서 가장 오랜 기간인 560일 동안 인질로 잡혀 있었다. 여러 번 진행한 석방 협상이 꼬인 탓이었다.

1936년 부활절. 홍군 지휘관은 보스하트를 불러 18개월 만에 처음으로 커피와 와인을 내왔다. 지휘관은 당신을 곧 석방하겠다고 말했다. 가난하고 낙후한 구이저우와 윈난에 1000명이 넘는 선교사를 파견한 '차이나 인랜드 미션' 쪽에서 보스하트를 풀어주는 조건으로 홍군이 요구한 돈과 의약품 등을 지불한 뒤였다. 지휘관은 마지막 충고라며 얘기를 꺼냈다. "당신처럼 배운 사람이 신을 믿는다는 사실이 이해가 되지 않소. 우리가 원숭이에서 진화한 사실을 잊지 마시오. 그리고 우리가 가난한 사람들에게 얼마나 잘 해주고, 우리가 어떤 사람들인지 본 대로 이야기해주시오."

보스하트는 홍군 진지를 떠나 자유인이 된 몸으로 구이저우 성의 흙길을 걸어 나오면서 함께 인질로 잡힌 뒤 장정 도중에 굶어 죽은 야콥 켈너 신부를 위해 다시 한 번 기도했다. 풀려난 보스하트는 《묶인 손The Restranining Hand》이라는 책을 썼다. 장정을 다룬 가장 객관적인 관찰기인 이 책은 560일 동안 목격한 홍군의 일상을 상세하게 기록하고 있다. 보스하트는 이 책에서 많은 지주를 인질로 잡고 몸값을 흥정하는가 하면 때로는 목숨까지 빼앗은 홍군의 폭력을 비판적으로 그리고 있다. 그러나 홍군이 품은 이상주의와 열정, 헌신성에 감동해 이렇게 쓰기도 했다. "모든 공산주의자가 내가 만난 홍군 같다면 공산주의자를 두려워할 필요가 없다."

장정판 '낙화암'

평황에서 스첸으로 가는 가까운 길이 있는데도 평황에서 출발해 후난성 끝까지 간 뒤 구이저우 성으로 연결되는 아주 짧은 구간에 도로가 없어 먼 길을 돌아가야 했다. 해발 1000미터 산을 떠나 스첸에 도착하니 밤 열 시가 넘었다. 숙소도 숙소이지만 문 연 식당이 없어 저녁을 먹지 못했다.

물어물어 찾아간 곳은 야시장. 포장마차처럼 생긴 가게가 모여 있었다. 커다란 철판에 자기가 원하는 재료를 넣어서 볶아 먹는 방식인데, 기름진 중국 음식보다 훨씬 맛있었다. 우리는 숙주부터 곱창, 두부, 햄, 밥까지 볶아 먹었다.

호텔방에 들어오니 놀라운 책자가 있었다. 《온천의 도시 — 스첸》은 오랜 혁명 도시 스첸이 온천을 개발하려고 외부 투자를 유치한다는 내용이었다. 아무리 세계화 시대라지만 혁명과 외자 유치는 어울리지 않았다.

다음날인 3월 30일, 가장 먼저 찾은 곳은 역사의 현장인 성당이었다. 나지막한 우물에 방사형으로 돌을 박은 바닥이 아름다운 정원을 지나자 아주 소박한 기념관이 나왔다. 성당 옆에 있는 낡은 사제관 방 한 칸에 그림을 몇 점 걸고 장정 때 쓴 소총과 짚신을 진열한 소박한 곳이었다. 그런 소박함이 제도화되고 돈만 많이 들인 화려한 기념관보다 오히려 장정 정신에 알맞아 보였다. 그래도 하필 1방면군이 아니라

한눈에 봐도 초라한 2방면군 기념관.

2방면군의 유적이 가장 초라하다는 사실이 마음에 걸렸다. 마오가 이끈 1방면군 유적이라면 초라하게 내버려둘까? 역사란 권력 관계다.

옆에 자리한 성당으로 향했다. 성당은 지붕에 십자가가 달려 있고 한자로 '천주당'이라고 쓴 하얀 건물이었다. 일요일이라 당연히 열려 있을 줄 알았는데 잠긴 채였다. 문에 붙인 안내문을 보니 매주 목요일, 금요일, 토요일에 미사를 드린다고 쓰여 있었다.

성당 뒤로 돌아가니 관리자가 지내는 집이 보였고, 한 여성이 나와 문을 열었다. 어젯밤 늦게 공안이 전화를 해 오늘 아침 한국 기자들이 올 테니 청소를 해놓으라고 한 사실을 전했다. 숙소에 외국인 등록을 하자 공안에게 보고가 된 모양이었다. 성당 신도는 4000명 정도 되고 중국인 신부가 와서 미사를 이끄는데 어젯밤에 미사를 한 모양이었다.

성당 안으로 들어가니 정면에 예수상이 걸려 있고 나무로 만든 의

사회주의 국가 중국의 성당과 독실한 가톨릭교도라며 자랑하는 아이들.

자에는 신도들이 두고 간 성경과 성가집이 쌓여 있었다. 그때 초등학교 5~6학년쯤 돼 보이는 아이들 셋이 들어왔다. 관리인의 딸과 딸의 친구들이었다. 중학교 입시를 준비하고 있다는 아이들은 어릴 때부터

이 성당에 다닌 독실한 가톨릭교도라며 자기들을 소개하더니 우리 이야기를 듣고는 한국을 무척 좋아한다면서 반가워했다.

스첸을 떠나면서 장정판 '낙화암'을 찾았다. 국민당군에 맞서 싸우다가 탄약이 떨어진 홍군 100명이 자결한 바위였다. 장정판 '삼천 궁녀', 아니 장정판 '일백 낙화 병사'를 생각하며 명복을 빌었다.

우 강烏江

까마귀강에는 까마귀가 없다

스첸을 떠나 한참을 달렸다. 오후 세 시쯤에 갑자기 큰 소리가 들렸다. 강물 소리였다. 우 강에 다 온 신호였다. 이렇게 물소리가 크니 소문대로 물살이 빠르고 험한 모양이었다. 홍군이 건넌 곳에 아주 높은 다리가 있었다. 다리 위에서 내려다보니 한참 밑으로 거센 강물이 흐르고 있었다. 양쪽 절벽은 매우 가팔라서 가까이 갈 수 없었다. 우 강은 이런 절벽 사이를 천둥소리를 내며 구불구불하게 흘러가고 있었다. '까마귀 오烏'를 쓰는 강 이름하고 다르게 까마귀는 보이지 않았다. 왜 강 이름에 까마귀가 들어갈까? 워낙 절벽이 높은 탓에 강 아래쪽은 해가 잘 들지 않아 강물이 늘 검게 보이기 때문일까? 그럴듯한 상상에 만족해하면서 1934년의 마지막 날을 생각했다.

1934년 12월 31일 저녁. 홍군 선발대는 진위안 방향에서 서북쪽으로 진격해 우 강에 도착했다. 지도부가 구이저우 성의 중요 도시인 쭌이를 장악해 거점으로 삼고 쓰촨 성 진출을 도모하기로 결정한 때문이었다. 쭌이로 진출하려면 우 강을 반드시 건너야 했다.

강 언덕에는 강한 바람이 불고 눈발이 날리기 시작했다. 겨울옷이 없어 얇은 옷만 걸친 병사들은 추위에 몸을 떨었다. 아래를 내려다보니 깊은 골짜기 사이에 강줄기가 흘렀다. 해가 지고 있는데다가 깎아지른 절벽 밑으로 굽이쳐 흐르는 시커먼 강물은 마치 험한 고개를 넘

깊고 험난한 우 강. 홍군은 이 강을 건너 쭌이로 향했다.

어가는 용 같았다. 건너편 절벽 꼭대기에는 국민당군 진지가 있고 강을 건널 배도 없었다. 그때 한 병사가 대나무로 뗏목을 만들어 건너자고 제안했다. 뗏목을 타고 특공대가 떠나자마자 총격이 빗발쳤다. 총격을 뚫고 강을 3분의 2 정도 건넌 때 빠른 물살에 뒤집힌 뗏목이 하류로 흘러가버렸다.

홍군은 다른 수를 생각했다. 국민당군 진지가 없는 강 아래쪽으로 가 부교를 설치하는 방법이었다. 수영에 자신 있는 특공대가 부교를 매달 밧줄을 가지고 얼음처럼 차가운 강에 뛰어들었다. 어둠을 이용해 강을 건널 수는 있었지만 물살이 너무 거세어서 밧줄을 당겨 부교를 설치할 수 없었다. 특공대는 다시 돌아왔고, 한 병사는 추위와 피로에 지쳐 숨을 거뒀다.

이때 중간 지휘관이 먀오족 출신 병사 한 명을 데리고 상관 앞에 나타났다. 먀오족이 쓰는 뗏목이면 우 강 정도는 거뜬히 건널 수 있다고 했다. 먀오족은 바람을 넣은 양의 내장을 여러 개 매달은 뗏목을 이용해 험한 강도 잘 건넜다(칭기즈 칸도 중국을 정벌할 때 이 뗏목을 이용해 적이 불가능하다고 여겨지던 도하 작전을 여러 번 성공시켰다). 먀오족 뗏목으로 강을 건너는 데 적이 뗏목이 아니라 진지 아래를 공격했다. 떠내려간 뗏목에 타고 있던 특공대가 무사히 강을 건넌 뒤 숨어 있다가 공격을 시작해 전투를 벌어진 것이었다. 이 틈을 타 강을 건넌 병사들이 국민당군 진지를 장악했고, 홍군은 무사히 강을 건넜다. 쭌이로 가는 마지막 장벽이 제거됐다.

마오, 회심의 반격을 날리다

국민당 군복으로 위장해 무혈 입성한 쭌이는 그때도 인구가 50만 명이나 되는 큰 도시였다. 꽤 많은 홍군들이 전깃불과 스커트 입은 여성을 난생처음 보고 놀랐다. 어느 홍군이 쓴 회고록을 보면 전등 끄는 방법을 몰라 아침이 되면 불빛이 달처럼 사라지는 줄 알았고, 어느 홍군은 호롱불처럼 불을 붙이려고 전등에 담배를 갖다 댔다.

1935년 1월 15일, 홍군은 로자 룩셈부르크Rosa Luxemburg*가 살해된 날을 맞아 추모 집회를 열었다. 그날 저녁 일곱시 에 지도부는 회의실에 모였다. 정치국 위원을 넘어 참석 대상자를 넓힌 확대 회의였다. 마오는 회의실로 들어가며 그동안 벌인 전투에서 드러난 문제점을 마음속으로 정리했다(공식 회의록이 남아 있지 않아 참석자 수부터 자세한 회의 내용까지 회고하는 사람에 따라 조금씩 차이가 난다).

가운데 자리에 보구가 앉고 보구의 왼쪽과 오른쪽에 저우언라이와 마오가 각각 자리를 잡았다. 또 다른 실세인 오토 브라운은 문 앞쪽에 통역하고 함께 있었는데, 마치 피고석에 앉은 사람처럼 보였다. 주더,

* 폴란드에서 태어나 주로 독일에서 활동한 여성 혁명가. 레닌에 맞서 자유와 대중의 자발성을 강조했다. 독일 공산당 전신인 스파르타쿠스당을 만들어 활동하다가 1918년 말 뮌헨 등에서 일어난 대중 봉기의 와중인 1919년 1월 15일에 특수부대에 사살됐다.

장원톈張聞天, 천윈陳雲(이상 정치국 정위원), 왕자샹王家祥, 류사오치劉少奇, 허카이펑何凱豊, 덩파鄧發(이상 후보위원), 린뱌오林彪, 펑더화이, 녜룽전聶榮臻, 양상쿤楊尙昆, 류보청劉伯承(이상 군 고위 지휘관)도 참석했다. 장정 초기에는 졸병으로 출발하지만 그동안 명예가 조금 회복돼 당 기관지《홍성紅星》의 편집장을 맡고 있던 덩샤오핑은 회의 기록을 작성하는 총무로 그 자리에 참석했다.

먼저 입을 연 사람은 보구였다. 보구는 샹 강 전투 등 그동안 벌어진 전투에서 당한 패배를 변명하기 시작했다. 성격이 불 같은 펑더화이가 일어나 말을 자르려는데 마오가 눈짓으로 말렸다. 보구가 긴 변명을 끝낸 뒤 입을 연 사람은 저우언라이. 저우언라이는 자기를 비롯한 지도부가 저지른 실수를 인정하면서 진솔한 자기비판을 했다. 기회를 놓치지 않고 장원톈이 보구가 한 발언을 조목조목 반박한 뒤 브라운이 드러낸 무능도 질타했다. 통역을 듣고 화가 난 브라운이 장원톈에게 달려들었지만 펑더화이가 다리를 걸어 브라운을 넘어트렸다.

소란이 가라앉자 마오가 일어나 연설을 시작했다. 다른 사람들이 모두 발언할 때까지 기다린 뒤 마지막으로 입을 여는 습관하고 다르게 속전속결로 문제를 매듭지어야겠다고 판단했다.

"저 앞은 한나라 시절 '야랑국夜郎國'*이라는 작은 나라가 있던 곳인데, 오래전 이백李白(이태백李太白)**은 이곳으로 귀양을 오다가 사면을 받아 돌아갔습니다. 그런데 우리는 누구한테 사면을 받습니까? 장제스

* 한나라 때 구이저우 성에 있던 작은 나라. 한무제가 야랑국에 보낸 사신에게 야랑국 국왕은 한나라와 야랑국 중에서 어디가 더 크냐고 물었다. 고사성어 '야랑자대(夜郎自大)'는 여기에서 유래한 말로, 좁은 식견에 자기만 잘났다고 뽐내는 사람을 가리킨다.

** 중국 당나라 때 시인.

가 사면해주지는 않을 테고, 우리는 야랑국까지 걸어가야 합니다. 왜 우리는 이렇게 쫓기는 신세가 됐을까요?"

마오는 한 시간이나 계속된 연설에서 중국 고사를 인용해 송곳 같은 풍자로 보구와 브라운을 비판했다. 모든 면에서 우위에 있는 국민당군을 상대로 유격전을 해야 한다는 자기가 제기한 주장을 패배주의로 몰면서 정면대결을 고집한 보구와 브라운의 전략과 전술은 군사적 모험주의일 뿐이며 소비에트 근거지를 모두 잃고 샹 강에서 대패를 당하는 결과를 가져온 원인이라는 내용이었다. 그리고 중국에는 중국에 맞는 전략과 전술이 있는 법이라는 말로 발언을 끝냈다.

왕자샹이 들것에서 몸을 일으키며 발언을 신청했다.

"동지들, 긴 말 필요 없습니다. 보구와 리더(오토 브라운)한테서 지휘권을 박탈하고 전투 경험이 많은 마오 동지에게 홍군의 지휘를 맡겨야 합니다."

금기를 깨고 나온 충격적인 발언에 회의장은 물을 끼얹은 듯 조용해졌다. 장군들이 앉은 쪽에서 누군가 천천히 박수를 치기 시작했다. 그러자 다른 장군들도 함께 박수를 쳤다. 자기들이 하고 싶던 말을 대신 해준 덕분이었다.

"조용, 조용, 조용하세요."

저우언라이가 일어나 장내를 정돈했다. 허카이펑이 발언을 신청했다.

"왕 동지가 한 발언에 반대합니다. 마오 동지가 뭘 안다고 지휘를 맡깁니까? 마오 동지는 군사 학교도 안 나오고 허구한 날 이야기하는 《손자병법》이나 읽어본 정도일 뿐인데……."

마오는 씩 웃으며 물었다.

"동지, 《손자병법》이 몇 장으로 된지는 아시오?"

갑작스런 질문에 허카이펑은 말을 더듬었다.

"그게, 그게, 잘 모르겠는데……."

마오는 회심의 웃음을 지으며 반격했다.

"아마 그 책 구경도 못 했겠죠. 그러면서《손자병법》운운하기는."

장군들이 끼어들면서 회의는 격렬해지고 점점 길어져 정회가 선포됐다. 사흘이나 계속된 회의에서 결국 3인위원회의 기능을 정지하고 마오를 정치국 상임위 위원으로 선출한다는 결정이 내려졌다. 마오가 홍군 지휘 체계에서 어떤 임무를 맡을지는 언급이 없었다. 그러나 다들 마오가 지휘를 하게 된다고 이해했다. 그리고 구이저우와 윈난, 쓰촨 지역에 새로운 소비에트를 세우기 위해 창장 강을 건너 북상해서 4방면군하고 합류한다는 전략을 세웠다.

홍색 관광, 그리고 참모장의 딸

쭌이는 인구 80만 명에 유동 인구를 합하면 100만 명 정도 되는 꽤 큰 도시다. 오랜만에 대도시 풍경을 즐기며 기념관을 찾아갔다. '쭌이 회의 회의지'라는 현판이 달린 건물이 나타났다. 초서보다 더 흘려 쓰는 특유의 글씨체를 자랑하는 마오가 직접 쓴 현판이었다. 여러 장정 기념관 중에서 직접 현판을 쓴 곳은 여기뿐이라고 하니 마오가 쭌이 회의를 얼마나 중요하게 생각하는지를 알 수 있었다. 기사회생한 곳인데 왜 안 그렇겠는가.

많은 사람들이 줄을 서 있었다. 쭌이가 누리는 명성답게 관람객이 많았다. 하루 평균 입장객이 2000명 정도로, 입장료 수입만 매일 10만 위안(1400만 원)에 한 달이면 300만 위안(4억 2000만 원)이었다. 쭌이

이곳에서 마오는 드디어 권력의 중심에 올라섰다.

정도 되면 이미 '홍색 관광'(장정 등 공산당 역사에 관련된 관광)은 거대 산업이었다. 이곳 책임자도 평범한 관장이 아니라 총경리(사장)였다.

안내원을 따라 회의 현장을 관람했다. 저우언라이, 펑더화이, 양상쿤 등이 머문 숙소를 구경하고 뒤쪽으로 나가니 회색 기와를 얹은 아담한 이층집이 나타났다. 2층으로 올라가자 회의실이 나왔다. 중국 역사를 바꾼 역사의 현장이었다. 회의실은 생각보다 작았다. 갈색 사각형 탁자가 가운데 있고 의자가 빙 둘러 놓였는데, 모두 앉으면 움직일 틈도 없어 보였다. 이 좁은 방에서 뜨거운 설전이 오고가는 장면을 상상했다. 마오가 보구와 브라운을 비판하는 목소리가 들리는 듯했다.

회의실에서 나와 기념관으로 갔다. 중국 공산당의 역사와 장정의 진행 과정을 잘 알 수 있게 정리해놓았다. 기념관에서 가장 먼저 눈에 띄는 전시물은 '쭌이 회의는 중국 혁명의 방향을 크게 바꾼 관건'이라

쭌이 회의 참석자. 맨 왼쪽 여섯 명은 정치국 정의원으로 마오쩌둥, 장원톈, 저우언라이, 보구, 천윈, 주더이고(왼쪽 위부터 시계 방향), 다음 네 명은 후보위원으로 왕자샹, 류사오치, 허카이펑, 덩파다(가운데 왼쪽 위부터 시계 방향). 오른쪽은 그 밖의 참석자로, 가장 오른쪽 아래 한 명을 빼고 류보청 총참모장, 리푸춘 총정치부 부주임, 린뱌오 1군단장, 녜룽전 1군 정치위원, 펑더화이 3군단장, 리더, 덩샤오핑, 리줘란 5군단 정치위원, 양상쿤 3군단 정치위원이다(왼쪽 위부터 시계 방향).

는 마오의 어록이었다. 이어 화롯불을 가운데 피워놓고 논쟁하는 쭌이 회의 참석자들의 조각과 사진이 보였다.

쭌이 회의에 관련해서는 회의 참석자의 약력과 사진을 진열한 전시물과 주요 참석자가 한 발언을 요약한 전시물이 좋았다. 단지 모스크바에서 공부하고 모스크바의 신임을 받는다는 이유로 20대 어린 나이에 장정과 중국 공산당을 총지휘한 보구의 앳된 얼굴이 인상적이었다. 20대에 고시를 통과해서 판검사가 돼 범죄를 심판하는 제도도 문제가 많은데, 하물며 그 나이에 세상과 인간의 심리를 얼마나 안다고 혁명을 총지휘하겠는가?

밖으로 나와 옆에 자리한 조폐창으로 갔다. 홍군이 쓰는 화폐를 찍던 곳으로, 정원에는 홍군 중앙은행 행장이던 마오의 동생 마오쩌민이

홍군이 쓴 화폐.

담소를 나누는 조각이 보였다. 전시된 화폐를 보니 목숨 걸고 도망다니면서도 독자적인 화폐를 만들어 쓴 홍군이 신기할 따름이었다.

옆 건물인 성당으로 갔다. 홍군이 옥내 집회 때 쓴 곳으로, 신부가 기도를 주관하는 단상에 연설하는 홍군 지휘관의 조각이 놓여 있어서 무척 낯설었다. 그 자리는 신부가 서는 자리라는 선입견이 우리에게 그만큼 강한 탓이었다.

안내문을 읽고 있는데 사진 속 인물하고 여성 안내원이 닮은 듯했다. 물어보니 자기 할아버지라고 했다. 안내원의 할아버지는 홍군 정치위원회의 참모장으로 활약하다가 쭌이를 다시 장악하기 위한 러우산관 전투에서 다쳤고, 장정과 중국 혁명 과정에서 세운 공이 인정돼 이 기념관의 초대 관장을 지냈다. 할아버지 손을 잡고 기념관에 놀러오던 어린 소녀가 이제는 커서 장정과 쭌이 회의를 설명하는 안내원이 됐다.

혁명의 전통은 이렇게 이어지는 걸까?

들것의 반란과 스킨십의 정치

'붉은 교수.' 왕자샹의 별명이다. 왕자샹은 일찍이 모스크바 손중산대학*을 2년 만에 월반해 최우수로 졸업한 뒤 마르크스레닌주의에 정통한 엘리트 이론가 간부를 키우는 최고 학부인 홍색교수학원에 들어가서 공부했다. 그래서 붙은 별명이 바로 붉은 교수다. 소련은 중국 소비에트 구역의 전권 대표로 왕자샹을 파견했고, 왕자샹은 중앙 혁명군사위원회 부주석과 홍군 총정치부 주임직을 동시에 맡은 모스크바 그룹의 핵심이었다.

장정 때 스물아홉 살이던 왕자샹은 장정 전에 회의를 하다가 공습 때 떨어진 폭탄 파편이 창자를 관통하는 중상을 입었다. 여덟 시간에 걸친 대수술을 해도 파편을 다 못 긁어내고 썩은 뼈도 잘라내지 못한 바람에 고무관을 끼워 흘러나오는 고름을 빼냈다. 다행히 모스크바 그룹의 실세인 만큼 기이한 살생부에 끼지 않고 장정에 나설 수 있었다. 대나무로 만든 들것에 누워 실려 다녔다.

장원톈은 정치국 후보위원인 왕자샹보다 더 높은 정치국 정위원이었다. 장원톈도 실세인 보구하고 한 반에서 공부한 모스크바 유학파였다. 보구는 잘나가는 반면 동기인 장원톈은 한직에 밀려나 있었다. 장원톈도 몸이 좋지 않아 들것 신세를 졌다.

* 1차 국공 합작의 영향 아래 1925년 국민당 창시자 쑨원의 이름을 따 모스크바에 만든 대학.

마오는 장정이 시작되자 왕자샹과 장원톈에 접근했다. 마오도 말라리아 후유증 탓에 들것을 타고 가는 바람에 세 사람은 날마다 이런저런 얘기를 나눴다. 왕자샹과 장원톈보다 나이가 한참 많은 마오는 큰형 같은 자세로 권력의 중심에서 밀려난 사람들이 털어놓는 하소연과 보구를 향한 불만 등을 들어줬다. 게다가 중국 고사에 능통한 마오의 입담은 왕자샹과 장원톈을 금방 사로잡았다. 장정 내내 이 셋은 똘똘 뭉쳐 다녔고, 이른바 '들것 3인방'이 형성됐다. 마오와 왕자샹은 정말 가까워져 경호원들이 자기들끼리 마오랑 왕 위원이 결혼한 모양이라는 농담까지 했다.

셋은 쭌이에서도 같은 숙소에서 함께 생활했다. 예상대로 왕자샹과 장원톈은 쭌이 회의에서 보구를 탄핵하고 마오가 권력을 장악하는 데 결정적인 도움을 줬다. 주변에서는 이 사건을 '들것의 반란'이라고 불렀다. 마오식 '스킨십 정치'가 진가를 발휘한 셈이었다. 쭌이 회의가 열린 회의실 앞에서 사람 냄새 나지 않는 앨 고어와 이회창이 인간미 넘치는 조지 워커 부시와 노무현에게 패배한 이유도 바로 이런 스킨십 정치 때문이라는 생각이 들었다.

역사를 바꾼 우연의 힘

쭌이 회의 현장을 둘러보면서 스킨십 정치하고 함께 떠오르는 또 다른 생각은 우연의 힘이었다. 1934년 9월 16일 상하이의 국민당 비밀경찰은 어떤 집을 급습해 무전기를 압수하고 무선 기술자를 체포했다. 이렇게 해서 소련의 코민테른과 중국 공산당의 일상적인 무선 연락이 끊기고 말았다. 덕분에 코민테른의 권위를 빌려 마오와 지지자들이 벌인

'쿠데타'를 막을 수 없었다.

만일 그때 무선 연락이 끊기지 않았으면 코민테른은 중국 공산당에 지원하는 자금을 끊겠다고 협박해 쭌이 회의에서 내린 결정을 번복시킬 가능성이 컸다. 또한 출발 직전에 말라리아에 걸려 들것에 실린 채 장정에 참여하는 상황이 벌어지지 않았다면 마오가 왕자샹을 만나 가까워질 기회는 없었고, 쭌이의 반란도 일어나지 않았다.

홍군이 장정을 끝내고 황토고원인 산시 성 옌안에 본거지를 튼 결정도 마찬가지였다. 어느 날 마오는 우연히 본 국민당 신문에서 산시 성에 공산 '비적'이 출몰한다는 토막 기사를 읽었다. 마오는 산시 성에 공산당 근거지가 있다는 사실을 알게 됐고, 결국 산시 성으로 진군하기로 마음을 정하게 됐다. 마오가 그 신문을 읽지 않았으면 중국 역사는 크게 달라질 수도 있었다.

지난날 우리는 과학이란 어떤 현상을 일반화해서 만유인력의 법칙처럼 법칙으로 만드는 일이라고 생각했다. 그런 법칙을 찾아내면 앞으로 벌어질 일들을 예측하는 능력까지 갖출 수 있다고 생각했다. 그러나 현대 학문은 그렇게 보지 않는다. 자연 현상과 사회 현상은 너무 복잡한데다가 많은 변수들이 개입하기 때문에 일반화할 수 없다. 카오스 이론*이 그러하고 복잡성 이론**도 비슷하다. 남미에서 나비가 한 날갯짓이 연쇄 효과를 가져와 뉴욕에 폭풍을 일으킬 수 있다는 나비 효과도 그런 이론이다. 규칙성이 아니라 우연이 중요하다는 이야기다.

* 작은 변화가 예측할 수 없는 엄청난 결과를 낳듯이 안정적으로 보이면서도 안정적이지 않고 안정적이지 않아 보이면서도 안정적인 여러 현상을 설명하려는 이론.

** 자연 현상과 사회 현상은 너무 많은 변수가 개입하는 복잡한 일이어서 예측할 수 없다는 이론.

역사학계에서도 예전에는 역사에는 만일 어땠으면 하는 식의 가정은 불가능하고 무의미하다는 주장이 정설이었다. 이제는 그렇지 않다. 나폴레옹이 워털루 전투에서 승리한 상황을 상상해 유럽과 세계의 역사가 어떻게 바뀌었을지 가정하는 가상 역사가 각광을 받고 있다. 나도 1987년 양 김의 분열이 한국 정치와 한국사에 가져온 폐해에 분노해 양 김이 분열하지 않은 경우를 가정해 행복한 가상 한국사를 그려 보는 소설 〈1987년〉을 구상한 적이 있다.

양옥 선생과 독립가옥 선생

'상하이 양옥 선생'과 '모스크바 양옥 선생', 그리고 '독립가옥 선생.' 홍군이 지도부를 비아냥거릴 때 쓴 표현이다. 상하이 양옥 선생은 중앙당이 상하이 조차지 안 양옥에 있던 상황을 빗대 소비에트로 파견된 중앙당 지도부를 가리키는 말로 쓰였다. 모스크바 양옥 선생도 비슷한 이유로 모스크바 유학파를 가리켰다. 독립가옥 선생은 코민테른이 파견한 오토 브라운을 가리키는 말로, 브라운은 독립가옥에 따로 살면서 여러 특권을 누렸다.

쭌이 회의는 양옥 선생과 독립가옥 선생에 맞선 마오의 승리, 코민테른과 모스크바파에 맞선 토착 세력의 승리를 의미한다. 또한 러시아 혁명의 경험에 바탕을 둔 도시 봉기에 맞선 농촌 혁명의 승리, 전면적 시가전에 맞선 유연한 게릴라전의 승리, 도시 노동자 노선에 맞선 농민 노선의 승리이기도 하다.

1930년대 중국은 여러 면에서 러시아하고 달랐다. 그런데도 코민테른의 권위를 바탕으로 러시아의 경험과 지시를 절대적 기준으로 삼았다. 러시아에서 유학한 20대 청년이 중국의 현실과 인간의 심리를 얼마나 잘 안다고 거대한 혁명을 총지휘할까? 게다가 군사 작전을 사실상 총괄한 군사 고문 브라운은 군사 학교에서 도시 시가전을 주로 배웠다. 시가전 지식이 중국의 험준한 오지 전투에서 어떤 도움이 됐을까?

황석영이 쓴 소설《손님》이 생각났다. 황해도의 한 마을에서 일어난 비극을 배경으로 외래 사상을 맹신하는 태도를 비판한 작품이다. 외래 신앙인 기독교를 맹신하는 기독교 광신도와 외래 사상인 공산주의를 맹신하는 공산주의자에게 닥친 비극을 주목하면서 바깥에서 온 '손님'이 주인 행세를 하는 한국의 현실을 꼬집는다. 쭌이 회의의 정신하고 일맥상통하는 부분이 많은 소설이다.

장정과 중국 혁명을 보면 보편적 법칙이라는 이름 아래 서구의 경험을 맹종하지 않고 개별 국가의 특수성을 인식하는 태도가 매우 중요하다는 사실을 알게 된다. 그러나 역사나 사회 현상의 보편적 측면을 무시하고 특수성을 지나치게 강조하는 태도도 '양옥 선생'이나 '독립가옥 선생'처럼 위험하기는 마찬가지다.

북한의 주체사상이 대표적인 예다. 북한과 한반도의 특수한 상황을 강조하는 주체사상은 수령은 사회적 뇌수라는 수령관에 바탕을 둔 유례없는 개인 숭배 체제이자 수령의 혈통은 계속 이어져야 한다는 사회적 생명론을 바탕으로 한 봉건적 세습 체제로 귀결됐다. 특수성을 강조하다가 현존 사회주의 국가에서도 유례를 찾아볼 수 없는 권력 세습이라는 희극을 가져오고 말았다. 보편성과 특수성이라는 사회과학의 어려운 숙제를 다시 한 번 고민하며 쭌이의 장정 유적지를 떠났다.

'KFC'로 무장하고 중국판 '죽령'을 넘다

남은 일정을 생각하니 바짝 긴장이 됐다. 우선 구이저우 성의 '죽령'인 러우산관을 넘어야 한다. 이어서 츠수이 강으로 가야 한다. 지도를 보니 도중에 제대로 된 식사를 할 만한 곳도 없어 보였다. 그래서 케이에프시KFC에 가서 햄버거와 닭튀김 등을 사 점심과 저녁을 해결하기로 했다. 돌이켜보면 아주 좋은 선택이었다.

홍군은 츠수이 강을 건너고 창장 강을 넘어 4방면군 쪽으로 진군하기로 결정했다. 그러려면 쭌이 북쪽에 있는 러우산관을 넘어야 했다. 구불구불한 산꼭대기에 설치된 통로라서 공격하고 점령하기가 쉽지 않았지만, 열정으로 뭉친 홍군 공격 부대에 국민당 수비대는 상대가 되지 않았다. 이렇게 해서 츠수이 강으로 북상하는 길이 열렸다.

그러나 홍군은 쉽게 북상하지 못하고 큰 곤욕을 치렀다(4장의 '츠수이 강을 네 번 건너다' 참조). 결국 홍군은 러우산관을 다시 넘게 됐다. 러우산관을 넘어 다시 쭌이를 점령하기로 결정한 때문이었다. 정찰대는 러우산관에 국민당군이 별로 없다고 보고했다. 모두 츠수이 전투 등에 투입된 모양이었다. 린뱌오는 지친 특공대를 하루 쉬게 한 뒤 공격하자고 제의했다. 펑더화이는 무슨 일이 있을지 모르니 당장 공격해야 한다고 주장했다. 지휘부는 펑더화이의 손을 들어줬다.

특공대가 떠난 뒤 국민당군이 홍군의 퇴로를 막기 위해 반대쪽에서

천혜의 요새 러우산관(위)과 러우산관으로 향하는 구불구불한 길.

러우산관으로 올라오고 있다는 보고가 들어왔다. 지도를 보니 비슷한 거리였다. 누가 더 빨리 달려 먼저 러우산관에 도착하느냐는 시간 싸움이었다. 펑더화이는 부하들에게 구보 속도를 두 배로 늘리라고 명령했다. 홍군은 이미 인간의 한계에 다다른 진군 속도를 더욱 높였다.

1935년 2월 26일 3시, 특공대는 가쁜 숨을 몰아쉬며 러우산관을 장악했다. 아래를 내려다보니 200미터 밑에 국민당군이 올라오고 있었다. 겨우 5분 차이로 홍군은 러우산관을 장악했다. 전략적 요지를 장악한 홍군은 쭌이를 다시 점령하고 국민당군을 포위해 항복을 받아내는 등 장정에서 첫 승리를 거뒀다. 국민당군 3000명을 사살하고, 2000명을 포로로 잡고, 소총 1000정과 많은 탄약을 전리품으로 챙겼다. 이런 점에서 러우산관은 마오에게 매우 의미 있는 곳이다.

산이 보이면서 러우산관이라고 쓴 작은 표지석이 왼쪽 길가에 나타났다. 예전에는 사람과 말밖에 다니지 못하는 좁은 길이었지만, 지금은 포장을 해서 트럭도 다닌다. 한 굽이를 넘어가자 마오가 지은 시 〈러우산관〉을 크게 써놓은 돌이 보였다. 굽이굽이 산을 넘어 꼭대기에 올라가자 회색 돌을 성처럼 쌓은 뒤 아치형으로 뚫어 차들이 다닐 수 있게 만든 러우산관이 나타났다. 이곳만 지키면 되는 천혜의 요새였다. 밖으로 나가자 바람이 너무 강해 서 있을 수가 없었다. 러우산관에 서서 반대쪽으로 난 구불구불한 길을 내려다보며, 나는 마오를 생각했다.

마오는 쭌이에서 얻은 성과의 하나로 장정을 떠난 뒤 처음 백마를 타고 늠름하게 진군했다. 러우산관 정상에서 산들의 바다와 지는 해를 보면서 철벽같이 두려워하던 모스크바파를 무너트리고 권력을 잡은 기쁨을 시로 표현했다. 지는 해는 없지만 마오가 쓴 〈러우산관〉을 천천히 읊었다.

게으른 자는 웅장한 러우산관이 철벽 같다고 여기네雄关漫道真如铁

그러나 나는 오늘 한걸음에 넘노라而今迈步从头越

정상에 오르니从头越

푸른 산들은 바다 같고苍山如海

지는 해는 피 같구나残阳如血

시수이習水

시속 4.6킬로미터로 가는 자동차

러우산관을 넘어 츠수이 강으로 향했다. 츠수이 강 도하 현장인 투청土城과 타이핑太平까지 갈 수는 없지 싶어서 그전에 있는 시수이에서 자기로 했다. 북쪽으로 올라가다가 중간에 빠져나와 간단히 점심을 해결했다. 그때부터 산길로 접어들었다. 높은 산길을 돌아 돌아 원수이溫水에 도착했다.

현재 시간은 3월 31일 오후 네시 반. 원수이에서 시수이까지 30킬로미터가 남았으니 한 시간, 길이 나빠도 한 시간 반이면 시수이에 도착한다. 오후 다섯 시 반이나 여섯 시 무렵이면 시수이에 간다. 오늘은 장정을 출발한 뒤 처음으로 해가 지기 전에 목적지에 도착해 여유 있게 쉴 수 있다. 완전히 오산이었다.

원수이를 벗어나 시수이로 향하자 가뜩이나 험한 길을 공사하느라 곳곳을 파헤쳐 다닐 수가 없었다. 100미터만 가면 불도저가 길을 파고 있어 작업이 끝나기를 기다렸다. 간신히 지나가면 마을 사람들이 길을 까놓아 거북이걸음을 했다. 길이 깊이 파인 탓에 차 바닥이 닿을까 봐 툭 하면 내려서 걸었다. 총장에 가느라고 고생한 길보다 더 나빴다. 한마디로, 최악이었다(나중에 돌아와 자료를 검토하니 홍군도 이 지역이 도로 사정이 가장 나쁘다고 회고했다).

해가 지고 비까지 왔다. 어두워 바닥이 잘 보이지 않는 질퍽거리는

이런 도로를 걷고 달려 시수이에 도착했다.

길을 비를 맞으며 걸었다. 배도 고팠다. 그나마 아침에 산 햄버거와 닭튀김이 우리를 구했다. 야간 행군을 한 홍군을 생각하면서 걷고 또 걸었다. 30킬로미터를 여섯 시간 반 만에 주파했다. 평지에서 빨리 걷는 걸음보다 느린 시속 4.6킬로미터의 속도로 시수이에 도착하니 밤 열두 시였다. 길고도 긴 하루였다.

장정 내내 국도와 지방도 중에서 성한 도로를 본 적이 거의 없다. 낡은 기반 시설을 보수하고 건설 경기를 일으켜 경제를 부양하는 한편 마을 사람들을 건설 공사에 동원해 어려운 농촌에 소득을 올려주려는 일처럼 보인다. 올림픽을 겨냥한 측면도 있겠다(물론 많은 도로가 올림픽까지 공사를 끝마치지 못할 상태로 보였지만). 공사를 시작하기 전이나 아예 공사가 끝난 뒤에 와야 했다. 최악의 시기에 여행을 온 내 잘못이었다.

그래도 이해가 되지 않는 문제가 있다. 대안도 없이 무조건 공사를 시작하는 점과 차례대로 하지 않고 모든 도로를 한꺼번에 뜯어서 동시에 공사하는 점이다. 국민이 불평 없이 견디니까 대안 없이 밀어붙일 수 있으리라. 중국 특유의 '만만디(천천히)'일까? 아니면 한꺼번에 빨리 전국적으로 기반 시설 공사를 끝내자는 중국식 '빨리빨리주의'일까? 하기는 우리도 예전에는 '코리안 타임'이라는 말이 있을 정도로 느긋하다가 이제는 '빨리빨리'를 대표하는 나라가 되지 않았는가? 결국 문제는 앞서가는 서구를 빨리 따라가려는 '압축 근대화'다.

호텔에 도착했다. 신분증을 내라고 해서 여권을 내밀자 난생처음 외국인을 받아서 외국인 등록 절차를 몰라 공안을 불렀다고 했다. 밤늦게 불려 나온 공안도 외국 여권은 처음 보고 외국인 등록도 해본 적이 없어 모르기는 마찬가지였다. 오히려 우리가 방법을 가르쳐주고 대강 마친 뒤 내일 아침에 다시 하자고 했다. 아침이 되자 외사과 소속으로 보이는 공안이 두 명 왔다. 장정 70주년 때 장정을 재현한 중국 젊은이들을 취재하러 한 번 온 적을 빼고 외국인은 거의 오지 않으며, 게다가 한국인은 처음이라고 했다. 하기는 이런 산골짜기에 특별한 볼거리도 없는데 한국인이 올 리가 없다. 우리가 여행 목적을 설명하자 반가워하면서 아침을 같이 먹자고 한 공안은 시수이가 끝나는 곳까지 안내해주고 돌아갔다. 역시 시골 인심이 최고다.

투청土城

츠수이 강을 네 번 건너다

츠수이 강. 강바닥이 단샤 산처럼 붉은 돌로 돼 있어 마치 붉은 강처럼 보이는, 구이저우 성 북서부를 흐르는 강 이름이다. 홍군은 이 츠수이 강을 네 번이나 건넜다. 창장 강을 건너 북으로 진군해 4방면군하고 합류하려는 계획이 어긋난 때문이었다.

러우산관을 넘자 늘 그랬듯이 선발대를 맡은 린뱌오 부대가 구이저우 성과 쓰촨 성의 경계인 츠수이까지 진격했다. 츠수이 강을 넘어 조금만 더 가면 창장 강이었다. 그러나 츠수이 입구에 이르자 국민당군 부대가 반드시 지나가야 하는 길가에 토치카를 만들어놓고 산꼭대기에 부대를 배치해서 화력을 퍼부어댔다. 갖가지 방식으로 돌파를 시도하지만 불가능하다고 판단한 린뱌오는 더는 북진할 수 없다고 마오에게 전갈을 보냈다.

한편 1935년 1월 28일, 마오가 이끄는 주력군은 츠수이 강이 흐르는 투청 동쪽에 진을 쳤다. 군 지휘권을 장악한 만큼 마오는 첫 전투를 큰 승리로 장식하고 싶었다. 마오는 홍군이 자주 쓴 작전대로 펑더화이 부대가 매복해 있다가 추격군을 기습해 섬멸하기로 했다. 마오는 산꼭대기로 올라가서 전황을 지켜봤다. 국민당군은 뜻밖에 강했다. 펑더화이 부대에서 희생자가 많아지기 시작했다. 게다가 적은 병력도 점점 늘어났다.

이때 전령이 달려왔다. 적은 지금까지 싸워온 구이저우 성 군벌이 아니라 반공 투사로 유명한 쓰촨 성 군벌이 이끄는 최정예 부대이며, 병력도 예상보다 두 배가 넘는다는 내용이었다. 엎질러진 물이었다. 피해는 계속 늘어났다. 갑자기 치고 들어온 국민당군은 당 지도부 진영까지 접근해 한 병사가 주더 부인의 배낭을 잡아당길 정도가 됐다. 주더 부인은 배낭을 벗어던지고 간신히 도주했다.

비상 지도부 회의가 열렸다. 창장 강을 넘어 북진하려는 계획을 취소하고 먼저 츠수이 강을 건너 안전한 곳으로 도주하기로 했다. 마오가 지휘한 첫 전투는 잘못된 정보 때문에 홍군 전체 병력의 10분의 1에 이르는 4000명을 잃는 참담한 패배로 끝났다.

아직 끝이 아니었다. 츠수이 강을 건너지 못하면 적에 포위돼 전멸할 위기에 놓였다. 공병대에 하룻밤 사이에 부교를 만들라는 명령이 떨어졌다. 공병대는 불가능해 보이는 임무를 새벽까지 완수했다. 홍군은 츠수이 강을 건너 전멸을 피하고 서쪽의 윈난으로 도주했다.

한숨 돌린 마오는 다시 투청 남쪽의 타이핑을 거쳐 츠수이 강을 건넌 뒤 러우산관을 넘어 쭌이를 재탈환하라고 지시했다. 앞에서 말한 대로 적의 의표를 찌른 이 작전은 적중했고, 첫 승리를 거뒀다. 마오는 새로 마련된 자리인 '총전선사령관'에 임명됐다. 군사 지휘권을 공식 장악한 셈이었다.

마오는 서쪽으로 진군했다. 이번에는 마오타이를 거쳐 츠수이 강을 건넜다. 창장 강이 있는 서북쪽으로 진짜 진군하는 대신에 국민당군이 그렇게 진군한다고 착각하게 하려는 속셈이었다. 마오타이를 건너자 마오는 린뱌오 부대에 명령해 적의 눈에 잘 띄게 큰길을 따라 서북쪽으로 진군하게 했다. 3월 21일, 주력군에 여러 군데로 나눠 다시 츠수이 강을 건넌 뒤 구이양貴陽 쪽으로 남하하라고 지시했다. 이렇게 해서 두 달 넘게 걸린 츠수이 강 4차 도하가 끝났다.

마오의 딸과 깨진 독

투청은 마오에게 양면적 의미를 지니는 곳이다. 한편으로는 기억하고 싶지 않은 큰 패배를 안겨준 곳이며, 다른 한편으로는 전멸을 피하고 후퇴할 수 있게 해준 고마운 장소다. 투청에서 감행한 츠수이 강 도하가 아니면 오늘날의 중국은 없었다.

4월 1일, 시수이에서 투청으로 가는 길은 어제의 악몽에 견줘 훨씬 나았다. 투청 입구에는 투청 전투가 벌어진 현장으로 가는 길이 있었다. 길을 따라가자 역사적 전투를 알리는 기념비를 새로 만들고 있었다. 설명을 읽으니 치열한 전투가 벌어진 사실을 알리는 구절은 있었지만 참패를 다룬 이야기는 없었다. 많은 홍군이 쓰러진 벌판을 바라보며 명복을 빌었다.

양카이화이에 이은 또 다른 비운의 여인 허쯔전이 떠올랐다. 장정을 출발할 때 임신 중이던 허쯔전은 치열한 전투가 벌어진 투청에서 아이를 낳았다. 딸이었다. 아이는 하루 뒤 규정에 따라 은화하고 함께 어느 할머니에게 맡겼다. 아이 이름을 지어주라고 작은동서가 말해도 허쯔전은 고개를 저었고, 엄마의 육감대로 아이는 석 달 뒤 죽었다. 아이를 맡은 할머니는 우유를 구할 수 없었다.

허쯔전은 잦은 출산과 연이어 아이를 잃은 비극을 겪으며 심신이 몹시 지쳐 있었다(허쯔전은 아이 여섯을 낳아 다섯을 잃었다. 다섯 아이의 한 명은 나중에 극적으로 찾았다). 설상가상으로 두 달 뒤 공습

츠수이 강 도하를 기념하는 군가(왼쪽)와 츠수이 강 도하 지도(오른쪽).

때 파편 열 개가 두개골과 등에 박히는 중상을 입었다. 수술에서 깨어난 허쯔전은 고통이 심하니 죽여달라 애원하지만 마오는 수송하라고 지시했다. 허쯔전은 마오가 장칭하고 결혼하면서 이혼당한 뒤 소련으로 가지만 우울증에 시달리며 평생 불운하게 살았다.

투청에는 오지에 어울리지 않는 거대한 기념관이 자리잡고 있었다. 이런 곳에 누가 온다고 이토록 큰 기념관을 지은 걸까. 기념관 왼쪽 벽에는 츠수이 강 도하를 기념하는 군가를 악보하고 함께 크게 써놓았고, 오른쪽 벽에는 츠수이 강 도하 지도가 있었다.

기념관으로 들어가자 거대한 갈색 부조가 보였다. 갈색 부조의 가운데에는 넓은 붉은색 띠가 있고, 그 가운데를 작은 철사가 가로지르고 있었다. 작은 철사는 부교를 상징하는지 작은 배들을 이은 모습이었다. 그렇다면 붉은색 띠는? 츠수이 강 같았다. 안내원에게 물으니 맞

붉은 츠수이 강에 부교를 표현해놓았다(위). 홍군이 깨트린 독과 독 값으로 주고 간 동전 두 푼을 간직하고 있던 노인은 기념관에 이 물건들을 기증했다(아래).

다고 했다. 츠수이 강 도하를 형상화한 부조였다. 아래쪽에는 츠수이 강을 건너는 홍군을 조각해놓았는데, 평면적인 형상인데도 몇몇 홍군이 한 발을 앞으로 내디디려는 모습이 입체감을 더했다.

기념관은 츠수이 강 도하를 3차원 입체 영상으로 감상할 수 있게 만들어놓는 등 여행 중에 본 장정 관련 시설들 중에서 가장 뛰어났다. 중앙 정부와 쓰촨 성 군사령부가 아낌없이 지원한 덕분이었다. 사람들이 많이 오냐고 물으니 안내원은 연휴 때나 가끔 단체 관광객이 올 뿐이지 거의 안 온다고 대답했다. 중요한 의미를 지닌 역사의 현장이지만 도로 사정 때문에 쉽게 올 수 없는 이런 오지에 지은 첨단 기념관은 낭비라는 생각을 지울 수 없었다.

첨단 시설보다도 더 인상적인 전시물은 끈으로 묶은 깨진 물독과 동전 두 푼이었다. 기념관이 열리자 나이가 정말 많은 노인이 기증한 물건이었다. 장정 때 노인이 사는 집에 머문 홍군이 실수로 독을 깨트렸다. 그러자 이 홍군은 정중하게 사과하고 독 값으로 두 푼을 줬다. 이런 홍군의 태도는 그동안 보던 국민당군하고 너무 대조적이었다. 노인은 감격스러운 마음에 이 독을 버리지 않고 있다가 기념관이 생긴다고 하자 기증했다. 홍군이 이길 수 있던 이유를 알려주는 중요한 증거라는 생각에 오랫동안 그 앞을 떠날 수 없었다.

마오타이茅台

국주 마오타이의 탄생

마오타이는 투청과 쭌이의 중간에 있는 인구 3000명의 작은 마을이었다. 마을 한가운데 츠수이 강이 흘렀다. 홍군이 3차 츠수이 강 도하를 하러 마오타이에 도착한 때 찍은 사진을 보면 작고 낙후한 마을이라는 사실을 알 수 있다. 마오타이 가까운 곳에는 '맛있는 술의 강'이라는 뜻을 지닌 메이주허美酒河가 흘렀다. 마오타이는 이 물로 만든 독한 백주를 츠수이 강을 통해 쓰촨에서 들어오는 나룻배에 실어 보내는 대신에 소금을 사서 구이저우 성의 다른 마을로 보내는 중계지였다.

마오타이에는 직원 30~40명이 일하는 대규모 양조장 세 개에 작은 양조장도 꽤 많았다. 양조장 주인과 중간 상인들은 돈이 많았지만 평범한 주민들은 매우 가난했다. 홍군이 들어온다는 소식이 들리자 부자들은 다 줄행랑을 놓아 술동이들 주인이 없어졌다.

전하는 말에 따르면 마오타이에 들어온 홍군이 술도가가 즐비한 중심가를 행군하고 있었다. 그때 술이라고는 모르는 10대 홍군이 커다란 항아리에 가득찬 투명한 액체를 봤다. 마침 오랫동안 걷느라 발이 무척 아프고 열이 나던 어린 홍군은 피곤을 풀 겸 이 액체를 부어 발을 씻었다. 알코올이 날아가면서 시원해졌다. 그러자 아예 액체 속에 발을 담갔다. 이런 효과가 알려지면서 여러 병사가 이 투명 액체로 다리 등을 소독했다.

술병 모양으로 꾸민 도로(왼쪽)와 마오타이에서 나오는 술의 원료가 되는 깨끗한 메이주허(오른쪽).

늦게 현장에 도착한 나이든 홍군은 이 투명 액체가 술이라는 사실을 알고 한잔 마셨다. 술은 기막히게 독하고 맛있었다. 실컷 술을 마신 홍군이 남은 술도 모두 가지고 떠나는 바람에 동네 술독이 텅 비고 말았다. 물론 마오도 이 술을 마셨다. 브라운은 독주인지도 모르고 너무 많이 마셔 일주일 동안 깨어나지 못해 들것에 실려 다녔다. 마을 사람들은 양조장 주인들은 모두 도망가고 자기 술도 아니니까 홍군에게 아주 친절하게 대했다. 혁명에 성공한 뒤 베이징에 돌아온 마오는 마오타이의 백주를 그리워했다. 또한 마오타이 주민들이 보여준 친절에 보답하는 뜻에서 국가 행사에 마오타이를 쓰라고 지시했다. 외국 정상을 만나 만찬을 할 때는 반드시 마오타이를 식탁에 올렸다. 이렇게 해서 중국을 대표하는 '국주 마오타이'가 탄생했다. 지금 마오타이는 거대 국영 기업으로 성장했고, 백주 마오타이 말고 맥주도 생산한다.

타이핑은 이미 흙으로 메우고 개발을 해 도하 지점을 알려주는 기념판만 누추한 벽에 달랑 남아 있었다. 타이핑에서 마오타이로 향하는 길목에서는 '술 동네' 냄새가 났다. 술병 모양으로 꾸민 도로를 한참 가니 높은 절벽에 '메이주허'라는 붉은 글씨가 보였다. 바위 밑으로 깨끗하고 푸른 물이 흘렀다. 마을 입구에도 '중국 최고의 술 빚는 마을'이라는 운치 있는 아치형 문이 서 있었다. 술 빚는 마을답게 마을 전체에 누룩 냄새가 진동했다. 향기로운 마오타이를 만드는 냄새가 이토록 고약하다니 참 아이러니한 일이었다.

해가 져서 숙소를 잡기로 했다. 중국 최고의 술을 만드는 도시답게 고급 호텔이 있었지만 방은 없었다. 마오타이 회사에서 운영하는 호텔인데, 마오타이 대리점 등 관련 고객들로 1년 내내 만원이었다. 회사가 운영하는 또 다른 호텔을 소개받아 마오타이 공장 안으로 들어갔지만, 고압적인 직원한테 다시 퇴짜를 맞았다. 마을에는 잘 만한 숙소가 없었다. 위성 도시인 런화이仁懷로 가서 자고 다음날 다시 오기로 했다.

마오타이에는 마오타이가 없다

저녁 겸 술을 한잔했다. 마오타이까지 와서 마오타이 맛을 안 보고 갈 수는 없었다. 그런데 마오타이를 파는 곳이 없었다. 마오타이에는 마오타이가 없었다. 대신 마을 곳곳에 크고 작은 독을 진열한 술집들이 즐비했다. 잔술을 파는 곳이었다. 한 곳에 들어가 물어보니 맛은 마오타이 못지않다고 큰소리를 쳤다. 작은 병을 하나 시켰는데, 마오타이하고 다르게 향이 안 좋은데다가 비위에 맞지 않았다,

다음날 츠수이 4도하 기념탑을 찍으러 다시 마오타이로 들어왔다. 기념탑으로 가는 다리 앞 도로를 공사 중이라며 막고 있었다. 운전기사한테 차를 맡기고 걸어서 다리를 건넜다. 기념탑에 도착하니 여기도 공사 중이었다. 옆으로 돌아 언덕길을 걸어서 기념탑으로 올라갔다. 정상에는 네 개의 기둥을 합쳐놓은 츠수이 4도하 기념탑이 나타났다. 그동안 준비 과정에서 사진을 너무 많이 봐서 낯익은 풍경이었다. 아래에는 츠수이 강이 조용히 흐르고 있었다.

기념탑을 찍으려니 각도가 안 좋았다. 좋은 각도를 잡으려고 공사를 하느라 바닥에 파놓은 돌 위에 올라갔다. 아뿔싸, 돌이 흔들리면서 그만 넘어졌다. 캠코더가 돌에 찍히고 흠집이 났다. 다행히 큰 문제는 없어 보이고 카메라도 괜찮았다. 문제는 나였다. 다리에 피가 나고 많이 아팠다. 장정 중에 처음 입은 부상이었다.

마오타이는 명성에 어울리지 않게 너무도 가난한 도시였다. 사방에 가난이 보였다. 마을 사람들은 마오타이 회사와 마오타이 시에 불만이 많아 폭발하기 직전이었다. 마오타이는 돈도 많이 벌고 직원들 대우도 잘하면서 주민들의 삶과 도시의 발전에는 전혀 신경쓰지 않는다고 했다. 시 당국은 주택 개선 공사 등을 전혀 허용하지 않아 살기가 너무 불편하고 도시도 1960년대 모습을 벗어나지 못하고 있다고 비판했다. 마오타이가 명성에 견줘 가난하고 더러운 이유를 알 수 있었다.

찰스 디킨스Charles Dickens가 쓴 《두 도시 이야기A Tale of Two Cities》라는 소설이

츠수이 강이 흐르는 마오타이 전경과 공사 중인 츠수이 4도하 기념탑.

가난을 벗어나지 못한 마오타이 주민.

있다. 마오타이야말로 '두 도시 이야기'의 전형이다. 홍청거리는 '마오타이 왕국'과 가난하기 짝이 없는 '비마오타이의 마오타이'라는 두 도시. 정작 홍군을 따뜻하게 대해준 이들은 마오타이 회사가 아니라 평범한 주민들 아닌가? 어제 여기저기 호텔에서 겪은 불쾌한 일까지 떠오르면서 화가 났고, 앞으로 마오타이를 마실 생각도 없어졌다.

마오타이를 떠나 런화이로 향했다. 런화이를 거쳐 하루 쉴 구이양으로 가려 했다. 중심가를 벗어나려는데 '국주 마오타이'라는 간판이 눈에 들어왔다. 마오타이 판매점을 드디어 발견했다. 별로 기분이 나지 않아도 취재는 해야 하니까 차를 세우고 들어갔다. 마오타이 광고 사진이 여러 장 걸려 있고 흰 도자기 병에 붉은 글씨가 낯익은 마오타이를 비롯해 다양한 마오타이 술병이 보였다. 30년산은 5900위안이니 약 83만 원이고, 80년산은 12만 위안이니 약 1700만 원이다. 내가 아는 한 가장 비싼 술이다. 한 병에 1700만 원짜리 술, 누가 마시는 걸까?

런화이에서 구이양으로 가려면 쭌이를 거쳐야 했다. 런화이에서 쭌이로 가는 구간은 고속도로 공사를 하느라 가다서기를 반복했다. 구이양에는 밤늦게 도착했다. 가는 곳마다 한심한 길을 만나 끔찍하기만 하던 구이저우 성 일정은 이제 끝나가고 있었다. 오랜만에 발 뻗고 편히 잠잤다.

5. 세계에서 가장 험난한 길을 건너

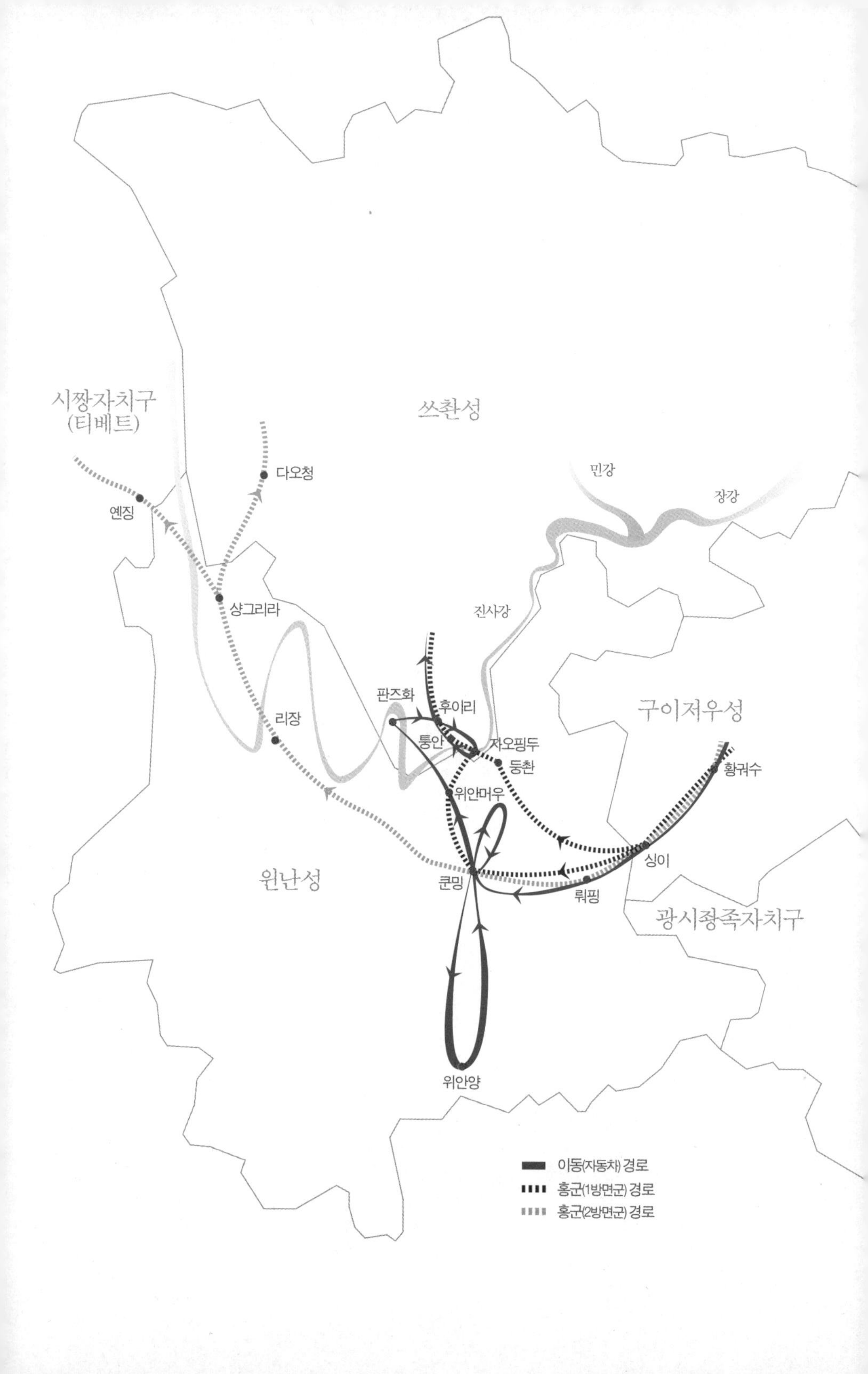
시짱자치구
(티베트)
쓰촨성
다오청
옌징
민강
장강
샹그리라
진사강
판즈화
후이리
리장
퉁안
자오핑두
둥촨
구이저우성
황궈수
위안머우
싱이
윈난성
쿤밍
뤄핑
광시좡족자치구
위안양
이동(자동차) 경로
홍군(1방면군) 경로
홍군(2방면군) 경로

윈난云南

국민당군을 속여라! — 마오식 손자병법

저항하는 국민당군 때문에 창장 강을 건너 북상하는 데 실패한 홍군에 남은 선택은 무엇일까? 서쪽으로 진격해 윈난 성으로 들어가 진사 강을 건너서 쓰촨 성을 거쳐 북으로 올라간 뒤 4방면군을 만나 합류하기로 했다. 홍군은 기막힌 작전을 세웠다. 병력을 남쪽으로 집결시켜 구이저우 성의 성도인 구이양을 공격하기로 했다.

그전까지 홍군은 주로 산골에 자리한 작은 마을을 중심으로 진격했다. 국민당군도 대도시 방어에는 별로 신경을 쓰지 않았다. 구이양 공격은 적의 의표를 찌르는 과감한 작전이었다. 놀란 장제스는 직접 날아와 구이양 방어를 지휘했다. 홍군은 구이양 공항을 점령하고 장제스의 전용기마저 빼앗았다. 장제스는 허겁지겁 윈난 성 군벌 룽윈龍雲에게 구원병을 보내라고 명령했다.

윈난 성 군벌 룽윈의 주력군이 구이양으로 이동하자 홍군은 쾌재를 부르며 갑자기 구이양을 포기하더니 병력을 둘로 나눠 윈난 성으로 진격하기 시작했다. 주력군은 남서쪽으로 이동해 동양 최대 폭포가 있는 황궈수黃果樹와 완펑린萬峰林이 있는 싱이興義를 거쳐 윈난으로 들어갔다. 이어서 세계에서 가장 넓은 유채꽃 벌판이 펼쳐진 뤄핑羅平을 지나 윈난 성 성도인 쿤밍昆明으로 향했다. 반면 소수 부대는 눈에 띄지 않게 서쪽으로 행군해 둥촨東川을 지나 진사 강으로 향했다.

윈난 성 군벌의 주력군은 이미 구이양을 방어하는 데 동원된 만큼 홍군은 아무런 저항도 받지 않았다. 3차 츠수이 도하 뒤 통신을 도청할 수 있게 된 덕분에 국민당군의 움직임을 미리 속속들이 알 수 있었다. 진군 도중에 노획한 국민당군 트럭에 상세한 윈난 성 지도들이 실려 있어 많은 도움이 됐다.

어떤 연구자는 이 모든 사실이 장제스의 계략에 따른 결과라고 주장한다. 홍군을 중국 영토의 가장 구석진 곳으로 몰아 고립시키는 한편 독자적인 지역 군벌들이 장악한 지역인 윈난 성과 쓰촨 성에 자기 군대를 파견해 방대한 땅을 차지할 명분을 만들려 벌인 일이라는 말이다. 이를테면 홍군이 통신을 도청하는 사실을 알면서도 사태를 의도적으로 방치한 탓이라는 식이다. 그럴 가능성도 부정할 수는 없다. 그러나 만약 사실이라면 장제스는 자기 꾀에 자기가 넘어간 셈이다.

홍군은 다시 한 번 절묘한 작전을 구사했다. 진사 강을 건너 북상하는 대신에 쿤밍을 장악하려는 듯 주력군을 쿤밍 공격에 집중시켰다. 1935년 4월 29일, 홍군이 10킬로미터 앞까지 접근한 소식이 전해지면서 쿤밍은 난리가 났다. 외국인 소개령이 내려졌고, 다음날 새벽에는 외국인들을 태운 기차가 허겁지겁 베트남 통킹을 향해 떠났다. 국민당군은 다시 쿤밍으로 집결하기 시작했다.

한편 소수 부대는 둥촨에 도착했다. 쿤밍에서 북쪽으로 100킬로미터 떨어진 둥촨은 붉은 황토와 노란 유채꽃, 푸른 보리밭의 대비로 유명한 곳이다. 이곳에서도 다른 지역들처럼 주민들은 홍군을 적극 환영했다. 향장(한국으로 치면 이장)이 군사적 수단을 써 홍군을 저지하려 했지만 주민들은 향장을 붙잡아 처형했다.

국민당군이 쿤밍에서 기다리고 있을 때 홍군은 쿤밍으로 향하던 방향을 갑자기 북쪽으로 틀어 빠른 속도로 위안머우元謀로 향했다. 위안머우를 거쳐 진사 강을 건널 수 있는 나루터인 자오핑두로 진군하려는 속셈이었다. 마오식 손자병법이 제 얼굴을 드러내기 시작했다.

황궈수黃果樹

황궈수 폭포와 전복의 시선

계획한 일정에서 2구간이 끝난 만큼 구이양에서 운전기사에게 하루 휴식을 준 뒤, 다음날인 4월 4일 아침에 황궈수로 향했다. 구이저우 성 최고의 관광지인 황궈수로 가는 길인 만큼 고속도로가 나 있었다. 얼마 만에 타보는 상태 좋은 포장도로인지 황홀할 정도였다. 구이저우성의 험난한 길에 고개를 설레설레 흔들던 운전기사도 오랜만에 즐거운 표정이었다. 기분 좋은 고속도로도 중간에 끊긴 곳이 많아 그리 먼 거리가 아닌데 두 시간 반이나 걸렸다.

끊긴 고속도로 사이로 고속도로를 닦으려 세운 높은 교각만 사방에 보였다. 중국 고속도로에는 교각이 무척 많다. 엄청나게 높은 교각을 세워 그 위에 고속도로를 만드는 식이다. 그러니 공사 자체가 어렵고 시간도 오래 걸린다. 왜 그런 걸까? 지형이 높낮이가 심한 탓일까?

황궈수에 도착해 다시 한 번 놀랐다. 입장료 때문이었다. 입장료 180위안에 에스컬레이터 승차 요금이 편도 30위안이니 내려올 때 걷고 올라갈 때만 에스컬레이터를 타더라도 1인당 210위안(약 3만 원)이 필요했다. 국민소득이나 다른 물가에 견줘서 관광지 입장료가 가장 비싼 나라가 중국일 듯했다.

황궈수 폭포는 동양 최대라고 해서 유명하지만, 그저 그랬다. 세계 최대를 자랑하는 남미의 이과수 폭포를 본 적이 있는 나는 더욱 실망

폭포 물줄기 사이로 보이는 사람들.

했다. 아픈 무릎으로 아래까지 내려가느니 위에서 대강 사진을 찍고 돌아가려 했다. 그런데 갑자기 폭포 물줄기 사이로 무엇인가 움직였다. 망원 렌즈로 당겨서 보니 사람들이었다. 폭포 안에 사람이라니!

무척 신기한 모습이라 돌아가려던 생각을 바꿔 폭포로 내려갔다. 사람들이 사진을 찍고 있는 전망대로 가니 다시 산 쪽으로 길이 나 있었다. 산으로 올라가니 폭포 뒤로 길이 사라지고 있었다. 길은 바위 동굴로 이어졌고, 동굴로 들어가자 폭포 뒤가 나왔다. 앞쪽에는 떨어지는 폭포수가 보였고, 그 뒤로 건너편 언덕이 눈에 들어왔다. 물 위에는 무지개가 피어올랐다. 폭포 속이었다. 색다른 경험이었다. 밖에서 바라본 폭포하고는 또 다른 아름다운 풍경이었다.

폭포를 정면으로 바라보지 않고 폭포 속에서 폭포와 바깥 세상을 바라보기. 아마도 이곳을 지나간 홍군은 황궈수 폭포 뒤로 들어가 '전

식당에서 본 황궈수 폭포 전경.

복의 시선'으로 이 드문 광경을 즐기지는 못했으리라. 한 가지는 확실하다. 이방인의 눈길과 전복의 시선이 홍군의 봉기와 중국의 혁명을 가능하게 한 원동력이라는 점이다. 노예제, 양반과 상놈, 가부장제 등 기성의 질서를 폭포 '속'에서 밖을 바라보듯 전복의 시선으로 삐딱하게 보는 이단아들 덕분에 인류는 이만큼 발전하지 않았을까? 그런 사람들이 아니면 인류의 80퍼센트는 아직도 노예나 상놈으로 살 수밖에 없었다. 지금 우리에게 필요한 전복의 시선은 무엇일까?

일단 유원지에서는 나가지만 황궈수 마을에서 점심을 먹기로 했다. 그런데 사방에 보이는 곳이라고는 구이저우의 다른 지방들처럼 '민족 풍미 개고기'라고 쓴 개고기 식당뿐이었다. 중국인도 소수 민족은 우리 못지않게 개고기를 잘 먹는다는 사실을 알 수 있었다. 장시 성과 후난 성에는 한족 식당에도 개고기가 있었고, 많은 사람이 즐겨 찾았다.

그런대로 깨끗하고 큰 식당을 찾아 들어갔다. 안쪽에 자리를 잡자 기막힌 경치가 펼쳐졌다. 식당이 황궈수 폭포 바로 위라서 폭포 전체가 한눈에 들어왔다. 200위안을 준 관광지에서도 못 본 풍광이었다. 입장료가 아까웠다. 식당 이름은 '폭포주루瀑布酒樓'(주소는 황궈수가 123호, 전화번호는 0853-3592423)다. 황궈수 폭포에 갈 사람들에게 '강추'하고 싶다.

부이족은 우리 친척?

오후 3시, 황궈수를 떠나 완펑린으로 유명한 싱이로 향했다. 고속도로가 가끔 끊기기는 해도 달리는 데 별 문제는 없었다. 고속도로를 따라 걷는 남루한 사람들이 자주 눈에 띄었다. 대부분 소수 민족으로 보이는 어른과 아이들이 고속도로를 따라 걷거나 길을 가로지르고 있었다. 도로 때문에 전통 촌락이나 생활 공간이 나누어지자 위험한데도 고속도로를 걷고 있는 듯했다.

흔히 윈난에는 세 개의 '린林'이 있다고들 한다. 하나는 쿤밍에 자리한 스린石林이다. 뾰쪽한 돌들이 숲처럼 모인 곳이다. 둘째가 바로 산봉우리 1만 개의 숲이라는 완펑린이다(윈난 성과 구이저우 성의 경계에 자리한 완펑린은 행정 구역은 구이저우에 속하지만 예부터 '윈난 3림'으로 불렸다). 마지막으로 위안머우의 투린土林이다. 흙으로 만들어진 자연 조형물이 숲을 만든다는 뜻이다. 홍군이 지나간 황궈수, 완펑린, 둥촨, 위안머우 등은 중국이 자랑하는 절경이다. 생명을 걸고 도주하는 홍군은 그런 경치를 즐길 여유가 없었다. 자연은 관조의 대상이기도 하지만 때로는 생존을 위한 투쟁의 대상이기도 하다는 생텍쥐페리의 말이 떠올랐다.

싱이 시내에 들어가니 다섯 시가 넘었다. 서둘러 완펑린으로 향했다. 도착해보니 운전기사에게 말한 곳이 아니었다. 여러 안내 책자에

완펑린 사이로 지는 해.

완펑린을 360도로 볼 수 있다고 나오는 전망대로 데려다달라고 했는데, 엉뚱하게도 완펑린 공원으로 갔다. 내비게이션을 따라온 탓이었다. 게다가 공원은 문이 잠긴 채 직원도 퇴근해 아무도 없었다. 완펑린의 석양을 찍으려는 계획이 물거품이 됐다. 완펑린을 제대로 감상하려면 높은 곳에 올라가야 하는데, 이미 석양이 지고 있었다. 아쉬운 대로 평지에서 완펑린 사이로 지는 해를 촬영했다.

다음날 아침 다시 공원으로 향했다. 완펑린을 감상할 수 있게 작은 언덕에 도로를 만들어놓은 곳이었다. 차를 타고 언덕으로 올라가자 먼 곳에 작은 산봉우리 숲들이 이어졌다. 절경이었다. 그러나 360도로 산봉우리를 볼 수 있는 곳은 없었다. 안내 책자를 들고 마을 사람들에게 물어봤다. 책에 나온 곳은 다른 데라는 대답이 돌아왔다.

마을 사람들이 설명한 대로 다른 길로 한참을 가도 평지만 나왔다.

360도 전망대에서 바라본 완펑린의 절경.

360도 전망대라면 높은 곳이어야 했다. 그러다가 갑자기 산이 나타났다. 산을 오르자 부이족布依族 전통 가옥과 안내판이 보였다. 완펑린이 보이는 전망대였다. 제대로 찾아왔다. 장정 중 마주친 소수 민족에 부이족도 있으니 홍군이 바로 이곳을 지나간지도 모를 일이었다. 입장료를 내고 전통 가옥을 지나 뒷산으로 올라가자 사방에 산봉우리 숲이 보였다. 360도로 몸을 돌려도 계속 산봉우리 숲이 이어졌다. 아름다웠다. 숨이 턱 막혔다.

집으로 내려오니 한 노인이 의자에 비스듬히 앉아 햇볕을 즐기고 있었다. 올해 75세라는 할아버지는 지낼 만하다며 은은하게 웃었다. 이야기를 나누고 있는데 잘생긴 젊은이 둘이 악기를 두드리며 나타났다. 그중 하나는 영락없는 징이었다. 어떻게 우리가 쓰는 징하고 똑같은 악기가 여기에 있는 걸까? 오래전부터 내려오는 부이족 전통 악기

부이족 전통 가옥과 할아버지(왼쪽). 우리와 비슷하게 생긴 부이족 청년들과 악기(오른쪽).

란다. 얼굴 생김새도 많이 닮고 전통 악기도 똑같으니 혹시 무슨 인연이 있는 걸까, 재미있는 상상을 해본다.

반가운 '노마드 인'

뤄핑을 향해 출발한 지 얼마 되지 않아 한쪽 벽을 노란색으로 칠하고 크게 'Nomad Inn 노마드 인'이라고 써 넣은 시골집이 보였다. 완펑린이 관광지라고는 하지만 그래도 이 오지에 한글이라니 신기하고 반가웠다. 차를 세운 뒤 잘하면 점심으로 한국 음식을 먹을 수 있겠다는 기대를 품고 화살표가 안내하는 대로 골목으로 들어가 산밑 마을로 갔다. '노마드 인'으로 들어가니 '유랑자 여관'이라는 가게 이름이 보였다. 예상한 대로 히피 소굴 같은 곳에서 머리를 빡빡 깍은 중국 여성이 나타났다. 남편이 한국 사람인데 인도에 가서 없다고 했다. 한국에서 온 사람들이라고 하니까 반갑게 맞아줬지만, 한국 음식을 시킬 분위기는 아니었다.

다시 뤄핑으로 향했다. 이번에는 우사烏沙라는 곳에서 길이 완전히 막혔다. 장날이라 노점상이 길을 차지하고 있었다. 다른 때 같으면 교통 체증에 짜증을 낼 테지만, 그날은 오히려 쾌재를 부르며 차에서 뛰어내렸다. 중국 오지의 장날 풍물과 여러 소수 민족의 모습을 실컷 찍을 수 있는 기회였다. 운전기사 눈치를 보지 않고 마음껏 구경할 수 있어서 여행 내내 가장 반가운 일 중에 하나였다. 빠듯한 일정과 고약한 운전기사 덕분에 난생처음 교통 체증을 즐기는 '변태'가 되고 말았다.

거리의 이발사부터 먹거리와 채소 등을 팔러 나온 소수 민족 여성

중국 오지에서 만난 반가운 한국어. 가게 주인이 한국 사람이었다.

들, 초등학교 1학년쯤 돼 보이는 조숙한 장사꾼, 갓처럼 생긴 모자를 쓰고 좌판을 펼친 채 마이크로 손님을 부르는 상인 등을 보면서 교통 체증이 빨리 풀리지 않기를 기원했다. 얼마 지나지 않아 장터 사람들이 외국인으로 보이는 우리를 거꾸로 구경하는 재미있는 상황이 됐다. 누가 구경꾼이고 누가 볼거리인지 헷갈렸다. 어느 할아버지는 호기심을 이기지 못해 우리를 계속 따라왔다. 우리가 구경하려고 서면 같이 서고 걸어가면 다시 같이 걷는 식이었다. 내가 먼저 다가가 우리는 베이징 올림픽을 기념해 한국에서 장정을 취재하러 온 사람들이라고 설명하자 아주 반가워하며 내 손을 꼭 잡았다. 나이에 걸맞지 않게 호기심이 가득한 선한 눈망울이 아직도 눈에 선하다.

세계 최대 유채꽃밭으로 유명한 뤄핑은 2월부터 3월 말까지 유채꽃을 찍는 사진작가들로 붐비는 곳이었다. 그러나 벌써 3월 말이고 구이

중국 시골 장날 풍경들.

저우에서 윈난으로 오면서 더워진 날씨 탓에 유채꽃이 아직 남아 있을지 걱정스러웠다. 뤄핑에 도착해 유채꽃부터 찾아봤지만 예상이 들어맞았다. 실망스러웠다. 뤄핑을 지나 쿤밍으로 향했다.

위안양元陽

위안양으로 한 '외도'(?)

4월 6일, 쿤밍에서 하루 쉬기로 한 계획을 바꿔 위안양을 가보기로 했다. 위안양은 쿤밍에서 남쪽으로 꽤 떨어져 있고 베트남에 가까운 곳으로, 장정하고는 관련 없는 곳이다. 세계에서 가장 아름다운 다랑논으로 유명하다. 다랑논은 물이 차 있어야 사진 찍기 좋다. 물이 차 있는지 알 수 있는 방법이 없을까 고민하다가 여행 안내 책자에 나온 현지 여관에 전화를 걸어 물어봤다. 지금 다랑논에 물이 차 있다는 반가운 대답에 무리를 해서라도 가기로 했다. 운전기사는 구이양에서 쉰 지 며칠 되지 않으니까 쿤밍이 아니라 청두에서 하루 더 쉬게 해주겠다는 말로 설득했다.

길이 문제였다. 쿤밍은 도로가 제멋대로 뻗어 있어 시내를 벗어나는 일부터 고역이었다. 시내를 벗어나는 줄 알다가 일방통행이라 다시 뱅뱅 돌기를 몇 번이나 반복했다. 내비게이션에도 옛날 도로가 입력돼 있어 도움이 안 됐다. 하도 고생을 해 나는 쿤밍을 벗어나는 일을 '쿤밍 탈출 작전'이라고 불렀다. 게다가 좌회전은 금지돼 있고, 한국하고 정반대로 가장 오른쪽이 유턴 차선이었다. 곰곰이 생각하니 차의 회전 반경이 넓다는 점에서 오른쪽 차선에서 유턴하는 방식이 운전 공학 측면에서는 합리적이었다. 이렇게 그것 자체는 합리적이지만 전체로 보면 비합리적인 일들이 얼마나 많은가? 결국 전체 맥락이 중요하다.

요즘 유행하는 바이오 연료도 마찬가지다. 바이오 연료 자체는 석유하고 다르게 친환경 에너지다. 그러나 친환경 에너지를 만들려면 옥수수를 대량으로 소비해야 하고, 옥수수를 키우려면 숲을 베어야 해서 환경이 더 많이 파괴되고, 곡물 가격이 폭등해 식량 위기가 오는 등 전체적으로는 부작용이 더 크다는 사실이 밝혀졌다.

시내를 벗어난 뒤 처음 절반 정도는 포장된 고속도로라 별 문제가 없었다. 어느 작은 도시에서 마차가 마을버스 구실을 하는 색다른 풍경도 봤다. 퉁하이通海라는 도시를 지날 때는 거대한 무슬림 사원도 만났다. 무슬림이 많은 신장(신장웨이우얼 자치구新疆維吾爾自治區) 지역도 아니고 윈난 성 남부에 이렇게 큰 무슬림 사원이라니! 신도가 없는 사원은 운영할 수 없을 텐데, 그 많은 신도는 다 누구일지 궁금했다.

문제는 나머지 절반이었다. 비포장도로가 나타나면서 차는 굼벵이가 됐다. 높은 산까지 나타나면서 아슬아슬한 길을 넘어가야 했다. 고도계는 1980미터를 가리켰다. 안내 책자에는 쿤밍에서 위안양까지 여섯 시간 걸린다고 나와 있어서 설마 270킬로미터 거리가 그렇게 오래 걸릴까 했더니, 여섯 시간은커녕 여덟 시간은 걸릴 기세였다. 이 산을 밤에 다시 넘어오기는 어려워 위안양에서 하룻밤 자야 할 듯했다. 하루 일정이 늦어지니 쓰촨 성 루딩盧定에서 장재구 회장을 만나기로 한 약속이 걱정이었다. 앞으로 갈 길이 먼데 일정을 맞출 수 있을까?

위안양이 가까워지자 베트남식 대나무 모자를 쓴 사람들이 자주 보였다. 위안양이 베트남에서 50킬로미터 정도 떨어져 있으니 어쩌면 당연했다. 대체 국경이란 무엇일까? 베트남 사람들하고 이곳 사람들은 같은 생활권이 아닐까?

산을 넘어가니 아름다운 호수가 나타났다. 댐으로 막은 인공 호수였다. 다시 공사 중인 도로가 나왔다. 마음을 졸이면서 아슬아슬한 길을 지나자 드디어 위안양이 나타났다. 이 산골에 이런 큰 도시가 있다니! 이렇게 길이 나쁜데 이 사람들은 도대체 어떻게 살아가는 걸까? 하기는 청나라가 멸망한 뒤에 국민당군이 어떤 마을로 들어가니까 마을 사람들은 아직도 명나라 시절인 줄 알고 있더라는 믿기 어려운 얘기도 전해진다.

세상에서 가장 아름다운 논

다랑논을 보려고 한참을 더 가니 시간은 이미 저녁 일곱 시가 가까워지고 있었다. 해 지기 전에 목적지에 도착하지 못할까 봐 초조해졌는데, 갑자기 앞자리에 앉은 김문걸 씨가 말을 더듬으며 소리를 질렀다. 차가 섰다. 문을 열고 나가자마자 이유를 알았다. 눈앞에 끝없는 다랑논이 펼쳐졌다. 숨이 막힐 정도로 아름다웠다. 이 풍경을 보고 누가 논이라고 할까? 기하학적 무늬와 곡선의 행렬은 지상에서 가장 아름다운 건축물이자 예술품이었다. 여덟 시간 동안 고생한 기억이 눈 녹듯 사라졌다. 어떤 사연이 있어서 이런 두메산골까지 들어와 땀과 눈물로 다랑논을 만든 걸까? 이 아름다움은 척박한 환경에서 농토를 일구느라 수천 년 동안 고생한 사람들의 땀과 눈물 덕분은 아닐까?

차에서 내리자 소수 민족 복장을 한 사람이 달려와 아래쪽에 더 전망 좋은 곳이 있는데 10위안을 주면 안내해주겠다고 했다. 자기는 이 마을에 사는 리족蠡族이고 모두 1000명 정도 된다는 말도 덧붙였다. 안내를 받아 한참을 더 내려가니 정말로 더 좋은 전망대가 나왔다. 아쉽게도 해가 지는 중이라 사진을 찍던 사람들도 철수하고 있었다.

세상에서 가장 아름다운 논.

다음날 아침 해 뜨는 장면을 찍자고 한 뒤 다랑논 부근에 숙소를 잡기로 했다. 조금 전에 산 사진첩이 쓸모가 있었다. 다랑논의 위치와 방향에 따라 일출 장면이 좋은 논과 일몰 장면이 아름다운 논 등 자세한 정보가 지도에 표시돼 있었다. 숙소에는 중국인 사진작가 여럿이 저녁을 먹고 있었다. 중국에도 단체로 차를 빌려 사진을 찍으러 다니는 동호회가 많아지고 있으며 자기들은 이곳에서 일주일 정도 머문다고 했다. 그런 곳을 당일치기로 온 우리는 도대체 무슨 배짱일까. 중국 사진작가들을 만나 나눈 대화는 도움이 됐다. 둥촨은 12월이 가장 아름답고, 메이리쉐 산은 보름달 때가 사진 찍기 좋고, 뤄핑과 위안양은 2월 말이 적기라고 했다.

다음날 새벽 다섯 시, 아침 풍경이 아름답다는 둬이수多依樹 마을로 향했다. 껌껌한 길을 가고 있는데 뒤에 따라오는 다른 차들이 보였다. 다섯 시 사십 분쯤 목적지에 다다르니 아무도 없었다. 사진 찍기 좋은 곳에 우리가 가장 먼저 도착했다. 우리보다 먼저 나와 기다리던 동네 사람들이 삶은 달걀을 사달라고 졸랐다. 달걀을 사서 먹고 전망대로 가니 가장 전망 좋은 자리에 카메라 삼각대가 이미 서 있었다. 우리 뒤를 따라온 차에서 내린 사람들이 우리보다 먼저 차지한 모양이었다. 경험자의 노하우였다. 아쉽지만 그나마 전망이 괜찮은 곳을 찾아 삼각대를 세우고 해가 뜨기를 기다렸다.

일곱 시쯤 해가 떴다. 어제 본 태양보다 규모는 작지만 아름다웠다. 그나마 두꺼운 구름 때문에 해 뜨는 모습은 제대로 찍을 수 없었다. 실망한 중국인 사진작가들은 일찍 카메라를 접고 자리를 떴다. 나는 미련이 남아 조금 더 기다리기로 했다. 잠시 뒤 구름 사이로 해가 얼굴을 내밀기 시작했다. 해가 떠오르는 풍경은 놓쳤지만 논물 위에 비친 해는 찍을 수 있었다. 기다리는 자에게 복이 있나니!

숙소로 돌아오는 길에 보니 논으로 일하러 나가거나 시장에 가는 소수 민족의 행렬이 이어졌다. 검정색과 푸른색부터 알록달록 화려한

일하러 가는 소수민족의 행렬.

복장까지 여러 색깔 옷을 입은 제각기 다른 모습을 보니 다양한 소수 민족이 사는 곳이라는 사실을 실감할 수 있었다. 윈난 성이 소수 민족의 전시장이라는 말은 과장이 아니었다.

둥촨東川 위안머우元謀

보리밭을 흔드는 바람들

쿤밍으로 돌아온 뒤 운전기사는 차에 문제가 생겨 정비를 해야 한다고 했다. 위안양에 다녀오면서 무리를 한 걸까? 둥촨을 들르고 위안머우로 가려는 계획에 차질이 생겼다. 엎친 데 덮친다고 둥촨에서 위안머우로 가는 길이 여의치 않아 둥촨에서 다시 쿤밍으로 돌아와서 위안머우로 가야 했다. 일단 차를 고치고 운전기사는 쉬게 한 뒤, 김문걸 씨가 운전해 둥촨을 다녀오고, 쿤밍에서 하루 더 보낸 뒤 다음날 위안머우로 떠나기로 했다.

길이 또 문제였다. 이번에도 두 시간 동안 시내를 헤매고 나서야 쿤밍을 탈출했다. 쿤밍에서 북동쪽으로 200킬로미터 정도 떨어진 둥촨으로 가는 길은 잘 정비된 고속도로였다. 제한 속도가 시속 120킬로미터인 고속도로에서도 차에 무리가 간다며 시속 90킬로미터를 넘기지 않는 운전기사한테서 해방돼 오랜만에 속도를 내며 드라이브를 즐겼다. 기쁨도 잠시, 다시 긴 정체 구간이 시작됐다. 낡은 트럭 때문에 길이 막혔다. 낡은 트럭이 고장나 고속도로가 무용지물이 되는 일을 중국에서 자주 겪었다. 아무래도 해 지기 전에는 도착하기 어려울 듯하지만 일단 가보기로 했다.

붉은색 황토와 이제 막 자라기 시작한 푸른 보리가 어우러진 풍경이 이어졌다. 갓길에 차를 세우고 셔터를 눌렀다. 이렇게 비옥한 땅에

황토와 보리밭이 어우러진 풍경은 달리는 차를 서게 했다.

이모작과 삼모작이 가능한 날씨까지, 윈난이야말로 복받은 곳이다. 비옥한 땅이란 토지의 생산성을 의미할 뿐이지 땀 흘리는 농민들의 풍요를 뜻하지 않는다는 생각도 들었다. 다시 말해 생산력을 의미하지 지주와 농민 사이의 생산관계를 뜻하지는 않는다. 아무리 비옥한 땅이라 수확이 좋아도 수탈이 심하다면 무슨 소용이 있을까? 마오의 홍군은 장정 중 둥촨을 비롯한 윈난 지역 농민들한테 전폭적인 지지를 받았다. 지주의 수탈이 심해 민중이 고통받고 있다는 증거였다. 결국 둥촨까지 가지 못한 우리는 쿤밍으로 차를 돌려야 했다.

흙기둥의 숲, 투린

다음날인 4월 9일, 긴장의 끈을 다시 조이고 쿤밍에서 위안머우를 거

농민은 땀 흘려 일한 만큼 보상을 받고 있을까?

쳐 자오핑두로 가는 긴 여정에 들어갔다. 위안머우로 가려면 쿤밍의 서북쪽으로 나가야 해서 다시 한 번 쿤밍을 벗어나느라 고생을 했다. 게다가 어렵게 도심을 빠져 나온 뒤에 길을 잘못 들어 운전기사와 김문걸 씨가 서로 네 잘못이라며 다투는 바람에 분위기까지 험악해졌다.

위안머우로 가는 길은 생각보다 괜찮았다. 그래도 목적지에 가까워지면서 엉망진창이 되기는 했다. 위안머우가 가난한 현이라서 그런 걸까? 쓰촨 성으로 가는 주도로인데도 상태가 아주 나빴다. 성과 성을

흙이 비바람에 깎여 독특한 형상을 만든 투린의 전경.

잇는 국도라면 일반 도로보다 훨씬 좋아야 하는데 오히려 더 엉망인 경우가 많았다. 특히 성과 성이나 현과 현을 나누는 경계는 서로 책임을 미루고 관리를 안 해서 길이라고 부르기도 민망한 수준이었다. 오죽하면 달리는 차에서 졸다가 갑자기 덜컹거릴 때는 또 경계를 지나는구나 하는 생각을 하면서 잠에서 깼다. 지도를 찾아보면 그런 생각이 언제나 맞았다.

한 성에 있는 도시에서 다른 성에 있는 도시로 가려고 지도를 찾으면 최단 거리인 도로가 보였다. 그 길로 갈까 하다가 더 자세히 보면 각 성의 끝 마을까지는 길이 나 있는데 두 마을 사이를 잇는 도로가 없어 몇 배나 먼 길을 돌아가야 하는 경우도 여러 번 겪었다. 중국의 길은 과거 사회주의의 부작용인 관료주의의 극치를 보여줬다.

고생 끝에 오후 늦게 위안머우에 도착해 투린으로 향했다. 꼭 투린이 아니더라도 위안머우는 마을 전체에 흙이 비바람에 깎여 독특한 형상을 띠게 된 흙기둥이 숲을 만들고 있었다. 투린 공원에 도착하자 네 시 반. 공원이 대부분 다섯 시에 닫으니 다행이라고 생각하면서 관리소로 가니 아무도 없었다. 손님들이 오전에 많이 오기 때문에 직원이 오후 네 시에 퇴근해버리는 모양이었다. 단체 관광객이나 사진작가가 대부분인데, 그중 한국인 단체 관광객은 30퍼센트 정도라고 했다.

투린을 보려고 아무것도 없는 이 산골에서 하루를 묵을 수는 없었다. 투린 관광은 포기하고 빨리 자오핑두로 가기 위해 후이리會理로 떠나기로 했다. 자오핑두는 샹강 전투, 쭌이 회의, 츠수이 도하에 이어 장정의 하이라이트가 되는 곳이기 때문이었다.

진사 강金沙江

거센 물결과 금빛 모래

진사 강. 티베트 경계인 해발 3000미터 고지에서 시작해 쓰촨 성 이빈宜宾에서 민 강岷江하고 합쳐 창장 강이 되는 긴 강이다. 금빛 모래의 강이라는 아름다운 이름하고 다르게 진사 강은 해발 3000미터에서 흘러내리는 물답게 급류로 유명하다. 장정 때 홍군이 이 강에 여러 번 부교를 설치하지만 모두 떠내려갔다. 쓰촨 성 최남단과 윈난 성 최북단을 가르는 경계이기도 해서 윈난 성에서 쓰촨 성으로 북상하려면 이 강을 꼭 건너야 했다. 오랜 옛날부터 진사 강을 건너는 나루터가 자오핑두다. 멀리 티베트에서 온 온갖 약초와 쓰촨에서 온 식량과 소금이 이 나루터를 거쳐 윈난으로 건너오고, 윈난에서 나온 아편과 금이 쓰촨 등 북쪽으로 실려 갔다.

진사 강을 건너라

"쫑위 따올러終遇 到了"(결국 도착했구나). 1935년 4월 30일, 진사 강이 내려다보이는 산꼭대기에서 잘생긴 얼굴에 눈매가 매서운 30대 중반의 건장한 지휘관이 금방이라도 숨넘어갈 듯 거친 숨을 내쉬면서 말했다. 하룻밤 사이에 완전 무장을 한 부하들을 이끌고 80킬로미터를 곧장 달려온 때문이었다.

지휘관은 비스티, 아니 양림이었다. 필사적으로 항일을 하겠다는 뜻에서 '필사적'의 중국어 발음인 '삐스더'하고 비슷한 비스티毖士悌라는 중국 이름을 쓰고 있었지만, 양림은 한국인이었다. 양림은 탁월한 능력을 인정받아 중앙 지도부를 경호하는 최정예 부대인 군사위원회 간부단의 참모장으로 활약하고 있었다.

린뱌오에게 윈난 성의 성도인 쿤밍을 공격하는 시늉을 하게 하고 주력군은 자오핑두를 거쳐 진사 강을 건너서 쓰촨 성으로 북상하는 작전을 세운 홍군은, 자오핑두를 장악하는 일을 간부단에게 맡겼다. 진사 강을 건너지 못하면 국민당군의 추격을 벗어나지 못하고 전멸할 수밖에 없었다. 군사위 부주석 저우언라이는 직접 간부단을 방문해 양림의 손을 꼭 쥐며 임수 완수를 당부했다.

자기가 맡은 임무의 중요성을 잘 아는 양림은 80킬로미터를 쉬지 않고 달려온 피로도 잊은 채 망원경으로 산 아래의 자오핑두를 살폈다. 염려한 대로 산 아래쪽 나루터는 텅 빈 반면 강 건너편 쓰촨 쪽에는 나룻배가 여러 척 보였다. 홍군이 진사 강을 건널까 봐 염려한 국민당군이 배를 강 건너편에 묶어놓은 모양이었다. 양림은 하늘이 노래졌다. 이대로 실패한다는 말인가? 나를 믿고 중요한 임무를 맡긴 군사위를 어떻게 대해야 할까?

한숨을 쉬던 양림은 나루터 아래쪽 진흙밭에 묻혀 있는 작은 나뭇조각을 발견했다. 망원경으로 살펴보니 작고 부서진 듯해도 배가 틀림없었다. 양림은 부하들을 이끌고 단숨에 그곳으로 달려갔다. 밑창에 구멍이 나 탈 수 없는 배였다. 포기할 수는 없었다. 양림은 구멍난 곳을 옷 등으로 메워 물이 새어들지 않게 한 뒤 마을을 뒤져 사공을 찾아냈다. "우리는 홍군입니다. 악덕 지주를 처단하려고 총을 들었습니다. 10년 안에 다시 돌아와 농지를 나눠주겠습니다." 사공들은 양림이 한 약속을 믿었고, 대대로 이 나루터를 지켜온 터줏대감인 장씨 형제들이 적극 돕겠다고 나섰다. 양림은 이렇게 설득한 사공을 데리고 임시로 수리한 배를 이용해 건너편에 묶어놓은 나룻배를 빼앗아오는 야간 도하 작전을 감행했다. 사공은 권총과 휴대용 전등으로 무장한 양림과 특공대 아홉 명을 강 건너편에 내려줬고, 특공대는 적을 기습해 제압한 뒤 나룻배를 빼앗았다.

나룻배 일곱 척과 자오핑두에 사는 사공 서른여섯 명을 동원한 진사강 도하 작전이 시작됐다. 먼저 마오쩌둥과 저우언라이 등 지도부가 강을 건넜다. 그리고 쓰촨 쪽 돌산에 있는 동굴에 지휘소를 꾸려 도하 작전을 지휘했다. 사공 서른여섯 명이 9일 밤낮을 쉬지 않고 교대로 진사 강을 건넜다. 큰 배에는 60명이 타고 작은 배에는 20명이 올랐다. 국민당군 정찰기가 두 차례 날아오지만 폭격을 하기에는 강 양쪽 절벽이 너무 가팔랐다. 사상자 한 명 없이 도하 작전이 성공적으로 끝나자 사공들은 두둑한 사례를 받았다. 국민당군 추격대가 자오핑두에 도착한 때 홍군은 이미 강 건너편 쓰촨 땅에서 전열을 가다듬고 있었고, 추격에 필요한 배들은 급류를 타고 떠내려가는 중이었다. 화가 난 국민당군은 사공들을 모아 모두 사살했는데, 장씨 형제들은 도망을 쳐 살아남았다. 강 건너편에서 발을 구르는 국민당군을 바라보며 양림은 정말 오랜만에 가벼운 웃음을 띠었다.

판즈화攀枝花

멀고 먼 자오핑두

세계에서 가장 험난한 길. 중국인들이 과장이 심하다고는 하지만 3년 전 장정 70주년을 맞아 자오핑두를 다녀온 중국 기자는 그곳 가는 길을 이렇게 설명했다. 장정 계획을 세우면서 가장 고심한 곳도 바로 자오핑두였다. 홍군이 지나간 경로를 따라 윈난 쪽에서 자오핑두로 가서 쓰촨 쪽으로 건너가고 싶은데 차가 다닐 수 있는 길이 지도에 없기 때문이었다. 1984년에 이곳을 지난 솔즈버리도 차가 지날 수 있는 도로가 없어 30킬로미터를 노새를 타고 갔다. 3년 전 자동차를 탄 중국 기자들도 쓰촨으로 건너가 후이리에서 자오핑두로 되돌아가야 했다. 후이리에서 퉁안通安으로 가 거기서 비포장 산길을 넘어 자오핑두 건너편에 간 뒤 도하 현장에 새로 세운 다리를 건너 자오핑두에 도착하는 경로였다. 퉁안에서 자오핑두까지 이어지는 산길은 트럭밖에 다니지 못할 정도로 험해서 24킬로미터를 가는데 다섯 시간이 걸리더라고 전했다. 우리도 일단 자오핑두에 도착한 뒤 홍군이 이동한 경로대로 자오핑두에서 진사 강을 건너 퉁안과 후이리로 돌아오는 수밖에 없었다.

후이리로 가는 길도 만만치 않았다. 저녁노을 받으며 위안머우를 떠나 후이리로 북상하다 보니 갈림길이 나왔다. 한쪽은 동북쪽에 있는 후이리로 가는 108번 국도였고, 다른 쪽은 서북쪽에 있는 판즈화로 가는 길이었다. 108번 국도는 윈난 성 성도 쿤밍과 쓰촨 성 성도 청두를 잇는 주도로로, 이 길을 따라 100킬로미터만 가면 후이리에 도착한다. 반면 판즈화로 간 뒤 후이리로 다시 돌아서 가면 두 배 정도 거리가 늘어난다. 3년 전 108번 국도를 택한 중국 기자들은 100킬로미터를 가는 데 열 시간 걸렸다. 마을 사람들에게 불평을 늘어놓던 중국 기자들은 국민당 시절에 만든 도로라 국도라는 비아냥 섞인 얘기를 들었다.

이런 악명을 익히 아는 108번 도로라서 위안머우를 떠나며 정비소에 도로 사정을 물어봤다. 아니나 다를까 우리 차는 108번 도로를 갈 수 없으니 판즈화로 돌아서 가라고 했다. 판즈화 가는 길은 상황이 좋다고 해서 주저 없이 방향을 틀었다. 모든 개념은 상대적이라지만 이런 길이 사정이 좋다는 얘기였을까? 판즈화는 인구 200만 명인 철강도시라는데, 이런 도로로 그렇게 큰 도시가 어떻게 바깥세상하고 소통하며 살아갈 수 있을까? 정말 수수께끼였다.

중국 여행을 하면서 믿지 않게 된 것이 두 가지 있는데, 바로 거리와 도로 상태다. 마을 사람들이 아주 가깝다고 해서 가보면 끝도 없었다. 길 상태도 마찬가지였다. 좋은 길이라고 해서 가보면 도저히 길이라고 할 수 없는 지경이었다. 곳곳이 파이고 엉망이어도 비포장만 아니면 중국 사람들은 좋은 길이라고 말했다.

덜컹거리는 차에 앉아 억지춘향으로 춤을 추면서 '사정이 좋다는 길이 이러니 108번 도로는 얼마나 심할까' 하는 생각을 하며 애써 위안하는데, 우리가 가는 길 바로 옆에 깨끗하게 단장한 고속도로가 보였다. 아직 개통 안 한 길이었다. 쿤밍과 청두를 잇는 고속도로 같았다. 번듯한 고속도로를 닦고 있으니 국도는 더 관리를 안 한 모양이었다.

꽤 높은 산(차 통과 지점 기준 해발 1800미터)을 올라가자 마치 대관령휴게소 같은 곳이 나타났다. 트럭 기사들이 밥 먹고 잠자는 숙소도 있었다. 휴게소 앞에는 트럭 말고 다른 차는 단 한 대도 없었다. 고속도로도 마찬가지이지만 중국의 지방도로에서는 승용차를 거의 찾아볼 수 없었다. 시간이 날 때 세어보니 트럭 서른 대 지나갈 때 승용차 한 대 지나가는 정도였다. 중국이 자가용은 널리 보급되지 않았지만 트럭을 포함한 전체 차량 수는 미국 다음으로 많았다.

고립된 섬들의 왕국

중국을 여행하다 보면 곳곳에서 '섬'을 만났다. 정말 길인가 싶은 길을 따라 하루 종일 차를 타고 들어가면 갑자기 거대한 도시가 나타난다. 상하이와 베이징 같은 대도시나 발달된 동부 해안 지역이 아니라 내륙 지방을 보면 중국은 '고립된 섬들의 은하수'다.

도로가 발달하지 않은 이유는 자가용 보급이 늦어진 탓도 있을 테고, 땅이 너무 넓어 외지에 나갈 때 대부분 기차나 비행기를 이용하기 때문이기도 하다. 고립된 섬들을 이어주고 생필품을 공급하는 '젖줄'은 트럭이었다. 중국을 움직이는 숨은 동력은 트럭 운전사들이다.

트럭이 주로 다니는 도로는 트럭에 실린 짐의 무게를 이기지 못해 더 엉망으로 무너져 일반 승용차가 다닐 수 없는 길로 바뀌는 악순환이 반복된다. 중국의 지방도를 가다보면 고장난 트럭을 고치느라 진땀을 흘리는 운전기사를 자주 마주쳤고, 오지에 자리한 소도시에 들어서면 가장 많이 보이는 상점이 자동차 정비소였다.

차가 내리막길로 접어들면서 오른쪽에 계속 사이로 뱀처럼 길게 굽이도는 강줄기가 보였다.

"아! 진사 강이다!"

계곡 사이로 굽이굽이 흐르는 진사 강.

엉망진창 길을 달려 밤 열 시쯤 판즈화에 도착했다. 판즈화가 엄청나게 큰 도시인데다가 초행길이고, 내비게이션마저 고장나 적당한 숙소를 찾을 수 없었다. 지나가는 택시 기사에게 돈을 줄 테니 호텔로 안내해달라 하니까 별 넷짜리 고급 호텔에 데려다줬다. 주머니 사정이 걱정이지만 밤이 깊어 다른 곳을 또 찾아 나설 수 없어서 그냥 하룻밤 묵기로 했다. 택시 기사 덕분에 오랜만에 장정에 어울리지 않는 고급 호텔의 안락한 침대에서 잠자는 사치를 누렸다.

후이리會理 퉁안通安

특명! 차를 구하라

4월 10일, 판즈화를 떠나 후이리에 도착하니 점심시간이었다. 후이리는 아담하고 한적한 시골 도시였다. 간단히 점심을 먹고 자오핑두로 갈 차를 구하러 나섰다. 먼저 식당 옆에 있는 정비소로 가서 사륜구동 차를 구한다고 얘기했다. 정비소 주인은 그런 험한 곳을 뭐하러 가냐는 표정을 짓더니 차를 구할 수도 없고, 퉁안에서 자오핑두까지 가는 산길은 보통 차는 다닐 수도 없고, 게다가 퉁안까지 가는 길은 지금 공사 중이라고 했다.

암담했다. 짐이 많아 일단 승합차를 빌리고 필요한 구간에서만 사륜구동 차를 쓰려던 계획이 어긋났다. 처음부터 사륜구동 차를 몰고 오지 않은 내가 무척 후회됐다. 그렇다고 포기할 수는 없었다.

지나가는 택시를 세워 무작정 사정을 해봤다. 택시 기사는 돈을 많이 주면 퉁안까지 갈 수는 있지만 그다음은 길이 너무 깊이 파여서 택시로 안 되니까 트럭을 얻어 타라고 했다. 그나마 퉁안까지 가준다니 다행이지만 자오핑두에서 트럭을 얻어 탈 수 있다는 보장이 없는데다가 돌아오는 방법도 문제였다. 다시 차를 구하러 시내를 누비고 다녔지만 번번이 실패했다. 일행들 사이에서 자오핑두는 포기하자는 압력이 은근히 느껴졌다. 나도 잠깐 마음이 흔들렸지만, 양림을 생각하니 포기할 수 없었다.

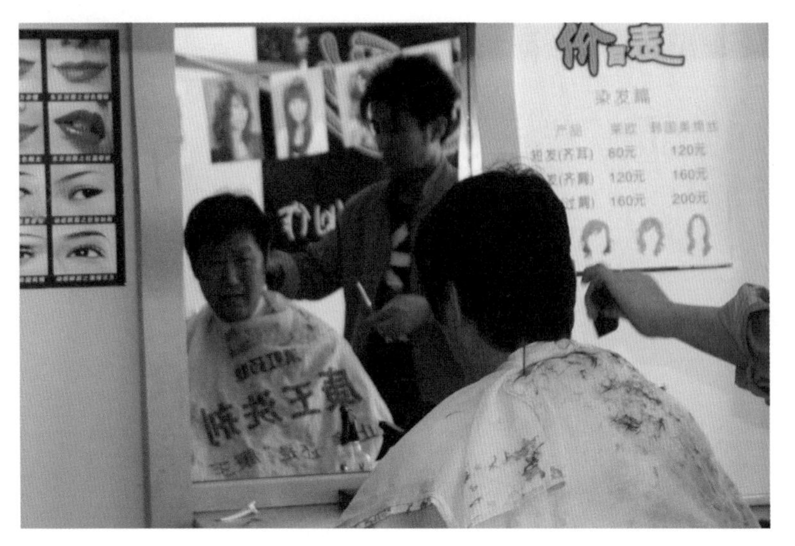

중국 오지에서 머리를 깎다.

자포자기 상태에서 광장에 세워놓은 깨끗한 '빵차'*에 다가가 자오핑두에 갈 수 있냐고 물었다. 600위안을 주면 가겠다고 했다. 600위안이면 좋은 사륜구동 차를 하루 빌릴 수 있는데 이런 '똥차'가 600위안이라니! 그러나 돈을 아낄 처지가 아니었다. 가겠다는 말이 고마워 이마에 키스라고 하고 싶은 심정이었다. 오히려 안 간다고 마음이 변할까 걱정이었다. 그래서 얼른 다음날 아침 여섯 시에 호텔로 와서 함께 출발하자는 약속을 했다. 다만 차 무게를 줄이기 위해 몸무게가 100킬로그램이 넘는 김문걸 씨는 남고 나와 오 선배만 가기로 했다.

차를 구하고 나니까 당장 할 일이 없었다. 장정을 출발한 뒤 처음

* 다마스처럼 작고 양철을 두드려 만든 싸구려 차로, 차체가 일반 승용차보다 높고 식빵처럼 생겼다. 중국 사람들은 이런 차를 '멘바오처(面包車)', 곧 빵차라고 부른다.

으로 대낮에 여유가 생겼다. 그래서 단체로 머리를 깎기로 했다. 한 달 동안 나는 거의 산적이 돼 있었다.

후이리의 작은 부자

다음날 아침 일찍 일어나 카메라와 비디오 등 준비물을 챙기고 차를 기다렸다. 여섯 시가 넘었는데 기사가 오지 않았다. 초조한 마음에 핸드폰으로 연락하니 거의 다 왔다고 한다. 다행이었다. 그러나 정작 나이들어 보이는 운전기사와 어제 본 차보다 더 낡은 빵차가 나타났다. 자기 실력으로는 가기가 어려워 운전 잘하는 사람을 모셔왔다고 했다. 사기를 당하는 듯해 꺼림칙했지만 다른 선택지가 없었다. 차는 후이리와 타이핑太平이라는 시골 마을을 다니는 시외 합승 버스인데 600위안을 준다 하니 하루 일을 쉬고 자오핑두에 가기로 한 모양이었다.

차를 타자 예상대로 보수 중이라 엉망인 비포장도로가 나타났다. 운전기사는 시골길 전문 기사답게 비포장도로를 기막히게 달리기 시작했다. 어제 본 젊은 사람 대신 이 기사가 와서 정말 다행이라고 생각했다. 운전기사는 이런 합승 버스를 세 대 굴렸다. 이 버스는 직접 운전해 한 달에 3000위안 정도 벌고 다른 두 대는 기사를 고용해 한 달에 1000위안씩 벌어서, 모두 합하면 한 달에 5000위안(70만 원) 정도 번다고 했다. 시골 기준으로는 '작은 부자'였다.

아침 여덟 시, 비포장도로 60킬로미터를 1시간 40분 만에 주파해 통안에 도착했다. 간단히 식사를 하기로 하고 양탕에 밥이나 국수를 말아서 내는 식당으로 갔다. 한국으로 치면 곰탕인데, 오랜만에 입맛에 맞는 음식이었다.

자오핑두皎平渡

쫑위 따올러!

이제 '세계에서 가장 험난한 길'만 남았다. 퉁안에서 자오핑두까지 가는 산길 말이다. 기사도 가본 적 없는 곳이라면서 마을 사람들에게 길을 물어 산으로 향했다.

왜 이 길을 세계에서 가장 험한 길이라고 하는지 이해가 됐다. 험준한 산과 아슬아슬한 낭떠러지를 끼고 있는 산길에는 두께가 20센티미터는 될 듯한 먼지가 쌓여 있었다. 길이 아니라 화성이나 달 표면 같았다. 바퀴가 먼지에 묻혀서 멈추지 않을까 걱정될 정도였다. 게다가 창문을 닫았는데도 틈새를 뚫고 먼지가 들어와 차 안에서도 마스크를 쓰고 있어야 했다. 사진을 찍으려고 차에서 내리자 마치 밀가루를 밟는 듯 발이 푹푹 빠졌다. 어디에서 이 엄청난 먼지가 날아왔을까. 지구의 먼지란 먼지는 다 모아놓은 곳 같았다. 이런 길을 기가 막힌 운전 솜씨로 한 시간 정도 달리자 반대편에 우리가 지나온 길들이 아득하게 보였다. 이제 내려가는 길만 남았다.

5분쯤 내려가자 트럭이 서른 대쯤 서 있었다(나중에 알아보니 자오핑두로 가는 차들이 아니고 자오핑두 방향에 있는 광산에서 채굴한 광물을 나르는 트럭들이었다). 이런 첩첩산중에 교통 체증이라니 말이 되는 이야기인가. 운전기사도 놀라 차를 세우고 다른 기사에게 물어보니, 어젯밤에 트럭 한 대가 고장나 모든 차들이 꼼짝 못 하고 서 있다

험난한 산길을 믿음직스럽게 달려준 '빵차'(위). 지나온 길이 아득하게 내려다보였다(아래).

고 했다. 얼마나 기다려야 하냐고 묻자 오늘 중으로는 힘들다는 답이 돌아왔다. 어떻게 온 자오핑두인데, 하늘이 노래졌다.

다행히 바로 옆 농가에 세워진 오토바이가 보였다. 오 선배의 실력

난생처음 타는 오토바이에 올라 자오핑두로 향했다(위). "쫑위 따올러!" 드디어 도착한 자오핑두 대교(아래).

이 다시 빛을 뿜었다. 젊은 농부에게 오토바이로 자오핑두까지 데려다 달라고 흥정을 붙였다. 왕복 50위안으로 결정이 났다. 문제는 우리는 두 명이고 오토바이는 한 대뿐이라는 현실. 젊은 농부가 핸드폰으로 자오핑두에 사는 친구에게 도움을 청하려 했지만 응답이 없었다. 젊은 농부는 트럭이 멈춰 있는 구간만 걸어서 내려오면 그때부터 자기가 두 명을 다 태우고 갈 테니 100위안을 달라고 했다. 오토바이를 타본 적 없는 나는 그런 말이 미심쩍었지만, 오토바이를 자주 모는 오 선배는 가능하다고 말했다. 내가 가운데에 앉고 오 선배가 내 뒤에 타고서 자오핑두로 향했다.

오토바이는 울퉁불퉁하고 나쁜 길도 잘 헤쳐 나갔다. 시골에서 오토바이를 많이 타는 데는 다 이유가 있었다. 물론 단점도 있었다. 반대편에서 달려오는 트럭이 만들어내는 먼지는 정말 살인적이었다. 길이 좁아 오토바이도 지나가기 어려운 곳에서는 내려서 걸었다. 이날 평생 마실 먼지를 다 마신 느낌이었다. 나중에 기관지 계통에 문제가 생긴다면 분명히 자오핑두 여행 때문이다.

오토바이 타는 데 어느 정도 익숙해져서 주위를 둘러보니 계곡에 강을 타고 흘러내려 쌓인 검은흙이 강줄기를 따라 장관을 만들고 있었다. 그 위에는 자오핑두를 넘어 쓰촨 성으로 온 홍군이 감탄한 장군바위가 우리를 내려다보고 있었다.

얼마나 갔을까. 빠르게 흐르는 진사 강과 그 위를 가로지르는 녹색 다리가 나타났다. 자오핑두 대교였다. 양림이 73년 전 외친 말을 따라서 나도 조용하지만 단호한 목소리로 외쳤다.

"쫑위 따올러!"

끝나지 않은 시련

시련은 여기서 끝나지 않았다. 자오핑두 도하를 기념해 세운 대교는

마오가 도하 작전 지휘소로 쓴 동굴.

보수하는 중이라 건너갈 수가 없었다. 다리 너머가 바로 자오핑두인데 여기까지 와서 포기하라는 말인가? 가까이 가서 보니 노면을 다 까서 철근을 깔고 새로 시멘트를 부으려 준비하고 있어서 자동차나 오토바이는 못 가도 걸어갈 수는 있었다. 젊은 농부에게 한 시간만 기다려달라 부탁하고 걸어서 다리를 건너기로 했다. 돈을 안 준 상황이니 우리를 기다리지 않고 가버릴 염려는 없었다.

다리를 건너는데 쓰촨 쪽 오른쪽 언덕에 작은 동굴들이 보였다. 사진에서 많이 봐 이미 익숙한 동굴로, 양림이 구한 배로 먼저 자오핑두를 건너온 마오가 도하 작전을 이끈 지휘소였다. 동굴을 보고 너무 흥분한 탓인지 아스팔트를 까고 열십자 모양으로 깔아놓은 철근 사이에 발이 끼어 넘어졌다. 마오타이에서 사진을 찍다가 넘어져 크게 다친 상처가 채 아물기도 전에 또다시 대형 사고를 쳤다. 키가 크지만 평소

기념 동상을 놀이터 삼아 즐겁게 놀고 있는 아이들(왼쪽)과 장정 기념 동상 바로 옆에 있는 가라오케(오른쪽).

에 잘 넘어지지는 않는데, 왜 이번 여행에서는 계속 사고가 나는 걸까. 장정의 고통을 실감하라는 하늘의 배려일까.

다리를 절면서 다리를 건너가자 작은 마을이 나타났다. 마을 언덕 위에 있는 거대한 동상도 눈에 들어왔다. 진사 강 도하를 기념하는 조형물이었는데, 노를 높이 든 뱃사공을 형상화했다. 그러다 충격적인 모습에 깜짝 놀랐다. 기념 동상 바로 옆에 중국에서 퇴폐업소의 상징으로 여기는 '가라오케' 간판이 보였다. 제대로 된 도로조차 없는 이 작은 마을에 가라오케가 있어서 놀랐지만, 장정 기념 동상 바로 옆에 있다는 사실은 더 충격이었다. 누가 허가를 내준 걸까. 이런저런 긍정적 효과를 무시한 채 가라오케 하나로 개혁 개방을 판단할 수는 없다. 그러나 가라오케가 중국의 경제 성장을 대표하는 상징의 하나라는 점을 생각하면, 장정 기념 동상과 그 옆에 자리한 가라오케 간판의 대비는 개혁 개방 시대에 장정 정신의 현주소를 상징하는 듯해 씁쓸하기만 했다.

기념 동상 설명판 위에서 맑은 표정으로 놀고 있는 아이들 모습에 이런 생각도 곧 사라지고 말았다. 기념 동상과 공원을 만들어놓아도 이 오지까지 누가 찾아올까? 아무도 찾지 않는 동상은 아이들 놀이터가 돼 있었고, 이런 행동을 나무라거나 말리는 사람도 없었다. 순수한 아이들이 마음껏 뛰어다니는 놀이터 같은 세상이 홍군과 홍군을 돕다가 목숨을 잃은 뱃사공들이 꿈꾼 미래가 아니었을까?

잘 가시오, 사공 할아버지

국민당군의 학살을 피해 살아남은 장씨 형제 사공 중 한 명을 만나는 일이 남았다. 장정 70주년에 이곳을 다녀간 중국 취재진에 따르면, 장씨 형제 중 막내인 장차오완張朝萬 씨는 92세라는 나이에도 정정한 목소리로 증언했다. 3년 전 일이니 장차오완 씨가 살아 있을 확률이 높았다. 더 나이 많은 98세 홍군도 만난 적이 있으니 기대가 컸다. 책에 나온 사진을 마을 사람들한테 보여주면서 집을 찾으니 기념 동상 뒤에 있는 기념관이 장차오완 씨가 사는 집이라고 했다.

기념관은 닫혀 있었다. 할아버지는 멀리 외출한 걸까? 포기하고 돌아서려는데 2층으로 올라가는 계단이 보였다. 살림집으로 보이는 방이 몇 개 나타났는데, 여기도 방마다 문이 잠겨 있었다. 몇 번이나 문을 두드린 끝에 낮잠 자던 사람이 문을 열었다. 사진을 보여주면서 이 할

아버지를 만나고 싶다고 말하니 작년에 돌아가신 분이라고 했다. 세월의 무게를 다시 한 번 느끼면서 뱃사공 할아버지의 명복을 빌었다.

문을 열어준 사람에게 기념관을 보고 싶다고 부탁했다. 열쇠를 가진 사람이 나가고 없다고 했다. 한국에서 여기까지 어렵게 온 사람들이라고 사정하자 자물쇠를 고정한 못을 뽑아 문을 열었다. 기념관은 소박했다. 73년 전 자오핑두를 찍은 사진, 홍군을 도운 뱃사공들 사진, 도하 때 쓴 노와 돛 등이 진열돼 있었다.

기념관을 나오는데 오 선배가 내 다리를 가리키며 깜짝 놀랐다. 무릎과 종아리가 붉게 물들어 있었다. 바지를 걷어보니 아까 넘어질 때 난 상처에서 피가 철철 흘렀다. 다행히 가까운 곳에 보건소가 있어 소독하고 붕대를 감았다.

취재를 마쳤지만 돌아가는 길도 문제였다. 걸어서 다리를 건너가니 젊은 농부가 기다리고 있었다. 젊은 농부는 오토바이가 힘이 없어 두 명을 한꺼번에 태우고 올라갈 수 없다고 했다. 젊은 농부는 한 명씩 순서대로 태우겠다고 했지만, 그러면 시간이 너무 많이 걸렸다. 왕복 한 시간 반을 낭비할 수는 없었다. 50위안을 더 줄 테니 오토바이를 한 대 더 구하자고 했다. 젊은 농부는 가까운 가게로 가더니 곧 오토바이 한 대와 친구 한 명을 구해왔다.

이대로 기꺼이 죽을 수도

오 선배가 자오핑두에 올 때 탄 오토바이를 타고 먼저 출발했고, 나는 새로 구한 오토바이에 올라 그 뒤를 따랐다. 이번에는 내 뒤에 앉아 잡아주는 오 선배가 없어서 체면을 불구하고 기사 허리를 꼭 안았다. 속력을 낸 오토바이는 우아하게 치솟은 장군바위를 왼쪽으로 바라보며 산으로 올라가기 시작했다. 양림과 홍군이 자오핑두를 넘어 쓰촨에 들어서서 가장 먼저 본 경치를 지금 내가 보고 있었다.

취재도 마치고 오토바이 타는 데도 익숙해져서 마음에 여유가 생겼다. 오른쪽 산비탈을 뒤로하고 왼쪽으로 펼쳐지는 풍광을 즐기기 시작했다. 온몸이 하늘로 떠오르는 기분이 들었다. 360도로 탁 트인 시야, 얼굴을 스치는 바람. 전에는 느껴보지 못한 감각이었다. 왜 사람들이 위험을 무릅쓰고 오토바이를 타는지 이해가 됐다. 한국에 돌아가면 오토바이를 배워야겠다고 생각했다.

장군바위와 기암절벽을 바라보니 아름다운 자연과 홍군의 열정에 눈물이 나려 했다. 체 게바라가 대학 시절 친구하고 함께 오토바이를 타고 남미 대륙을 횡단하는 영화 〈모터싸이클 다이어리〉가 떠올랐다. 그 영화의 한 장면처럼 남미 대륙을 달리는 듯한 착각에 빠졌다. 그런 착각도 잠깐, 73년 전 양림이 돼 장군바위를 바라보며 행군을 하는가 싶더니, 다시 마오가, 그다음은 펑더화이가 돼 달리고 있었다. 이번 여행에서 맞은 최고의 순간이었다. 아니, 내 생애 처음 느낀 강력한 절정의 순간이었다. 아직 할 일이 많고 가족도 보살펴야 하지만, 이대로 기꺼이 죽을 수도 있겠다고 생각했다. 다시 한 번 눈물이 나려 했다.

환희의 순간은 죽 늘어선 트럭들 때문에 오토바이가 멈추면서 끝났다. 먼지 때문에 발이 푹푹 빠지는 길을 트럭 사이로 걷다가 하루 종일 기다리면서도 이 기사들은 화를 내는 기색이 전혀 없다는 사실을 깨달았다. 중국인의 '만만디' 기질 때문일까?

트럭 사이를 지나가는데 동네 아이들이 컵라면을 들고 트럭 사이를 오가고 있었다. 컵라면을 미리 사놓고 기다리다가 길이 막히는 대목

먼지투성이가 된 우리 모습.

을 맞으면 장사를 하는 모양이었다. 지난겨울 후난 지역에 폭설이 내려 교통이 마비되자 한 개에 3위안짜리 컵라면이 50위안으로 뛰었다니, 한 사람의 불행이 다른 사람의 행운이라는 말은 맞는 듯했다.

겨우 빵차가 기다리는 곳에 도착했다. 도와줘서 고맙다 말하고는 사진을 보내준다며 주소와 이름을 써달라 하자 젊은 농부가 미적거렸다. 글을 모른다고 했다. 석류를 키우며 산다는 똘똘하게 생긴 젊은 농부는 문맹이었다. 성공한 사회주의 혁명은 농민의 삶을 얼마나 바꿨을까? 아니, 정말 바꾸려고 했을까?

점심때가 한참 지났지만 입안이 먼지투성이라 뭘 먹을 기분이 아니어서 그대로 후이리로 돌아왔다. 기다리던 김문걸 씨와 운전기사는 우리 모습을 보고 기절초풍했다. 먼지투성이가 된 몰골과 촬영 장비, 가방 등을 어떻게 처리할지 걱정이었다. 어제 잠을 잔 숙소를 시간제로 빌려 샤워를 하고 옷을 몽땅 갈아입었다. 장비도 꼼꼼히 청소했다. 크게 소용은 없었다. 사흘 내내 풀어도 풀어도 검은 콧물이 나오고, 장비는 털어도 털어도 먼지가 떨어졌다. 아, 지겨운 먼지들이여!

장비를 점검하는데 중국 기자들이 쓴 장정 기행기가 보이지 않았다. 생생한 정보를 담고 있어 장정 여행에 중요한 지침이 된 책인데 잃어버렸다. 뱃사공 할아버지를 찾느라 책을 펼쳐 사진을 보여준 일까지는 기억이 났다. 기념관에 놔두고 왔거나, 다리를 치료한 보건소에 빠트린 듯했다. 어렵게 구한 책인데, 앞날이 걱정이었다. 자오핑두 여행은 얻은 것도 많지만 잃어버린 것도 적지 않았다.

6. 설산과 늪지대를 넘어서

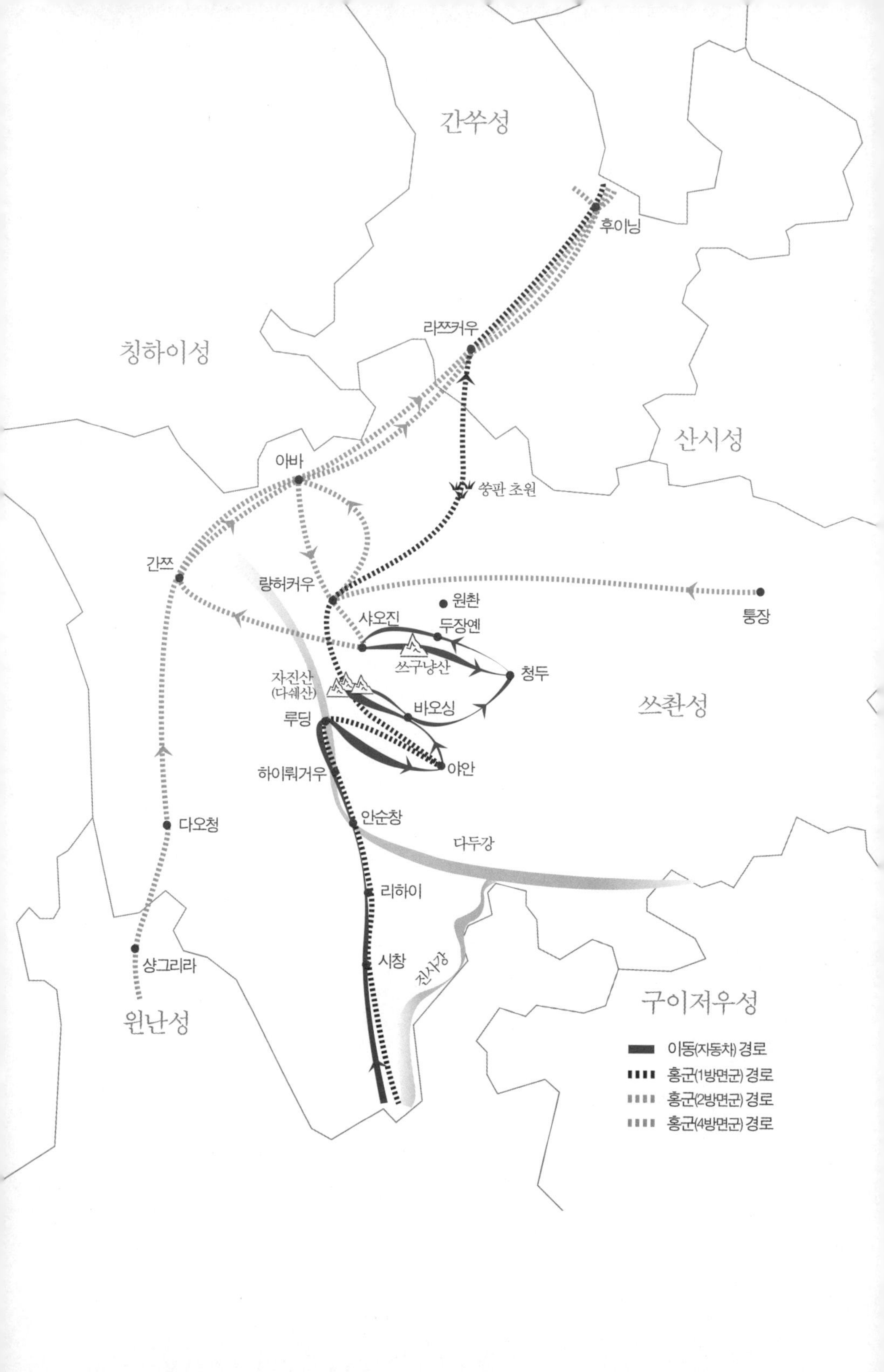

간쑤성
후이닝
라쯔커우
칭하이성
산시성
아바
쑹판 초원
간쯔
랑허커우
원촨
퉁장
샤오진
두장옌
쓰구냥산
청두
자진산
(다쉐산)
바오싱
쓰촨성
루딩
야안
하이뤄거우
안순창
다오청
다두강
리하이
시창
진사강
샹그리라
윈난성
구이저우성
이동(자동차) 경로
홍군(1방면군) 경로
홍군(2방면군) 경로
홍군(4방면군) 경로

쓰촨四川

자연에 맞서 벌인 사투

'사천 요리'로 익숙한 쓰촨은 중국 서남부에 자리해 티베트와 중원을 이어준다. 성도인 청두를 중심으로 해서 동쪽은 분지와 평야가 많아 땅이 비옥하고 물산이 풍부해 유비가 세운 촉나라의 근거지가 되고, 요즘도 중국에서 가장 살기 좋은 곳으로 꼽힌다.

쓰촨은 이런 경제력을 바탕으로 뛰어난 문화를 꽃피운다. 두보杜甫, 이태백, 소동파蘇東坡 같은 시인이 모두 이곳 출신이다. 그러나 짱족이 주로 사는 서쪽과 북쪽은 해발 5000미터가 넘는 설산이 즐비하고 죽음의 초원 지대도 넓게 펴져 있다. 대지진이 난 지점도 바로 이 서북 지역이 시작되는 곳이다.

홍군은 쓰촨에서 구이저우 다음으로 오랜 시간을 보냈다. 장정의 진로를 놓고 치열한 논쟁을 하느라 석 달을 소모한 때문이었다. 국민당군에 이어 새로운 적도 만났다. 깎아지른 설산과 죽음의 늪지대 같은 대자연이었다.

진사 강을 건넌 홍군은 국민당군의 추격을 피하고 쓰촨 성 동북부에 근거지를 마련한 4방면군하고 만나기 위해 북쪽으로 방향을 틀었다. 소수 민족인 리족이 사는 지역을 넘어 북으로 행진하다가 쓰촨 성을 가로지르는 다두 강大渡河을 만났다. 우여곡절 끝에 다두 강을 건너자 이번에는 설산이 앞을 가로막았다. 중국 남부에서 나고 자란 농민이 대부분인 홍군은 추위에 떨며 설산을 넘었고, 많은 수가 혹독한 추위에 목숨을 잃었다.

만남과 결별

죽음의 설산을 넘으니 동북쪽에서 진군해온 4방면군의 척후병들이 기다리고 있었다. 마오와 1방면군은 장궈타오가 이끄는 4방면군을 만나 얼싸안고 춤을 췄다. 그러나 마오와 장궈타오는 홍군의 진로를 놓고 치열한 논쟁을 벌였다. 장궈타오는 쓰촨 성에 근거지를 만들자고 주장했지만, 마오는 더 북쪽으로 진군해 산시 성으로 가자고 고집했다. 결국 1방면군과 4방면군은 결별했다.

계속 북상을 하기로 결정한 마오의 군대는 설산에 이어 죽음의 초원 지대를 건넜다. 누울 수도 없고 먹을 것도 없는 늪지대에서 굶주림에 지친 병사들이 숱하게 죽었다. 초원을 무사히 건넌 홍군은 산시 성으로 가기 위해 쓰촨 성을 벗어나 간쑤 성으로 들어갔다.

리하이蠡海

피로 맺은 의형제

1935년 5월, 진사 강을 건넌 홍군은 후이리와 시창西昌을 거쳐 청두 방향으로 북상했다. 쓰촨 지역 어디에서나 볼 수 있는 좁고 꼬불꼬불한 오솔길이었다. 일찍이 쓰촨의 길을 걷는 일은 '푸른 하늘을 기어올라가기보다 더 어렵다'고 한 이백의 말을 실감나게 했다.

행군보다 홍군을 더 괴롭힌 문제는 리족 지역이 가까워지면서 스멀스멀 밀려드는 불안감이었다. 마시기만 하면 말문이 막혀버린다는 '벙어리 샘물', 닿기만 해도 몸이 새까맣게 변해버린다는 '검은 샘물'의 전설 등이 낯선 불안감을 더 부채질했다. 소수 민족하고 좋은 관계를 유지해야 하는 만큼 공격을 받더라도 반격은 하지 말라는 명령 또한 큰 부담이 됐다.

쓰촨 성 출신으로 선두를 맡은 류보청 앞에 옷을 홀딱 벗은 홍군 1개 중대가 나타났다. 리족이 습격해 옷과 소지품을 다 털어 간 모양이었다. 얼마 뒤 반쯤 벌거벗은 리족들이 몽둥이와 낫을 든 채 길을 막았다. 통행료를 내라고 했다. 돈을 주자 다른 무리가 나타나 자기들도 달라고 우겼다. 류보청은 또 돈을 주면서 통역을 거쳐 홍군은 국민당에 빌붙은 한족 관리와 군벌에 맞서 싸우는 농민의 군대라고 설득했다. 그러자 잠시 뒤 검은 천을 두른 근엄한 얼굴의 부족장이 부하들을 거느리고 나타났다.

류보청이 부족장에게 홍군에 관해 설명하자 부족장은 도와주겠다며 의형제를 맺자고 제안했다. 류보청이 흔쾌히 응하자 부족장은 류보청에게 자기들 관습에 따라 붉은 수탉을 한 마리 잡아 피를 받아서 함께 나눠 마시자고 했다. 류보청은 수탉의 피를 마셨다. 리하이라는 호숫가에서 벌어진 일이라서 '리하이에서 한 피의 맹세'라고 부른다. 류보청은 형제애의 표시로 차고 있던 권총을 풀어 부족장에게 선물했고, 홍군은 부족장의 호위 속에 리족 지역을 무사히 통과했다. 이 부족장은 나중에 홍군 지구대를 조직해 군벌에 맞서 싸우다가 전사했다.

4월 12일 아침, 시창을 떠나 리하이로 향했다. 먼지의 기억을 하루라도 빨리 털어버리려고 어제 후이리를 떠나 시창에 와서 잔 때문이었다. 시창은 작은 도시인데도 공항이 있었고, 한국에서 본 화려한 러브호텔 골목도 있었다. 내놓을 만한 산업이 없는 내륙 소도시일수록 성산업 같은 서비스 산업이 기승을 부리는 듯했지만, 러브호텔 단지는 본 적이 없었다. 아침에 리하이로 향하면서 이해가 됐다. 시창 시외에서 '위성 발사 기지'라는 팻말이 눈에 띄었다.

리하이로 가는 여정은 매우 기분 좋은 시간이었다. 장정 중에 다닌 도로 중에서 가장 마음에 들었다. 이 길보다 더 좋은 고속도로도 많았다. 고속도로가 속도를 추구하는 수단일 뿐 진정한 의미의 길은 아니라면, 리하이로 가는 108번 국도는 길다운 길이었다. 상태가 아주 깔끔하지는 않아도 적당히 포장된데다가 여러 마을을 지나면서 사람들 땀 냄새를 맡을 수 있었다.

리하이가 가까워지자 '나폴레옹 모자'를 쓴 여성들이 눈에 띄었다. 곳곳에 나폴레옹 모자를 쓴 사람들이 모여 있어서 마치 19세기 초 프랑스에 온 기분이 들었다. 나중에 알고 보니 리족 전통 의상이었다. 리

리족의 장날. 리족 전통 복장인 '나폴레옹 모자'를 쓴 사람이 많았다.

하이도 장날이라 차가 많이 막혔다. 차에서 내려 신나게 카메라 셔터를 눌러댔다. 흥겨운 시골 장터를 뒤로하고 산을 올랐다. 리하이 호수와 기념관은 길에서 7킬로미터 정도 떨어진 산 속에 자리잡고 있었다.

혁명 관광지 리하이의 매력

기념관에 도착한 뒤 두 가지 점에서 놀랐다. 먼저 사람들이 참 많았다. 장정 기념관은 대부분 교통이 아주 나쁜 오지에 있어 사람이 거의 없었다. 중국 공산당의 5대 성지인 마오의 생가와 쭌위, 나중에 들른 옌안 정도가 예외였다. 그나마 직장이나 당에서 단체로 관람을 온 '행사용 관광객'이 많지 순수한 관람객은 적었다. 리하이는 달랐다. 아이들을 데리고 가족 단위로 놀러온 사람들이 대부분이었다. 기념관 안에서도 부모 도움을 받아 전시물을 둘러보고 꼼꼼하게 기록하는 아이들을 많이 만났다.

우리가 간 날이 주말이기도 했고, 대도시인 청두에서 멀지 않아 찾아오기 좋기 때문이기도 했다. 리하이 기념관은 여러 장정 기념관 중에서 가장 아름다운 곳에 자리잡고 있었다. 기념관 앞에 아름다운 설산이 보이고 직선 거리로 100미터도 안 되는 곳에 아름다운 호수와 숲이 있었다. 한마디로 가족 단위 여행객이 찾아와 쉬기에 좋은 곳이었다.

중국 현대사, 특히 공산당 투쟁사 공부에 관련된 홍색 관광도 마찬가지다. 여행을 다니면서 보니 지방 정부들은 장정에 조금만 관련 있으면 홍색 관광으로 연결해 소득을 올리려 경쟁하는 중이었다. 장정은 '정신'보다는 '산업'이 되고 있는 느낌이었다. 다른 관광 자원이 없으면 장정의 역사성만 내세워 관광객을 끌어들이는 데 한계가 있다는 점은 문제였다. 주변에 볼거리가 많아야 단체 관광을 와서 장정 기념물에 들른 뒤 계속 머물게 하는 경쟁력을 지니기 때문이었다.

기념관 마당에는 검은 두건을 쓴 리족 부족장과 류보청이 수탉의 피를 담은 술잔을 나누는 모습을 묘사한 조각상이 있었고, 그 옆에는 둘이 앉아 술잔을 나눈 돌이 보였다. 기념관 안으로 들어가자 장정

피의 술잔을 나눠 마신 류보청과 리족 부족장.

에 관련된 글을 공식 언어인 중국 간자체와 리족의 전통 언어로 써놓은 자료가 가장 먼저 보였다. 리족을 존중한다는 표시였다. 기념관에는 류보청이 리족 부족장에게 선물한 권총, 홍군 깃발을 든 리족 부족장을 찍은 사진 등 재미있는 자료가 많았다.

기념관을 나와 오른쪽에 있는 리하이 호수로 향했다. 이미 여러 가족이 호숫가에서 산책을 하거나 돗자리를 깐 채 놀고 있었다. 한쪽 물가에서는 까맣게 탄 리족 아이들이 미끼도 없이 낚시를 하는 중이었다. 그 옆에는 아마도 청두에서 온 듯한 얼굴 하얀 한족 아이들이 나무에 매달려 놀고 있었다. 다른 민족에 속한 아이들이 바로 옆에서 신나게 노는 모습은 소수 민족인 리족과 한족인 홍군이 서로 존중하고 평화롭게 공존하기로 한 리하이 협약을 상징적으로 보여줬다.

리족과 티베트를 둘러싼 딜레마

리하이의 맹세는 홍군의 소수 민족 정책, 그리고 홍군이 소수 민족하고 맺는 우호적 관계라는 맥락에서 주로 다루는 사건이다. 여기에서 주목해야 할 사실이 하나 있다. 리족은 노예 사회였다(시창에서 그리 멀지 않은 곳에 리족 노예사회 박물관이 있지만 시간 때문에 들르지 못했다). 리족의 부족장은 노예주였다. 계급 해방을 위해 투쟁하는 홍군 지휘관이 낯선 지역을 무사히 통과할 의도로 노예주를 만나 의형제까지 맺으면서 노예 사회라는 비인간적 현실에 눈을 감은 셈이었다.

올바른 선택일까? 소수 민족의 자율성을 인정한다거나 소수 민족의 문화를 존중한다는 미명 아래 노예제를 용인하는 태도가 옳을까? 아니면 노예제는 그른 제도라는 논리 아래 소수 민족의 전통에 개입해 노예제를 혁파하는 선택이 옳을까? 개인의 자율성을 파괴하는 집단에 맞서 집단의 자율성을 파괴하고 개입하는 쪽이 옳을까? 아니면 집단의 자율성을 지키기 위해 개인의 자율성이 짓밟히는 상황을 묵인하는 쪽이 옳을까? 개인의 자율성과 집단의 자율성 사이의 딜레마다.

좡족 지역으로 북상하면서 서서히 떠오르던 티베트 문제까지 생각이 미쳤다. 티베트 문제는 상식 수준 정도만 알고 있었다. 더구나 장정 도중에 갑자기 티베트 사태가 터지는 바람에 차분히 공부하고 정리할 겨를이 없었다. 다만 두 의견이 대립하고 있다는 사실은 알았다. 먼저 홍군이 독립 국가 티베트를 1950년대에 침공해 점령한 만큼 티베트의 독립을 허용하거나 더 많은 자율성을 보장해야 한다는 주장이다. 다음으로 티베트는 이미 청나라 때 중국에 합병된 땅이며, 20세기 초에 중국의 힘이 약해진 틈을 타 침공해온 영국에 빼앗긴 영토를 홍군이 되찾은 사건일 뿐이라는 주장이다. 또한 이런 주장에는 티베트가 다수 농민과 티베트 민중을 사원이 지배한 봉건 사회인 만큼 홍군은 봉건적 압제에서 티베트 민중을 구한 해방군이라는 말이 더해진다.

청나라 시절에 티베트가 차지한 위상 같은 두 나라 관계사는 익숙한 분야가 아니다. 봉건 사회 해방론은 일리가 있지만 문제도 많다. 다만 이번 사태에 관련해 중국 정부는 더 많은 자율성을 요구하는 티베트 사람들의 정당한 목소리에 충분히 귀를 기울여야 한다. 또한 자율성을 요구하는 과정에서 일어난 폭력 문제하고 별개로 이런 요구를 물리력만으로 해결하려는 태도는 민주주의 측면에서 매우 잘못됐다.

물론 여러 소수 민족으로 구성된 중국이 티베트 문제에 민감하게 반응하는 상황은 이해할 수 있다. 그러나 시간은 중국 편이다. 이미 많은 티베트 젊은이들이 티베트 고유의 언어와 문화를 잊은 채 살고 있고, 이런 흐름은 앞으로 더 빨라질 듯하다. 달라이 라마가 '인구적 침입'이라고 부른, 많은 한족이 티베트로 이주해 경제력을 장악한 현실은 중국이 가진 최대의 무기다. 이렇게 보면 물리적 대응은 중국을 위해서도 현명하지 못한 선택이다.

어쨌든 홍군이 리족과 티베트에 각각 취한 정책에서 드러나는 대비는 주목할 만하다. 홍군은 리족의 자율성을 지켜준다면서 개인의 자율성을 파괴하는 노예제를 외면했다. 티베트에서는 개인의 자율성을 해방시킨다는 핑계를 대면서 티베트라는 '소수 민족'과 집단의 자율성을 침해했다. 과연 어느 쪽이 옳을까?

리족식 해법도 문제가 있지만 티베트식 해법에도 손을 들어줄 수는 없다. 아무리 봉건적 질서가 문제가 있다고 해도 티베트의 다수 민중이 바라지 않는데 외부 세력이 대신 해결하겠다며 개입하면 안 된다. 지난날 서구 제국주의가 비인간적 질서 아래에서 신음하는 민중을 해방하고 문명화한다는 명분을 앞세워 제3세계를 식민지로 만든 오류를 정당화한 논리가 잘못이라면 이런 해법도 잘못이기는 마찬가지다.

2008년 3월 14일에 일어난 소요 등 티베트의 저항 운동에 관해서도 한마디하겠다. 다른 문제는 몰라도 그런 저항이 한족은 물론 이슬람교를 믿는 후이족 등 라싸에 살고 있는 다른 민족을 공격하고 살해하는 '인종주의적' 방식으로 나타난 모습은 결코 정당화될 수 없다.

안순창安順場

안순창과 태평천국의 난

"눈을 감고 잘 들어보게나. 무서운 소리를 내며 흐르는 저 다두 강의 물소리를 듣고 있노라면 태평천국의 난 때 농민군이 통곡하는 소리가 들리는 듯하지 않은가."

팔순 넘은 노인이 마오에게 말했다. 태평천국의 난은 청나라 말기인 19세기 중엽에 사회적 모순이 심화되면서 토지 균등 분배와 남녀평등 등 급진적 구호를 들고 일어난 농민 반란이었다. 한때 농민군 200만 명이 난징을 점령해 태평천국이라는 나라를 선포하지만 지도부가 분열한데다가 서구 열강이 개입하면서 괴멸했다.

내분이 일어난 와중에 지도부에서 밀려난 석달개石達開는 농민군 4만 명을 이끌고 쓰촨 성 다두 강의 주요 나루터인 안순창에 도착했다. 쓰촨 성의 중심부를 가로지르는 다두 강만 건너면 추격을 뿌리치고 티베트나 내몽골로 도망갈 수 있기 때문이다. 공교롭게도 석달개는 다두 강에 도착할 무렵 아들을 낳았다. 청군은 아직 멀리 떨어져 있었다. 석달개는 농민군에게 이틀 동안 휴식을 주고 득남 연회를 열었다. 이틀 동안 이어진 연회를 끝내고 일어난 날 아침, 석달개는 다두 강을 보고 깜짝 놀랐다. 이틀 사이에 설산이 녹아 강물이 엄청나게 불어 있었다. 농민군 4만 명은 다두 강이 보이는 안순창에서 몰살당했다.

"내가 열세 살 때 그 장면을 생생하게 봤어. 끔찍했지. 지금도 치가 떨려. 자네들도 다두 강을 건너려고 한다며? 그때처럼 당하지 않으려면 빨라야 하네. 다두 강은 언제 어떻게 될지 몰라."

진사 강을 건너도 다두 강을 못 건너면 홍군은 80년 전 태평천국의 난 때 농민군처럼 위로는 다두 강, 오른쪽으로는 진사 강, 왼쪽으로는 야룽 강雅砻江으로 짜인 삼각형에 갇혀 추격하는 국민당군에 몰살당할 수밖에 없었다. 노인이 한 말을 들은 마오는 류보청에게 빨리 안순창으로 가 강을 건널 수 있는 배를 확보하라고 명령했다. 장제스가 이미 다두 강 남쪽 기슭인 안순창에 있는 모든 배를 다른 곳에 대피시키고 시가지를 전부 불태우라고 지시한 뒤였다.

역사는 다시 한 번 홍군을 편들었다. 안순창 시가지를 대부분 소유한 극우파 지주는 장제스가 지시한 대로 시가지에 불을 지르면 막대한 손실을 입게 될 처지였다. 홍군이 반드시 안순창으로 온다는 보장도 없다는 생각에 자기 재산을 지키고 싶어서 홍군이 정말 오면 불을 지르겠다고 현지 국민당군 사령관에게 약속했다. 그러고는 시가지를 불태우는 작전을 늦출 생각에 배를 타고 안순창으로 건너왔다. 그런데 초인적인 속력으로 진군해 예상을 뒤엎고 이미 안순창에 도착한 홍군 선발대가 이 배를 냉큼 빼앗았다. 악덕 지주가 부린 욕심이 홍군을 살린 셈이었다.

뱃사공을 한 명 찾아낸 홍군 특공대 열입곱 명은 빗발치는 포화 속에 강 건너편으로 넘어가 적을 괴멸하고 북쪽 나루터도 장악했다. 곧 홍군이 배를 타고 강을 건너기 시작했지만, 나뭇가지를 떨어트리면 순식간에 4~5미터는 떠내려갈 정도로 물살이 빨랐다. 배까지 작았다. 모든 병력이 건너는 데 9일이 걸린 진사 강보다 세 배는 더 걸릴 듯했다. 한 달을 허비하면 국민당군의 추격을 피할 수 없다는 사실은 불 보듯

홍군을 쉽게 허락하지 않은 다두 강.

뻔했다. 특단의 조치가 필요했다. 안순창에서 북쪽으로 140킬로미터 떨어진 루딩 교를 장악하기로 했다.

농민군의 통곡 소리를 들으며

리하이를 떠나 안순창으로 가는 길도 순탄하지는 않았다. 도중에 스멘石棉을 지나가는데 물소리가 천둥 치는 소리처럼 들렸다. 다두 강이 가까워진다는 예고였다. 문제는 스멘부터 안순창까지 가는 도로를 시간제로 통제한다는 점이었다. 오후 세 시부터 여섯 시까지 차량 통행을 제한하고 공사를 한다는 말이었다. 시계를 보니 세 시 반이었다. 두 시간 반을 허비할 수는 없었다. 이런저런 자료를 보여주며 한국에서 온 취재단이라고 설득하다가 교통국 관계자를 연결하라는 엄포도 놓왔다. 결국 우리 차만 통과할 수 있었다. 도로는 낡은 아스팔트를 걷어내려고 굴착기로 일정하게 구멍을 뚫어놓은 상태였다. 아무리 올림픽이라지만 멀쩡한 길을 한꺼번에 수리하는 모습은 이해할 수 없었다.

안순창이라고 쓴 큰 기와 문이 보였다. 공사 때문에 온 마을을 다 파놓아 기념관으로 갈 수는 없었다. 운전기사는 돌아가자고 투덜댔다. 포기할 수는 없었다. 강을 건넌 일을 기념하는 곳이니 기념관도 강 쪽에 있겠지 싶었다. 무조건 강 쪽으로 가자고 했다.

새마을운동 때처럼 똑같이 생긴 개량 주택을 짓는 현장을 지나 강 쪽으로 내려가자 낡은 집들이 양쪽에 늘어선 좁은 골목이 나타났다. 사람들에게 물어보니 그 안쪽으로 가면 기념관이 있다고 했다. 좁은 골목이 끝나고 강가에 다다르니 커다란 기념관과 도하 기념 조각, 실물을 재현한 도하 나룻배가 보였다. 기념관은 보수 중이라 들어갈 수 없었다. 밖에 있는 기념물을 보는 정도로 만족했다.

강가에는 모래가 산더미처럼 쌓여 있었다. 강바닥을 파낸 탓에 강줄기는 얼마 남지 않았어도 강물 흐르는 소리만은 뚜렷이 들렸다. 눈을 감고 귀를 기울이니 농민군의 통곡 소리가 들리는 듯했다. 지도자가 미련한 결정을 내려 아까운 목숨을 잃은 농민군을 생각하며 묵념했다. 한국의 정치 지도자들도 석달개처럼 멍청한 결정을 해 민중을 죽음으로 몰아가고 있지는 않을까.

낡은 골목이 궁금했다. 볼거리도 많다 싶어서 걸어 나갔다. 홍군이 지나간 1930년대에서 거의 바뀌지 않은 듯했다. 벽에는 1960년대나 1970년대에 쓴 듯한 마오 어록이 그대로 남아 있었다. 추억의 풍경들을 카메라에 담다가 웃는 모습이 순박한 리족 할머니를 만났다. 사진을 찍자고 하니 사탕이라도 사 오라 해서 옆 가게에서 사 드렸다.

안순창 입구에 서 있는 커다란 기와 문.

오늘 안에 안순창과 루딩의 중간 지점인 하이뤄거우海螺沟에 도착해야 했다. 내일 루딩에서 장재구 회장을 만나 루딩 교와 다쉐 산을 취재하기로 약속한 때문이다. 하이뤄거우는 안순창을 떠나 루딩으로 북상한 홍군이 지나간 곳으로, 해발 7556미터를 자랑하는 궁가 산貢嘎山과 중국 최대의 빙하 폭포가 있는 유명한 관광지다.

안순창에서 하이뤄거우로 가려면 다두 강을 건너가 루딩으로 가는 주도로를 타야 하는데, 다두 강을 건널 방법이 마땅치 않았다. 마을 사람들은 다시 스멘으로 돌아가야 한다고 했다. 여기저기 물어보니 위로 올라가면 작은 차는 건널 만한 다리가 있다고 했다. 한참 올라가니 도로 공사를 하느라고 강 위에 임시로 설치한 꽤 큰 다리가 나타났다. 쾌재를 부르며 다리를 건너 주도로에 합류했다. 기쁨도 잠시, 곧 다시 공사 때문에 도로를 시간제로 통제하는 구간을 만났다.

몇십 년 전에 쓴 듯한 마오 어록(왼쪽)과 사탕을 사서 드리고 사진을 찍은 리족 할머니(오른쪽).

어딜 가나 앞을 가로막는 도로 공사에 노이로제가 걸릴 지경이었다. 공사로 파헤쳐놓은 다두 강은 글로 보던 다두 강이 아니었다. 한국처럼 건설 광풍이 지나고 나면 또 어떻게 바뀔지 안타깝기만 했다.

하이뤄거우海螺溝

평생 처음 본 눈?

끔찍한 환경 파괴의 현장을 돌고 돌아 하이뤄거우에 도착하자 밤 아홉 시 가까이 됐다. 간쯔를 비롯한 쓰촨 성의 장족 지역이 티베트에 가까운 쓰촨 성 서쪽과 북쪽에 자리한 반면 하이뤄거우는 상대적으로 남쪽에 더 가까웠다. 그러나 행정 구역으로 보면 하이뤄거우도 간쯔장족甘孜藏族 자치구에 속한다. 간쯔는 얼마 전 티베트 문제로 시위가 벌어진 곳이어서 걱정했는데, 진입에는 문제가 없었다.

이어서 들를 루딩도 같은 간쯔 자치구라 다행이지만, 다쉐 산 등 본격적인 장족 지역이 문제였다. 이제부터 험난한 지역을 가야 하니 지금까지 타던 승합차를 출발지인 난창으로 돌려보내고 사륜구동 차를 빌리기로 한 청두의 렌터카 회사에 전화를 했다. 우리가 갈 지역들이 괜찮은지 다시 확인해달라고 부탁해놓은 때문이었다. 모두 별 문제가 없다고 했다. 다행이었다.

하이뤄거우는 전체적으로 장족 분위기가 났다. 티베트 사태 속에서도 평온하기만 했다. 통째로 꼬챙이에 끼운 양을 돌려서 굽는 모습이 보였다. 기름에 튀긴 중국 음식에 질린 우리는 주저 없이 식당 문을 열었다. 장족 지역답게 말린 야크 고기도 흔한데, 아주 맛있었다.

문제는 숙소였다. 어떻게 하나 고민하고 있는데 한 사람이 다가왔다. 자기네 여관 옥상에서 아침에 해가 비치면 금빛을 띠어서 진산金山

으로 불리는 산의 일출 장면을 찍는 데 아주 좋다고 했다. 시설은 나쁜 편이지만 거기에서 자기로 했다.

다음날 새벽, 옥상에 올라가 해가 뜨기를 기다렸다. 일출을 찍는 데 아주 좋은 곳이기는 했다. 구름이 두꺼워야 햇살을 반사해 금빛을 띠는데 아쉽게도 금빛 산을 찍지는 못했다. 며칠을 머물며 기다려야 좋은 사진을 찍을 수 있는 법이었다.

짐을 챙겨 하이뤄거우 공원으로 향했다. 입구에서 전용 버스로 한 시간 반이나 들어간 뒤 다시 케이블카를 타야 전망대를 갈 수 있었다. 오후에 루딩으로 가려면 서둘러야 했다. 버스는 굽이굽이 산길을 따라 올라갔다. 도중에 숙소가 있어 손님들도 태웠다. 올라갈수록 궁가 산의 자태가 뚜렷하게 보였다.

얼마 뒤 차가 서더니 내리라고 했다. 장족 특유의 라마 사원을 살펴보는 곳이었다. 탑에 오색 종이를 매달고, 길게 찢은 흰 종이도 많이 묶어놓았다. 돌부처도 특이했다. 신선처럼 긴 턱수염이 있었다. 오른손에는 쇠로 만든 사슬을 감아 들었다. '조폭'도 아니고 부처가 왜 손에 쇠사슬을 감고 있을까?

이유가 있었다. 장족들이 다두 강에 루딩 교가 생겨 교통이 좋아지고 생활이 편해지자 루딩 교를 들어 올려 세운 전설 속 도사를 기려 부처로 삼았다(6장의 '다두강의 통로, 루딩교' 참조). 손에 감은 쇠사슬은 루딩 교를 지탱하는 쇠사슬이었다. 다리가 놓이기 전에는 얼마나 삶이 불편하고 고단했을까.

케이블카 아래로 끝없는 빙하의 계곡이 이어졌다. 흙 묻은 빙하가 검은 회색이라 그다지 아름답지는 않았다. 신발에 아이젠을 덧신고 빙하 폭포 전망대로 가니 장관이 펼쳐졌다. 해발 7556미터인 궁가 산이

라마 사원. 쇠사슬 감은 돌부처가 특이했다.

보이고, 그 앞에 폭이 1100미터에 낙차가 1080미터에 이르는 거대한 빙하 폭포가 나타났다. 빙하는 아래로 더 이어져 길이가 14킬로미터나 됐다. 안타깝게도 지구 온난화 때문에 중국에서 가장 크고 아름답다는 이 빙하가 얼마나 유지될지 알 수 없다는 말도 들었다.

돌아가려 하는데 운전기사가 제발 빙하에 내려가게 해달라고 부탁했다. 난생처음 본 눈을 한번 밟고 싶다는 말이었다. 아무리 남쪽 지방인 장시 성 출신이라고 하지만 서른 살이 다 된 사람이 눈을 처음 본다니 무척 놀라웠다.

홍군의 소비에트가 장시 성에 있고 장정도 그곳에서 출발한 만큼 장정에 참가한 많은 사람이 장시 성 출신 농민이었다. 농민들은 대부분 고향 밖으로 나간 적이 없었다. 다쉐 산에서 난생처음 눈을 본 홍군은 신기하다면서 무척 즐거워했다. 그러나 추위에 익숙하지 않은 사

멀리 보이는 궁가 산과 끝없는 빙하의 계곡.

람들은 곧 큰 고통을 겪었고, 동사자가 속출했다. 운전기사는 그런 사람들의 후손이었다. 눈을 밟으러 뛰어 내려가는 운전기사의 뒷모습은 다쉐 산에서 눈을 처음 보고 신기해한 홍군 병사를 닮았다.

루딩瀘定

다두 강의 통로, 루딩교

청나라 강희대제康熙大帝 39년인 1700년, 티베트와 청두의 중간에 자리한 캉딩康定 지역에서 좡족이 반란을 일으켰다. 북경에서 너무 먼 곳인데다가 제대로 된 도로도 없어 진압에 애를 먹었다. 청두 평원과 티베트 지역을 가로지르는 다두 강이 큰 걸림돌이었다. 반란을 진압한 뒤 강희대제는 티베트 지역으로 쉽게 이동할 수 있게 다두 강에 다리를 만들라고 지시했다.

장정을 대표하는 클라이맥스의 하나인 루딩 교. 안순창에서 140킬로미터 북쪽에 있는 이 다리는 이렇게 해서 만들어졌다. 청나라는 루딩교를 지으려고 독일을 비롯한 유럽 여러 나라에서 거액을 들여 기술자들을 초빙했다. 그런데 문제가 생겼다. 다리를 건설하는 데 필요한 많은 철을 구할 수 없었다.

루딩 교는 길이 101미터에 너비 3미터가 넘는 웅장한 현수교로, 굵은 쇠사슬 열세 개가 지탱한다. 그중 아홉 줄이 다리 바닥을 가로지르는데, 나무판자를 깔아 줄과 줄 사이의 빈틈을 메운다. 굵은 쇠사슬 열세 개는 21톤이나 되는 1만 2164개의 쇠사슬로 만들어야 하고, 각각의 기둥도 20톤이나 돼 공사에 많은 철이 필요했다. 청나라는 필요한 만큼 철을 구하지 못해 고생하다가 97일 만에 산속에서 철광을 찾아내 문제를 해결했다.

또한 쇠사슬을 당겨서 강 위에 설치해야 하는데 너무 무거워 고민이었다. 전설에 따르면 이때 긴 수염을 기르고 도포를 입은 도인이 나타나 붓을 흔들자 쇠사슬들이 허공에 떠 저절로 강 위에 놓였다. 1705년 다리가 완공되자 강희대제는 평화와 안정을 가져오라는 뜻에서 '루딩'이라는 이름을 직접 지었다.

루딩 교가 이 지역에 안정을 가져온지는 알 수 없다. 그러나 차와 소금, 비단 등이 중국에서 티베트의 라싸로 들어가고 모피와 약재가 티베트에서 청두로 들어오는 차마고도의 중요한 통로가 된 사실은 확실하다. 나룻배 등으로 힘겹게 다두 강을 건너 이어지던 티베트와 쓰촨 사이의 교역이 루딩 교 덕분에 아주 손쉬워졌다.

홍군은 안순창에서 배를 타고 다두 강을 건너려면 너무 많은 시간이 걸리기 때문에 루딩 교를 장악해야 했다. 반란군을 진압하려 만든 루딩 교가 홍군이라는 새로운 반란군의 구세주가 됐다. 역사란 때로는 주역들이 의도한 방향하고 정반대로 흘러가기도 한다.

루딩 교를 장악하라

마오는 작전 회의가 끝난 뒤 린뱌오와 류보청을 불렀다. 린뱌오에게는 강의 동쪽으로 북상하고 류보청에게는 강을 건너 서쪽으로 북상해 루딩 교를 장악하라고 지시했다.

"루딩 교를 빼앗지 못하면 지금까지 한 고생은 다 헛것이 되네. 자네들만 믿네."

두 부대는 다두 강을 가운데 두고 행군했다. 길이 좁은데다가 오르막과 내리막이 반복돼 여간 힘들지 않았다. 비까지 오는 바람에 길이 미끄러워 한 발만 헛디뎌도 절벽으로 떨어질 수밖에 없었다. 행군을 하다 보니 강폭이 좁아져서 소리를 질러 말을 주고받다가 갑자기 폭이 넓어져 건너편이 보이지 않아서 이러다가 영원히 못 만나지 않을까 걱정하기도 했다.

첫날은 순조로워 작은 전투를 두 차례 치르고도 32킬로미터를 걸었다. 이튿날 다시 행군을 떠나려는 순간 말을 탄 전령이 나타나 명령문을 전했다.

“29일까지 루딩교를 장악하라.”

작전이 하루 당겨졌다. 29일이면 하루밖에 남지 않았는데, 가야 할 길은 약 94킬로미터. 지금까지 하루에 가장 많이 행군한 거리가 약 63킬로미터인데, 훨씬 더 빨라야 한다는 얘기였다. 아찔했다.

홍군 전체의 운명이 걸린 만큼 명령을 반드시 수행해야 했다. 부대는 구보를 시작했다. 밥할 시간도 없어서 생쌀을 씹고 물을 마셨다. 해가 지자 마을에서 통째로 산 대나무 울타리로 횃불을 만들어 들고 행군했다. 밤을 샌 행군 덕분에 드디어 1935년 5월 29일 아침 여섯 시, 린뱌오 부대는 루딩 교에 도착했다.

지친 홍군은 쉴 틈도 없이 깜짝 놀랐다. 강 건너편 모래주머니로 만든 참호에서 국민당군이 겨누는 총구가 보였다. 더 놀랍게도 다리에는 달랑 쇠사슬만 남아 있었다. 동네 사람들은 어젯밤에 국민당군이 다리 위 널빤지를 걷어가더라고 알려줬다. 저 다리를 어떻게 건너야 할까?

나팔 소리하고 함께 특공대가 쇠사슬에 매달려 다리를 건너기 시작했다. 국민당군이 쏘는 총탄이 쏟아졌다. 한 병사가 강물로 떨어졌다. 날아오는 총알보다 귀가 멍멍할 정도로 굉음을 내며 발 밑으로 흐르는 강물이 더 무서웠다. 건너편이 가까워지자 앞에서 갑자기 불길이

솟구쳤다. 국민당군이 불을 지른 모양이었다. 한 대원이 앞장서 불길을 뚫고 뛰어들자 다른 병사들도 그 뒤를 따랐다. 총격전이 벌어졌다. 갑자기 적군이 도주하기 시작했다. 반대편 쪽으로 행군한 류보청 부대가 뒤늦게 나타나 공격하자 포위당한 적군은 도망을 쳐버렸다. 홍군은 널빤지를 모아다가 다리에 깔았다. 드디어 루딩 교를 장악했다.

루딩 교 전투에 의문을 제기하는 사람들도 있다. 그런 이들은 마오가 1936년 에드거 스노우를 만나 인터뷰하면서 소개해 세상에 처음 알려지고 그 뒤 영화로 제작돼 유명해진 루딩 교 이야기는 신화일 뿐이라고 주장한다. 그때 루딩 교를 지킨 국민당군은 제대로 된 병사들이 아니라는 말이다. 근거를 들어보자.

장궈타오가 이끄는 4방면군은 북진하는 1방면군을 맞이하라고 중앙당이 지시하자 본거지인 쓰촨 성 동북부의 퉁장을 빠져나와 다쉐 산 방향을 향해 서쪽으로 진군했다. 그런 과정에서 4방면군 3만 명이 투먼土門에서 국민당군 16만 명을 상대로 한 달간 싸워 각각 1만 명 넘게 목숨을 잃었다. 국민당군은 대부분의 병력을 이 전투에 투입하고 루딩 교에는 소수만 남겨뒀는데, 이 병사들이 제대로 싸워보지도 않고 도주해버렸다.

또한 장제스는 루딩 교에 얼마 안 되는 수비대만 남겨뒀다. 마오가 루딩 교를 건너도 다쉐 산과 초원 지대 같은 험난한 자연환경이 국민당군이 할 몫을 대신해주리라고 믿은 때문이었다. 전투에 참가한 스물두 명이 며칠 뒤 부상자도 한 명 없이 레닌복 한 벌과 만년필 등을 상으로 받은 기록을 보면 이런 사실을 알 수 있다. 다리 위 널빤지가 사라진 사건도 거짓이다.

이런 주장을 하는 사람들도 루딩 교 전투 현장을 지켜본 목격자들이 홍군 특공대가 다리를 건너려고 문짝을 빌려간 일을 기억한 사실은 인정했다. 다리 위에 덮을 나무를 구하러 다니는 홍군에게 만일을 위해 준비해둔 관을 내준 적이 있다는 증언을 전하기도 했다. 이런 증언은 전부는 아닐지 모르지만 나무를 구하지 못하면 걸어서 다리를 건널 수 없을 정도로 국민당군이 다리 위 나무를 없앤 사실을 증명한다. 또한 어느 정도 과장은 있어도 장제스가 험난한 자연환경에 기대를 걸고 루딩 교를 제대로 방어하지 않았다는 주장도 설득력은 별로 없다.

너무 이른 축배

4월 13일 오후 다섯 시, 루딩에 도착했다. 아담하기는 해도 그동안 중국에서 본 시골 도시 중에서 가장 깨끗하고 쾌적했다. 해외에도 널리 알려져 외국인 관광객도 많다는데, 그런 만큼 도시 규모에 견줘 여러 조건이 좋았다.

비행기를 타고 어제 한국에서 청두로 날아온 장재구 회장과 박종우 감독을 만나러 카페로 갔다. 중국의 오지에서, 게다가 역사적인 장소에서 두 사람을 만나니 더 반가웠다. 짱족 지역으로 오는 동안 어려움은 없었을까. 도중에 차량 검문소에서 차를 세우고 어디에 가냐고 물어서 하이뤄거우에 간다고 하니 별말 없이 통과시키더라고 했다. 앞으로 남은 일정에도 문제가 없다는 얘기여서 안심이 됐다. 고생담을 간단하게 풀어놓은 뒤 루딩 교로 향했다.

장정 유적을 찍은 사진 중에서 가장 유명한 장소를 꼽으라면 단연 루딩 교다. 중국 전통 건축물을 배경으로 허공에 매달린 쇠사슬 다리가 시각적으로 뛰어나기 때문이다. 책과 비디오에서 너무 자주 봐서

장정을 준비하며 많이 봐 무척 익숙한 루딩 교. 드디어 실물을 영접했다.

루딩 교에서 소수 민족 옷을 빌려 입고 사진을 찍은 '홍군 손호철'.

무척 익숙한 루딩 교가 드디어 눈앞에 나타났다. 루딩 교가 장정을 상징한다고 해도 되는 만큼, 어느 때보다도 장정을 하고 있다는 말이 실감나는 순간이었다.

입장료를 받는 매표소로 들어가니 기념품 가게에다가 홍군 복장을 빌려 주는 가게 등으로 복잡했다. 박 감독이 사진을 찍어주겠다며 홍군복을 한 벌 빌려 입으라고 줬다. 상의를 입고 홍군 모자를 썼다. '홍군 손호철'이 탄생했다.

루딩 교에 올라서자 무섭게 흐르는 물소리에 잔뜩 긴장이 됐다. 다두 강의 급류는 무서웠다. 쇠사슬로 허공에 매단 다리답게 무척이나 흔들렸다. 쇠사슬에 널빤지를 얹어놓은 바닥도 널빤지 사이로 흐르는 강물이 보여 자꾸 겁이 났다. 그래도 나뭇조각조차 없는 다리를 쇠사슬에 매달려 건넌 홍군을 생각하면서 용기를 냈다.

사진을 찍고 옷을 반납한 뒤 밖으로 나오자 공안이 다가와 신분증을 보자고 했다. 외국인 여러 명이 사진과 비디오를 찍고 다니니까 누군가 신고를 한 듯했다. 여권을 보여주니 여행 목적을 물었다. 장정 취재라고 답하면서 준비한 서류를 보여줬다. 이곳은 티베트 사태 때문에 위험 지역이라서 외국인 출입이 제한되고 있으니 청두로 가라는 답이 돌아왔다. 눈앞이 아찔했다. 염려하던 최악의 상황이 벌어졌다. 루딩이 행정 구역상 간쯔장족 자치구이지만 시위 발생 지역에서 멀리 떨어져 있어 문제가 없을 줄 알았는데, 아니었다.

다쉐 산 쪽은 어떠냐고 물었다. 그쪽 공안에 전화하더니 거기도 문제가 있으니 청두로 돌아가라고 다시 말했다. 우리가 청두로 돌아가지 않을 듯했는지 여권을 복사하고 돌려준 뒤에도 '에스코트'를 한다며 따라나섰다. 공안들은 루딩 행정 구역 끝까지 가서 우리를 보내줬다. 게다가 우리가 다시 올까 봐 차량 검문소를 지키는 공안에게 차 번호를 적어두라 하더니 한참을 더 미행하다가 돌아갔다. 루딩에서 느낀 짧은 행복은 이렇게 끝났다. 두 팀이 만나서 너무 빨리 축배를 들었다.

다쉐 산大雪山

앓던 이 빠지다

루딩에서 쫓겨났지만 공안이 '충고'한 대로 청두로 돌아갈 수는 없었다. 게다가 시간도 너무 늦었다. 루딩과 청두의 중간에 자리한 야안雅安에 숙소를 잡았다. 밤새 생각해도 포기할 수 없었다. 오 선배는 청두로 가 운전기사하고 정산을 한 뒤 그동안 탄 차를 돌려보내고, 나는 장재구 회장 팀이 타고 온 사륜구동 차를 타고 다쉐 산을 넘기로 했다.

4월 14일 아침, 그동안 우리 발이 돼준 승합차와 운전기사하고 이별했다. 무척이나 속을 썩인 만큼 앓던 이가 빠진 양 시원했다. 헤어진다고 생각하니 섭섭하기도 해서 따뜻하게 작별 인사를 했다. 렌터카 기사는 운전만 하는 되는 일이 아니라 일종의 서비스업인 만큼 이 분야에서 성공하려면 성격과 스타일을 바꿔야 한다는 말도 했다.

곧 헤어질 운전기사에게 중국에 기사를 직업으로 삼은 사람이 몇 명이나 되냐고 물었다. 1000만 명이 된다고 하면, 이렇게 장정 코스를 돌아본 사람은 몇 명이나 되겠냐고 다시 물었다. 우물쭈물하길래 다섯 손가락도 안 될 만큼 적지 않겠냐고, 돈 주고도 못 볼 경치를 돈 받으며 보고 다닌 시간인데 긍지를 느끼면서 즐겁게 지내면 얼마나 좋았겠냐고 다시 한 번 충고했다.

다쉐 산으로 향했다. 새로 만난 운전기사는 정말 달랐다. 비포장도로에서도 빠르고 정확했다. 처음부터 이 운전기사하고 다녔으면, 못해도 5일은 일정을 단축하고 하루에 두 시간 정도는 사람들을 더 만나 이런저런 풍물도 많이 경험할 수 있었다. 서비스 정신도 뛰어났다. 내가 창밖으로 사진을 찍으려 하면 벌써 알아서 속도를 줄였고, 우리가 관심을 보일 경치나 장면이 나타나면 알아서 차를 세웠다. 중국 운전기사는 모두 처음 만난 사람 같은 줄 알았는데, 전혀 아니었다.

박 감독은 오지 여행을 많이 해본 만큼 노하우가 있었다. 우리가 하는 요구를 조금이라도 듣지 않으면 무조건 차와 기사를 바꿔야 한다고 했다. 차를 바꾸느라고 하루이틀 손해를 보더라도 그렇게 해야 장거리 오지 여행에 도움이 된다는 말이었다. 오지에서 성격이 안 맞아 갈등이 빚어지거나 어려운 도로를 앞에 두고 못 가겠다고 버티면 낭패이기 때문이었다. 듣고 보니 맞는 말이었다. 다 지난 다음에 이런 노하우를 배우면 무슨 소용이 있을까?

짚신 신고 설산 넘다

"다쉐 산을 넘겠다고? 포기해. 그 산은 새들도 못 넘어. 선녀들만 넘을 수 있어. 그래서 우리는 선녀산이라고 불러. 산꼭대기에서 입을 열면 산신령이 노해서 숨이 막혀 죽게 하고, 사람들이 말을 해도 산신령이 노해서 산사태를 일으키는 산이야."

다쉐 산 입구 마을에 사는 노인들은 다쉐 산을 넘겠다는 홍군에 이렇게 말했다. 루딩 교를 건넌 홍군한테는 세 가지 선택지가 있었다. 첫째, 설산을 넘어 북으로 진군한다, 둘째, 서쪽으로 이동해 티베트 경계를 따라 북상한다, 셋째, 다쉐 산 동쪽의 북상로를 거쳐 쑹판松藩 쪽으로 진격한다. 둘째 방안은 인구가 거의 없는 지역이라 식량을 구하기 어렵다는 문제가 있고, 셋째 방안은 국민당군이 공격할 가능성이 컸다. 홍군은 힘들더라도 설산을 넘기로 결정했다.

돈은 많지만 산골에서는 아무것도 살 수 없었다. 추위를 이길 두꺼운 옷이나 몸을 덥힐 술도 살 수 없었다. 그나마 마을 사람들이 귀띔해 고추와 생강을 구했다. 몸에 열이 나게 고추와 생강을 끓인 물 먹이기, 나무를 깎아 지팡이 만들기, 흰 눈 때문에 눈이 머는 설맹을 막으려 눈을 감쌀 헝겊 조각 하나씩 나눠주기가 5000미터 설산을 넘기 전에 지도부가 병사들에게 해줄 수 있는 전부였다.

산을 오르는 데 꼬박 여섯 시간이 넘게 걸리기 때문에 하루 안에 산을 넘으려고 새벽 일찍 출발했다. 처음에는 여느 산처럼 녹지대가 나타났다. 사기가 높은 홍군은 노래를 합창했다. 두 시간쯤 걸어 산허리에 이른 때 선발대가 탄성을 터트렸다.

"눈이다!"

남쪽 지역 출신이라 눈을 처음 본 병사들은 깨끗한 눈에 넋을 잃고 아이처럼 기뻐했다. 흰 눈이 어떤 시련을 안겨줄지 아직 짐작도 못 하고 있었다. 조금 더 산을 오르자 갑자기 안개 속으로 접어들었다. 주위가 흐릿해지더니 눈 덮인 산봉우리가 보이지 않았다. 6월 초여름인데도 찬 기운이 엄습하고 광풍이 몰아치더니 눈발이 날리고 우박이 쏟아졌다. 대오는 순식간에 병사들이 내지르는 고함과 말들이 울부짖는 소리로 아수라장이 됐다. 시련이 시작됐다. 우박이 그치고 해가 다시 모습을 드러내도 추위는 더욱 심해졌다. 신발이 없어 짚신을 신은 병사들은 짚풀 사이로 들어오는 눈 때문에 발이 얼었다. 숨을 쉬기도 어려워졌다. 고산증 증세가 나타난 때문이었다.

사방에서 병사들이 쓰러졌다. 초창기 여성 당원인 차이창蔡暢은 자기를 호위한 소년병을 거의 안다시피 하면서 산을 올랐다. '쉬기 위해 멈추는 것은 죽음'이라는 사전 교육을 받은 만큼 쉴 수도 없었다. 얼마 못 가 소년병이 쓰러지며 숨을 거뒀다.

"누님, 이제 누님을 돌봐드리지 못하겠네요."

많은 전투를 앞장서서 지휘한 린뱌오도 여러 차례 까무러쳐 호위병들에게 실려서 산을 넘었다. 생사고락을 함께하던 마오의 경호원도 쓰러져서 마오가 부축해 겨우 산을 넘었다. 저우언라이는 산을 내려온 뒤 기침을 심하게 했고, 그 뒤 결핵으로 목숨을 잃을 뻔했다.

수송병, 취사병, 병참병이 가장 타격이 컸다. 대부분 무거운 짐을 지고 이동하느라 많은 사람이 목숨을 잃었다. 여성들은 다쉐 산을 넘은 뒤 모두 달거리가 끊겼다. 많은 병사가 장정 때 겪은 이런저런 전투나 고난 중에 다쉐 산을 넘는 일이 가장 힘든 경험이라고 회고했다.

고통의 순간이 지나고 드디어 다쉐 산 정상에 붉은 기가 펄럭였다. 오후 세 시, 선발대가 정상에 올랐다. 이 모습을 본 병사들은 가쁜 숨을 내쉬며 한 번 더 힘을 냈다. 내려오는 길은 훨씬 쉽고 즐거웠다. 병사 한 명이 헝겊 조각을 깔고 앉아 눈썰매를 타자 모두 환호성을 지르면서 똑같이 눈썰매를 타고 아래로 미끄러져 내려갔다. 다쉐 산의 선녀들은 조용히 웃음을 머금은 채 이 광경을 내려다보고 있었다.

두 갈래 갈림길

야안을 떠나 바오싱宝興으로 향했다. 바오싱은 다쉐 산을 넘어가려면 반드시 지나야 하는 작은 마을이다. 그나마 다쉐 산 부근에서 가장 큰 마을이니 여기에서 점심도 먹고 정보도 수집하기로 했다. 바오싱이 가까워지자 낡은 공장 벽에 붉은색 바탕에 노란색으로 커다랗게 쓴 글씨가 보였다. '장정로를 달려 자진 산(다쉐 산)을 넘자走長征路, 飄越紫金山!' 다쉐 산이 가까워진다는 실감이 났다.

예상대로 점심시간에 바오싱에 도착했다. 마을로 들어가 작은 다리를 건너니 오른쪽에 작은 공원이 나타났다. 공원에는 홍군에 관련된 조각이 두 개 보였다. 하나는 빨래하는 여성 옆에서 우물물을 퍼주는 홍군을 묘사한 조각이었다. 안쪽에 있는 또 다른 조각은 홍군 복장을 한 여성이 칠판에 홍군에 관련된 이야기를 써놓고 가르치는 모습을 형상화했다. 조각 앞에는 나무 의자가 몇 개 있었는데, 머리가 허연 중년 남성이 의자에 앉아 열심히 조각과 칠판을 보고 있었다. 그 남성 때문에 마치 70년 전으로 돌아가 여성 홍군이 바오싱 사람들을 모아놓고 홍군에 관해 설명하는 모습을 보는 듯한 착각이 들었다. 중년 남성은 무엇 때문에 거기에 앉아 있었을까?

마을로 더 들어가니 붉고 커다란 기념탑이 나타났다. 그 뒤에는 기념관이 있었다. 기념관은 점심시간이라 문이 닫혀 있어서 돌아오다가 들르기로 했다. 기념탑을 자세히 보니 머리에 두건을 쓴 사람이 손가락으로 앞을 가리키고 다른 두 사람은 그 앞을 바라보는 조각이었다. 다쉐 산을 안내한 이 동네에 사는 장족이 홍군에게 다쉐 산을 넘는 길을 가르쳐주는 장면이었다. 홍군이 다쉐 산을 넘을 수 있게 도와준 장족 안내자가 지금 벌어지는 티베트 사태를 알게 되면 어떻게 생각할지 궁금했다. 기념탑 아래쪽에는 말을 끌고 눈밭에 발이 빠지면서 설산을 오르는 홍군의 모습을 네 면에 새겨 넣었다.

가까운 식당에서 밥을 먹고 다쉐 산으로 향했다. 여기도 길은 엉망이었다. 강을 막아 댐을 짓고 있는 모습이 보였다. 댐을 앞에 두고 두

"장정로를 달려 자진 산을 넘자(走長征路, 飜越紫金山)!"(위). 빨래하는 여성과 우물물을 퍼주는 홍군(아래 왼쪽). 여성 홍군 조각을 바라보는 한 남성(아래 오른쪽).

길이 나타났다. 왼쪽 방향이 우리가 애초에 가려고 한 길인데, 오른쪽 방향은 새로 만든 길이라고 써 있었다. 섣불리 판단하기 힘든데 물어볼 곳이 없었다. 우리는 왼쪽으로 갔다.

조금 올라가니 왼쪽 아래로 댐 공사 현장이 보이기 시작했다. 산길을 더 올라가니 길이 완전히 막혀 있었다. 공사를 하고 있는 사람들에게 물어보니 다쉐 산으로 들어가는 길은 맞는데 댐 공사와 다쉐산 공원 공사 때문에 폐쇄한 상태라고 했다. 여기까지 와서 좌절해야 하는 걸까? 다쉐 산을 넘으려고 무거운 짐에다가 아이젠을 비롯한 등산 장비까지 챙겼는데, 소용없게 됐다. 한숨만 나왔다. 다쉐 산 사진이라도 찍어야겠다는 생각에 주위를 둘러봤다. 멀리 강 건너에 길이 보이고 강 쪽으로 튀어나온 곳에 무엇인가가 눈에 들어왔다. 기념탑 같았다.

고난의 현장 다쉐 산을 바라보며

아까 지나친 갈림길로 다시 돌아와 오른쪽으로 올라갔다. 강을 가운데 놓고 처음 간 길이 강 왼쪽으로 달린다면 이 길은 강의 오른쪽으로 달리게 돼 있었다. 그런데 공사 트럭들이 길을 완전히 막고 있었다. 항의를 한 뒤에야 길을 비켜줘서 지나갈 수 있었다. 트럭 기사에게 혹시 다쉐 산 너머에 샤오진까지 검문소가 있느냐고 물어보니 아침에 올 때는 없더라고 했다. 다행이었다. 적어도 샤오진까지는 검문소에 걸려 쫓겨나는 일은 겪지 않을 수 있다는 뜻이었다.

엉망인 비포장 산길을 한참 달렸다. 차가 사륜구동인 덕도 있지만, 시간 싸움을 하는 우리를 생각해 운전기사가 차를 빨리 잘 몰았다. 얼마를 달렸을까. 오른쪽 언덕 위에 작은 마을이 나타나더니, 더 오른쪽으로 설산이 보이고, 그앞에 작은 라마 사원의 모습을 드러냈다. 사진에서 본 다쉐 산이었다. 가슴이 뛰었다. 길가에 장족이 하는 작은 가게가 있어서 기념탑으로 어떻게 가느냐고 물었다. 차는 못 들어가니까 걸어서 왼쪽으로 가야 한다고 알려줬다.

차에서 내려 카메라와 비디오를 챙겨서 기념탑으로 가려는데, 렌즈가 든 히프 색이 보이지 않았다. 아무리 찾아도 없었다. 점심을 먹으면

다쉐 산을 넘는 홍군과 산을 넘고 환호하는 홍군을 조각한 기념탑 뒤로 보이는 설산.

서 식당에 빠트린 모양이었다. 언제나 렌즈를 챙겨준 김문걸 씨하고 헤어지자마자 큰 사고를 쳤다.

기념탑으로 올라가니 바닥에 부서진 하얀 조각들이 즐비했다. 낡은 탑을 부수고 새 탑을 지으면서 버려진 잔해였다. 붉은 대리석으로 만든 높이 10미터 정도인 기념탑 뒤로 댐 공사를 하는 강이 흐르고, 그 강 건너에 보이는 푸른 산 뒤로 하얀 눈을 뒤집어쓴 다쉐 산이 모습을 드러내고 있었다. 홍군이 거쳐간 고난의 현장이 눈앞에 보였다.

기념탑에는 '중국 노동자 농민 홍군 1방면군'이라는 큰 글씨와 '다쉐 산을 넘은 일을 기념'한다는 글씨가 새겨져 있었다. 그리고 다쉐 산을 바라보고 있는 쪽 아래에는 나무 지팡이를 짚고 어렵게 다쉐 산을 넘는 홍군을, 그 반대쪽에는 다쉐 산을 넘은 뒤 환호하는 홍군을 조각해놓았다. 다쉐 산에서 목숨을 거둔 차이창의 10대 호위병이 생각나 눈시울이 뜨거워졌다.

계획대로 다쉐 산을 넘지는 못하더라도 설산의 끝자락에 다가가 눈이라도 밟아본 뒤 돌아가고 싶어 강을 건너 다쉐 산 쪽으로 가는 길이 있는지 살펴봤지만, 찾을 수 없었다. 다시 좡족이 하는 가게로 가 여기에서 샤오진까지 얼마나 걸리느냐 물으니 세 시간은 넘게 가야 한다고 했다. 이미 시간은 다섯 시가 넘어 샤오진에 다녀올 수는 없었다. 일단 야안으로 돌아가 짐을 챙겨 다시 오기로 하고 철수를 결정했다. 오는 길에 점심을 먹은 식당에 들르니 마음씨 좋은 주인 할머니가 안쪽에 잘 챙겨둔 히프 색을 꺼내서 줬다. 그러더니 자기가 만드는 고기 요리를 맛보라며 자꾸 어깨를 잡았다. 따뜻한 인심이었다. 오는 길에 들르려고 한 기념관은 이미 문을 닫은 뒤였다.

야안雅安

한 발자국 더 다가가라

야안에 도착해 앞으로 남은 일정을 검토했다. 처음 계획은 윈난 성 리장으로 날아간 뒤, 2방면군이 이동한 경로를 따라 리장, 샹그릴라, 메이리쉐 산을 거쳐 티베트 국경을 타고 북쪽으로 올라오고, 차마고도를 따라 청두로 돌아와, 다쉐 산을 넘어 샤오진으로 가는 순서였다.

티베트 사태 때문에 샹그릴라 북쪽 지역은 갈 수 없었다. 다쉐 산 쪽에서 트럭 기사들한테 샤오진까지 검문이 없다는 이야기를 들은 만큼 빨리 샤오진을 거쳐 북쪽으로 넘어가는 쪽이 나을 듯했다. 나는 청두로 가 처음 팀인 오 선배와 김문걸 씨를 만나서 오늘 탄 사륜구동차를 타고 샤오진으로 넘어가기로 했다. 장 회장 팀은 리장으로 비행기를 타고 가 윈난 지역을 여행하기로 했다. 혹시 샤오진으로 넘어가다가 다시 추방당하는 사태가 일어날 수도 있기 때문이었다.

리장으로 가는 비행기는 저녁에 있었다. 4월 15일 오전에는 차마고도의 출발지이자 중국에서 알아주는 차 산지인 야안을 돌아보기로 했다. 윈난 성과 쓰촨 성은 차 원산지와 차 맛을 놓고 치열하게 경쟁하는 사이이다. 윈난은 한국에서 보이차라고 부르는 푸얼 차普洱茶를 자랑한다. 쓰촨, 그중에서도 야안은 자기 고장에서 나는 차가 중국, 아니 세계 제일이라고 뽐낸다. 윈난에서 나는 차가 주로 민간 교역을 거쳐 티베트 등으로 팔려 나간다면, 쓰촨에서 나는 차는 국가 공식 기관인 차마사茶馬司가 관장하는 정식 교역 물품이었다. 야안 사람들은 중국 황실이 마신 차도 자기들이 공급한 제품이라고 자랑한다.

야안은 차 가공업도 유명하다. 차 공장을 보려면 어디로 가야 하냐고 물어보니 호텔 직원이 차 공장은 외부인에게 잘 공개하지 않는다고 했다. 마침 자기 친척이 차 공장을 한다고 자랑해서 좀 볼 수 있게 해 달라며 부탁했다. 호텔 직원이 친척에게 전화해 허락을 받은 뒤 택시를 잡아타고 우리를 안내했다.

도로 상태는 매우 좋았지만 꼬불꼬불한 길을 한참이나 올라갔다. 그러자 작은 차 공장이 모습을 드러냈다. 야안에 있는 차 공장은 대부분 가내 수공업 형태라고 했다. 찻잎을 분류하는 과정, 자르는 과정, 덖는 과정 등을 차례대로 볼 수 있었다.

차 제조 과정을 촬영한 뒤 아래쪽에 있는 차밭으로 가서 찻잎으로 만든 점심을 먹기로 했다. 식당에 도착해 찻잎무침과 찻잎 넣은 닭백숙 등을 주문했다. 차밭으로 나가려 하니까 주인이 점심시간이라 찻잎 따는 사람이 없다며 말렸다. 혹시 하는 마음에 차밭으로 나가니 아주머니 한 명이 찻잎을 따고 있었다. 사진을 찍는데 장 회장이 소리쳤다.

"손 교수, 바짝 더 다가가 찍으세요."

좀더 바짝 다가가니까 아주머니가 내뿜는 호흡을 느낄 수 있어서 사진도 살아났다.

좋은 사진을 찍고 오니까 장 회장이 한 수 더 가르쳐줬다.

"어떤 유명한 사진작가가 한 말인데, 자기가 찍은 사진이 마음에 안 들면 충분히 피사체에 다가가지 않은 때문이라고 해요."

지금까지 사진을 찍던 방식하고는 다른 사진 기자식 촬영법을 배울 수 있었다.

야안의 자랑인 차를 만드는 공장을 구경하고, 찻잎을 따는 여성을 찍었다.

찻잎으로 만든 음식은 특이하고 맛있었다. 식사를 마친 뒤 청두로 가 오 선배와 김문걸 씨를 만났다. 장 회장 팀은 리장으로 떠났다. 또 추방될지 모르는 불안한 길 위에 우리만 남았다. 잠이 오지 않았다.

청두成都

나이키 신은 쑨원?

샤오진을 거쳐 쑹판 초원 등 쓰촨 성 서북부로 넘어가기 전에 청두에서 하루 지내며 재충전도 하고, 남은 여행을 위해 서점을 다 뒤지더라도 자오핑두에서 잃어버린 장정 기행기를 사기로 했다.

청두는 몇 년 전 환상적인 물빛으로 유명한 관광지 주자이거우九寨構에 가느라 온 적이 있었다. 그때 방랑 시인 두보가 머문 두보 초당, 제갈공명과 유비의 묘를 모신 무후사 등을 둘러봐 특별히 보고 싶은 곳은 없었다. 중심가로 나가 서점에서 장정 책을 찾아본 뒤 시간이 남으면 청두 부근의 초기 문명을 볼 수 있게 진사 강 유적을 모아놓은 박물관에 가기로 했다.

큰 서점을 다 뒤져도 잃어버린 책을 구할 수 없었다. 상하이에 가야 하는구나 생각하니 암담했다. 그 책에 담긴 생생한 정보가 너무 아쉬웠다. 실망감에 다리에 힘이 빠져 벤치에 앉아 쉬는데, 수수한 동상이 하나 눈에 띄었다. 처음 보는 얼굴이었다. 가까이 가서 보니 쑨원이었다. 쑨원의 동상은 여행 중에 처음 만났다. 국공 합작을 추진한데다가 장제스하고 다르게 공산당에 적대적이지 않은 사람이지만, 국민당 창시자인 쑨원을 기리는 동상이 아직도 남아 있다니 특이했다. 게다가 동상 뒤로 나이키의 대형 광고판이 보였다. 쑨원 동상과 나이키 마크가 묘하게 대조됐다.

여행에서 처음 본 쑨원 동상(위). 김문걸 씨가 한눈에 반한 미인(아래 왼쪽). 절로 경건한 마음이 든 전시실(아래 오른쪽).

"교수님, 정말 이뻐요."

갑자기 김문걸 씨가 탄성을 질렀다. 빨간 옷을 입은 미인이 보였다. 사진관을 홍보하는 모델이었다. 쓰촨 성이 습도가 적당해 여성들이 피부가 곱고 미인도 많다더니 정말이었다. 장재구 회장에게 배운 사진 촬영 비법을 생각하면서 바짝 다가가 사진을 찍었다.

진사강 유적 박물관으로 갔다. 기원전 3000년 전 유적이라고 하는

데, 정말 대단했다. 유적도 놀랍지만 전시 기법도 매우 뛰어났다. 신과 인간을 매개하던 무당을 형상화한 작은 조각을 진열한 전시실이 인상 깊었다. 어둡고 큰 방에 작은 조각 하나만 세워놓은 극적인 분위기 속에 북소리까지 더해져서, 전시실에 들어서면 절로 경건해지면서 신과 인간을 생각하게 했다.

여행 중에 본 중국의 다리들이 떠올랐다. 여러 지방에서 본 많은 다리가 모두 비슷했다. 마오 시절에 설계비를 절약하고 공사 효율성도 높이려고 표준 설계안을 여러 개 만든 뒤 다리 길이만 맞춰 기계적으로 적용한 탓이었다. 확실히 효율적인 방식이지만, 미학적 효과를 고려하면 정말 효율적인지 의심스럽다. 다리는 그렇지만, 박물관 전시실에서 본 중국의 문화 수준은 미학적 측면에서 한국보다 앞서면 앞서지 전혀 떨어지지 않았다.

두장옌都江堰

만리장성보다 위대한 건축물

"중국 역사상 가장 감동적인 건축물은 만리장성이 아니라 두장옌이라고 생각한다." 《위치우위의 중국문화기행》에 나온 주장이다. 두장옌은 만리장성을 쌓던 진시황 시절인 약 2300년 전에 청두에서 가까운 민강에 만든 거대한 수리 시설이다. 만리장성이 통치자가 원하고 전쟁 때문에 쌓은 시설이라면, 두강옌은 민생에 필요한 시설이었다.

그전에는 두장옌이 어디에 있는지도 몰랐지만, 이 문장이 마음에 들어 꼭 가고 싶었다. 처음에는 장정 경로가 두장옌에서 멀어 야안과 다쉐 산을 거쳐 북쪽으로 올라가기로 했다. 그런데 야안과 다쉐 산은 며칠 전 다녀온 만큼 이번에는 두장옌을 거쳐 원촨汶川 쪽으로 올라가다가 다시 서쪽으로 달려 쓰구냥 산四姑娘山으로 넘어가기로 했다. 쓰구냥 산에서 더 서쪽으로 가면 샤오진이 나오니까, 샤오진에서 다시 장정 경로를 따라 북쪽으로 올라가면 되기 때문이다.

4월 17일, 두장옌에 도착했다. 기원전 250여 년 전, 청두 북쪽을 흐르는 민 강이 자주 넘쳐 피해가 컸다. 기원전 251년, 리빙李冰이라는 군수가 부임했다. 군수는 물의 흐름을 잘 아는 사람들에게 지도를 그리라고 한 뒤 홍수를 다스릴 계획을 세우기 시작했다.

두장옌에 커다란 둑과 물길을 만들고, 물길을 막아 물의 방향을 바꿀 수 있는 갑문을 설치했다. 두장옌을 흐르는 민 강의 한가운데에 대

리빙이 둑을 쌓는 데 쓴 재료의 모형(위). 옛날식으로 댐을 수리하는 일꾼들(아래).

나무를 이용한 둑을 쌓았다. 이 둑으로 민 강을 외강과 내강으로 나눴다. 외강은 창장 강으로 직접 흐르게 했고, 내강은 청두 평야로 흘러 농업용수로 쓸 수 있게 했다. 비가 많이 내려 홍수가 날 위험이 생기면 내강으로 들어오는 수문을 막고, 농업용수가 필요할 때는 외강으로 가는 수문을 막는 첨단 건축물이다. 이 건축물 덕분에 주변 36개 현에 사는 2000만 명이 혜택을 받았다.

두장옌으로 들어가자 대나무를 엮어 만든 커다란 동그라미 안에 돌을 놓아둔 모형이 보였다. 리빙이 둑을 쌓는 데 쓴 재료를 본뜬 모형이었다. 곧 이어 양옆으로 여러 가지 복장을 한 동상들이 서 있는 길이 나타났다. 두장옌을 보수하고 관리한 군수들이었다. 송나라, 명나라, 청나라 등 여러 왕조를 거쳐서 복장이 다양했다. 두장옌의 유구한 역사를 증언하는 셈이었다.

흔들다리를 건너자 긴 둑이 보였다. 둑 양쪽으로 강이 흘렀고, 오른쪽 강이 끝나는 곳에는 일꾼들이 입구에서 본 모형처럼 옛날식으로 댐을 수리하고 있었다. 2300년 전에 쓴 기술을 아직도 쓴다니, 놀라웠다.

한참을 걸어가자 외강과 내강이 갈라지는 곳이 나타났다. 왼쪽으로 가면 외강이고 오른쪽으로 가면 내강이었다. 이런 건축물을 진시황 시절에 만든 사실이 믿기지 않았다. 좀더 보고 싶었지만, 샤오진으로 갈 길이 멀어 두장옌을 빠져나왔다.

두장옌과 마오 그리고 덩샤오핑

두장옌 밖으로 나와 차로 가는데, 커다란 벽에 '마오쩌둥 동지 두장옌 시찰 50주년(1958년 3월 21일)'이라는 큰 글씨하고 함께 마오가 두장옌을 시찰하는 사진이 붙어 있었다. 1958년 3월부터 50주년 기념이니까 채 한 달도 안 된 2008년 3월에 설치한 선전물이다. 그 옆에는 1980년에 이곳에 들른 덩샤오핑이 쓴 '만대의 복을 만들었다造福万代'는 글씨도 커다랗게 붙어 있었다. 사회주의와 중국의 미래에 관해 전혀 다른 생각을 한 두 사람이 모두 이곳을 다녀갔고, 감동했다. 이제는 세상을 떠난 두 사람이 마치 경쟁하는 듯 보이기도 했다.

위치우위가 지적한 대로 두장옌이 만리장성보다 위대한 건축물인 사실은 틀림없다. 두장옌은 홍수를 피하고 쌀 생산량을 늘리는 시설이다. 생산력에 관련된다는 말이다. 물론 생산력을 키우는 문제는 중요하다. 절대량이 늘어야 더 많이 나눌 수도 있기 때문이다. 그러나 둥촨의 황토에 관련해서 지적한 대로 생산력 자체가 농민의 풍요와 민생을 뜻하지는 않는다. 아무리 두장옌 덕분에 홍수를 피하고 생산이 늘어도 지주들과 국가의 수탈이 더 심해진다면 오히려 농민은 예전보다 더 못살 수 있다. 생산력 못지않게 중요한 문제, 아니 생산력 이상으로 중요한 요소가 (좌파들이 '생산관계'라고 부르는) 지주와 농민의 관계다.

두장옌에 적합한 사람은 덩샤오핑이다. 덩샤오핑이 내세운 개혁 개방은 생산관계보다는 생산력 증강을 중시하는 노선이었다. 덩샤오핑의 트레이드마크인 '검은 고양이든 흰 고양이든 쥐만 잘 잡으면 된다'는 '흑묘백묘론'이란 수단은 중요하지 않고 생산력을 늘리면 된다는 주장이다. '사회주의가 가난은 아니다'는 주장도 마찬가지다. 그리고 그런 노선 덕분에 중국 경제는 놀랍게 성장하고 있다. 그러나 생산관계 측면에서는 빈부 격차가 자본주의보다 더 심해지는 등 많은 문제를 불러일으켰다. 결국 중국 정부는 '화해사회론'(일종의 조화사회론)* 을 내놓았다(8장 〈장정을 끝내며〉 참조).

* '화해(和諧) 사회'란 한국식으로 바꾸면 '조화 사회'나 '균형 사회'다. 도시와 농촌 사이, 부자와 빈자 사이에 격차가 심각해 갈등이 깊어지는 대신에 격차가 줄어들고 균형과 조화로 나아가는 바람직한 사회를 뜻한다.

커다란 벽에 '마오쩌둥 동지 두장옌 시찰 50주년(1958년 3월 21일)'이라는 큰 글씨가 써 있다.

마오는 두장옌에 어울리지 않는다. 마오는 생산력보다는 생산관계를 중시했다. 마오는 1950년대 인민공사와 대약진 운동 등 매우 급진적인 정책을 추구하다가 생산력을 파탄으로 몰아갔고, 관찰자들에 따르면 결국 2000만 명이 굶어죽었다. 생산력이냐 생산관계냐 하는 문제는 여전히 쉽지 않다(얼마 뒤 가까운 원촨에서 지진이 일어나 두장옌이 큰 피해를 입었다. 안타까운 일이다.)

샤오진小金

8개월 만에 만난 홍군

"동지들! 동지들!" 다쉐 산을 넘어 미끄럼을 타며 내려온 홍군 선발대가 평지에 다다른 순간 밑에서 큰 소리가 들렸다. 긴장한 채 무기에 손을 갖다 대고 소리 나는 쪽을 보니 중앙군을 마중 나온 4방면군 선발대였다. 병사들은 전속력으로 달려가 끌어안고 덩실덩실 춤을 췄다. 그곳이 바로 샤오진이다. 장정을 떠날 때부터 꿈꾼 순간이었다. 다른 홍군을 만나는 일을 드디어 해냈다. 루이진을 떠난 지 8개월 만이었다.

두장옌을 떠난 우리는 북쪽 방향으로 올라갔다. 주자이거우에 온 때 지나간 적 있는 낯익은 길이 나왔다. 길을 올라가는데 앞에 공안이 나타났다. 또 못 가게 하는가 싶어 가슴이 덜컹했다. 과적 트럭을 단속하는 교통경찰이었다. 안도의 한숨을 내쉬었다.

오른쪽으로 가면 원촨이고 왼쪽으로 가면 쓰구냥 산이라는 표지판이 나왔다. 왼쪽으로 들어섰다. 이제부터 초행길이었다. 비포장도로를 따라 계곡을 한참 달렸다. 왼쪽에 강이 흐르던 곳에는 도로 공사를 하느라 바닥을 파내서 강은 없어지고 모래 더미만 남아 있었다. 어디를 가나 '건설 중국'에 '신음하는 산하'였다.

멀리 앞쪽으로 뾰족한 설산들이 나타나기 시작했다. 아름다운 설산 네 개가 나란히 자리잡고 있어 '네 명의 아가씨들'이라는 이름이 붙은 쓰구냥 산이다. 기와지붕인 중국 가옥들하고 다르게 평평한 지붕에 회

회색 돌로 짓고 흰 물감으로 그림을 그린 장족의 전통 가옥.

색 돌로 짓고 흰 물감으로 그림을 그린 장족 특유의 돌집들도 나타나기 시작했다. 장족 지역이라는 표시라 긴장이 됐다.

차가 산으로 올라가기 시작했다. 정상에 다다라 시계를 보는데 고도가 표시되지 않았다. 얼마나 높아서 그럴까 깜짝 놀랐다(사실 싸구려 등산 시계라 고도 4000미터까지 측정이 됐다). 차에서 내리자 추위와 찬바람에 온몸이 얼어왔다. 앞에 무엇인가 써놓은 팻말이 있어 걸어가서 보니 '쓰구냥 산 30킬로미터'라는 문구였다. 아직도 갈 길이 멀었다. 그 밑에 이런 문구도 보였다. '당신은 이미 해발 4523미터를 올라오는 데 성공하셨습니다.' 평생 올라간 최고 고도가 페루에 있는 티티카카 호수에서 찍은 4200미터이니 기록을 경신한 셈이다. 조금 걷자 숨이 찼다.

이제 내려가는 길이다. 빙판길을 조심스럽게 내려갔다. 얼마나 갔을

해발 4523미터까지 올라왔다. 쓰구냥 산은 30킬로미터 남았다.

까, 오른쪽으로 올라가면 쓰구냥 산이라는 표지판이 나왔다. 해가 지기 전에 샤오진에 도착해야 해서 표지판을 무시하고 길을 재촉했다. 계획 단계부터 쓰구냥 산을 가고 싶어한 오 선배가 마음에 걸렸다.

또 다시 좌절하다

샤오진은 이제 30여 킬로미터밖에 남지 않았다. 해는 빠르게 지고 있었다. 왼쪽에서 다쉐 산을 거쳐 샤오진으로 넘어오는 길하고 합쳐졌다. 며칠 전 다쉐 산에서 다시 돌아가지 않고 그대로 넘었으면 저 길을 따라 이곳에 도착했을 텐데, 그 길을 돌고 돌아서 왔다.

갑자기 검문소가 나타났다. 이틀 전 만난 트럭 기사는 분명 아무것도 없다고 했는데, 또 쫓겨날까 봐 불안했다. 분명히 신분증을 보자고 할 듯해 운전기사와 김문걸 씨에게 신분증을 준비하라고 했다. 두 사람 신분증만 보여주고 어떻게든 통과해보려는 속셈이었다. 검문소에는 공안이 예닐곱 명 있었다. 차를 막아선 공안이 다가와 신분증을 보자고 했다. 두 사람이 먼저 신분증을 보여줬다. 다른 두 사람 신분증도 보자고 했다. 할 수 없이 여권을 꺼냈다. 어차피 외국인이라는 사실이 밝혀진 만큼 여행하는 이유를 밝히는 편이 나을 듯해 샤오진에 장정을 취재하러 간다고 말했다. 그러자 여기부터 외국인 출입 금지 구역이라 들어갈 수 없다는 답이 돌아왔다.

4500미터 고지를 넘어 몇 시간을 달려왔다. 여기에서 쫓겨날 수는 없었다. 장정 길을 따라 샤오진 북쪽으로 올라가지 못하더라도 샤오진은 가야만 했다. 빈손으로 돌아갈 수는 없었다. 30킬로미터만 더 가면 샤오진 광장이고, 거기에 1방면군과 4방면군이 만난 일을 기리는 멋진 기념탑이 있었다. 거기만 다녀오게 해달라 사정했다. 안 된다고 했다. 아찔했다. 우리가 딱한지 500미터 앞 언덕에 작은 기념탑이 있으니 거기에서 사진 찍고 오는 정도는 괜찮다고 했다. 운전기사가 면허증을 맡겨놓고 가는 조건이었다. 아쉬운 대로 그렇게 하기로 했다.

검문소를 지나 기념탑으로 향했다. 언덕으로 올라가니 붉은 벽돌 위에 하얀 기둥을 세운 소박한 탑이 나타났다. 탑에는 '홍군 장정 1, 4 방면군 다웨이 만남 기념비'라고 쓰여 있었다. 이 지역이 샤오진 현 다웨이達维인 듯했다. 아래쪽 붉은 벽돌 벽의 옆면에는 1방면군과 4방면군이라고 쓴 깃발 아래 병사들이 얼싸안은 장면이 부조로 새겨져 있었다. 두 부대가 만난 현장은 사실 바로 이곳이었다. 샤오진 광장에 있는 기념탑은 보기 좋은 데 다시 세운 기념물일 뿐이었다. 역사적 의미는 우리가 본 소박한 기념탑이 더 앞선다는 얘기다. 다만 책으로 볼 때는

1방면군과 4방면군이 만난 일을 기념하는 소박한 기념탑과 부조.

광장에 있는 기념탑이 빼어난 조각 덕분에 훨씬 더 멋있었다.

기념비에 새겨진 부조를 보니 8개월 만에 마침내 만난 병사들이 느낀 감격이 전해지는 듯했다. 얼싸안고 기뻐하는 홍군은 몰랐겠지만, 나는 이 사람들의 행복한 해후가 아주 짧게 끝난 사실을 알고 있으니 감격은 오래가지 않았다. 기념탑을 취재할 수 있는 기쁨은 짧았고, 다시 돌아가야 하는 긴 고통의 순간이 찾아왔다.

쓰구냥 산四姑娘山

좡족 부인과 한족 남편

이미 해는 지고 있었다. 지금부터 먼 길을 돌아가는 일이 문제였다. 낮에 넘어온 해발 4523미터의 빙판길을 어둠 속에 다시 갈 수는 없었다. 쓰구냥 산 부근에서 관광객을 상대로 하는 숙박 시설을 찾기로 했다.

조금 내려가니 오른쪽에 깨끗한 호텔이 하나 보였지만 숙박료가 터무니없이 비쌌다. 얼마 안 가 적당한 마을이 나타났다. 샤오진 현 리룽진日隆鎭*이라는 마을이었는데, 언덕 위쪽에 '정부 여관'이라고 쓴 팻말이 보였다. 리룽 진 정부 건물 1층에 자리한 여관이었다. 게다가 바로 옆에 경찰서가 보이고 건물 입구에 인민정부, 인민무장부, 공산당 간판이 줄줄이 걸려 있었다. 티베트 사태 때문에 여기에서 묵기가 좀 꺼림칙했는데, 안전에는 문제가 없을 듯했다.

마음씨 좋게 생긴 중년 부부가 운영하는 여관이었다. 진 정부에 임대료를 내는 모양이었다. 산속이라 무척 추운데도 난방이 안 됐지만, 전기담요가 있으니 자는 데는 문제가 없어 보였다. 저녁으로 먹은 자연송이와 야크 족발이 아주 맛있었다. 장재구 회장이 고생한다며 사온 양주를 한잔 권하자 부부는 주방에 들어가 직접 담근 토속주를 한 병 꺼내왔다.

* 진(鎭)은 한국의 리(里)하고 비슷한 행정 단위다.

우리가 묵은 여관은 진 정부 건물에 있었다. 여관 주인 부부는 장족 부인과 한족 남편으로 금실이 좋았다.

부부는 아들 셋이 모두 청두에서 대학을 다닌다고 자랑했다. 이곳에도 한국인 관광객이 자주 온다고 했다. 쓰구냥 산의 명성 덕분이다. 계속 얘기를 듣다 보니 나하고 동갑인 남편은 한족이고 부인은 장족이었다. 보통 때 같으면 별 관심이 없을 텐데 티베트 사태 때문에 무척 흥미로웠다. 이 부부는 정말 금실이 좋았다. 평생 싸움 한 번 안 할 듯한 선한 인상을 지닌 이 부부가 '민족 화해의 전형'이라는 생각이 들었다. 한족과 장족이 이 부부처럼 서로 사랑하고 공존한다면 티베트 사태 같은 비극은 막을 수 있지 않을까.

지진 피하게 해준 고마운 공안?

4월 18일 아침이 되자 김문걸 씨가 끙끙거리며 나타났다. 밤새 숨이 가빠서 제대로 못 잤다고 했다. 해발 3500미터이니 민감한 사람은 그럴 수도 있었다. 고산병은 상대적이었다.

정말 헤어지기 싫은 부부하고 아쉬운 작별 인사를 나눴다. 민족 화해 부부는 7킬로미터 정도 가면 쓰구냥 산이 잘 보이는 전망대가 나온다면서 해가 더 높이 떠 빛이 너무 많아지기 전에 거기에 가서 사진을 찍으라고 가르쳐줬다.

산으로 올라갈수록 풍광이 좋았다. 간밤에 눈이 왔는지 나무에는 눈꽃이 피어 있었다. 어제는 샤오진으로 빨리 가는 데 마음이 급해서 주변 경치를 제대로 보질 않았다. 쓰구냥 산이 이렇게 경치가 좋은 줄 몰랐다. 밤새 내린 눈까지, 그야말로 금상첨화였다.

왼쪽으로 산등성이에 하얀 라마탑이 보이고 그 옆으로 설산의 끝이 살짝 내비쳤다. 눈이 내린 빙판길을 달려가자 곧 전망대가 나타났다. 주봉 6250미터인 쓰구냥 산이라고 쓴 하얀 표지판 아래에서 중국 젊은이들이 기념사진을 찍고 있었다. 전망대에 오르니 앞쪽 언덕 위에 조금 전에 본 작은 탑이 서 있고, 그 뒤에 쓰구냥 산의 눈 덮인 봉우리들이 구름을 옆구리에 낀 채 웅장한 자태를 드러내고 있었다. 숨이 막히는 장관이었다.

샤오진에서 쫓겨나는 바람에 이런 멋진 장관을 볼 수 있게 된 만큼 불행 중 다행이라고 해야 할까. 아니면 불행에 값하는 작은 보상이라고 해야 할까. 사실 샤오진에서 북쪽으로 올라가는 지역이 이번 쓰촨 대지진으로 가장 큰 타격을 받은 곳이다. 우리는 공안한테 쫓겨난 덕분에 목숨을 건진지도 모르겠다. 그냥 '불행 중 다행'이 아니라 '전화위복'인 셈이었다.

4523미터 정상을 넘어가자 눈이 훨씬 많이 내려서 더 아름다웠다. 두 산이 만든 계곡 사이에 구름이 가득하고 그 뒤에 설봉들이 이어지고 있었다. 하얀 눈 위로 기하적인 선을 그리고 있는 차도와 구름 사이로 드러난 고압선 전주와 반쯤 가려진 길이 신비한 모습을 연출했다. 내가 본 가장 아름다운 설경과 산경이었다.

하얀 탑, 설산, 구름의 조화가 아름답다(위). 구름 뒤로 이어지는 설봉(아래).

산을 내려오는 도중에 구름 속에서 도로 공사를 하는 사람들을 만났다. 평지에 다다르니 밭에서 일하는 장족 가족도 보였다. 네 명의 선녀들이 사는 하늘 위 설산에서 지상으로 내려왔다.

쑹판 초원松潘 草原

잃어버린 930킬로미터

차는 이제 청두로 향하고 있었다. 청두의 렌터카 회사에 상황을 전하고 우리가 가려는 다른 도로들이 어떤 상태인지 물었다. 다시 시위가 벌어져 출입 금지라고 했다.

비상 대책을 실행에 옮기기로 했다. 우리가 가려는 쓰촨 성 북부와 간쑤 성은 장족 지역이라 출입 금지 중이니까, 닝샤후이족 자치구寧夏回族自治區의 성도인 인촨銀川으로 날아가 거기에서 차를 빌린다. 빌린 차를 몰고 거꾸로 동쪽을 향해 올 수 있는 곳까지 온 뒤 다시 서쪽으로 방향을 틀어 장정을 계속한다.

그렇게 되면 쑹판 초원 등 약 930킬로미터 구간을 못 가게 되는데, 티베트 문제가 진정돼 외국인 출입 금지가 풀린 뒤 다시 오는 수밖에 없었다. 청두로 전화해 내일 인촨으로 가는 비행기를 예약하고, 발이 넓은 오 선배가 렌터카를 알아봤다. 인촨에는 렌터카 회사가 없어서 여행의 최종 목적지인 시안에 있는 렌터카 회사에서 인촨으로 차를 보내기로 했다. 일단 할 일을 마치니 조금 허탈해졌다. 눈을 감았다. 못 가게 된 930킬로미터 구간을 떠올렸다.

샤오진에서 휴식을 한 마오와 홍군은 북으로 이동해 그리 멀지 않은 곳에 있는 량허커우兩河口에 도착했다. 두 강이 만나 량허커우라고 부르는 이곳에서 홍군을 구성하는 '두 강'이 만났다. 1935년 6월 25일, 1

1937년 옌안에서 만난 장궈타오와 마오쩌둥. 장궈타오는 마오를 우습게 보지만, 역사의 주도권은 마오가 쥐었다.

방면군의 마오와 4방면군의 장궈타오가 손을 맞잡았다. 1923년 3차 전대에서 만나고 나서 12년 만이었다.

두 사람은 곧 긴 논쟁에 들어간다. 마오는 북으로 진군해 간쑤 성과 산시 성에 근거지를 마련하자고 주장한 반면, 쓰촨 성에 기반을 둔 장궈타오는 이곳을 벗어나기 싫었다. 오히려 쓰촨 성을 중심으로 삼아 서쪽으로 기반을 넓히고 싶어했다. 게다가 이 둘은 사이가 좋지 않았다. 장궈타오는 처음부터 당의 최고 엘리트로 인정받아 마오를 우습게 봤다. 또한 마오는 3만 명이 채 안 되는 지칠대로 지친 병사를 다독여야 했고, 장궈타오는 장비를 잘 갖춘 10만 병사를 거느리고 있었다. 장궈타오는 자기가 주도권을 잡아야 한다고 생각했다.

의견 차이를 조율하느라 홍군은 한 달 넘는 시간을 허비했다. 이곳에 사는 장족이 농사를 안 짓는 유목민이라 식량을 구하기 어려워 굶어 죽는 병사들만 늘어났다. 저우언라이가 군사위원회 총정치위원 자리를 장궈타오에게 내준 뒤에야 북상한다는 합의를 끌어낼 수 있었다. 장궈타오는 마지막 순간에도 마오의 부대(우로군)는 강의 동쪽, 곧 오른쪽에서 북쪽 방향으로 간쑤 성을 향해 진군하고 자기가 이끄는 부대(좌로군)는 강의 서쪽(왼쪽)에서 진군하겠다는 주장을 관철시켰다.

마오 부대가 간쑤 성으로 올라가려면 쑹판 초원을 통과해야만 했다. 지리를 잘 아는 현지인이 필요했다. 홍군은 마을 한 곳을 습격해 현지인 세 명을 잡아왔다. 길은 알지만 중국어는 모르는 좡족, 길은 모르지만 티베트어를 아는 후이족 상인, 이곳을 자주 여행해 길은 알지만 홍군에 협력하려 하지 않는 한족 상인이었다. 홍군은 이 세 사람을 앞장세워 초원으로 들어갔다.

쑹판 초원은 끝없는 풀밭과 아름다운 들꽃이 지천으로 피어 있어 아름답지만, 풀밭과 들꽃 아래에 숨어 있는 마르지 않는 물이 모여 깊은 늪을 만드는 죽음의 초원이었다. 멀쩡한 땅이 갑자기 끝없는 심연으로 바뀌어 말과 병사를 삼켜버렸다. 게다가 고원 지대라 8월 한여름인데도 우박이 쏟아지고 살을 에는 추위가 찾아왔다. 마실 물도 구할 수 없었고, 고여 있는 물은 녹물처럼 붉은색을 띠며 마시면 배탈이 나거나 이질에 걸렸다. 제대로 잠잘 만한 곳도 없었다.

사방에서 병사들이 얼어 죽거나 굶어 죽거나 늪에 빠져 죽었다. 배고픈 병사들은 소가죽 허리띠를 씹어 먹으며 허기를 달랬다. 소금이 모자라 갑자기 쓰러져 숨을 거두는 병사들도 있었다. 일주일 걸려 초원을 빠져나온 때 살아남은 병사는 얼마 되지 않았다. 다쉐 산보다 쑹판 초원이 더 고통스러웠다고 회상하는 사람이 많았다. 폐결핵에 걸린 저우언라이는 생사를 넘나들며 들것에 실려 초원을 건넜다. 마오도 숱한 어려움 속에서도 늘 지니고 다니던 애독서 《자치통감》을 버렸다.

또 다른 적, 내분

한편 장궈타오는 서북쪽에 자리한 아바에서 진군을 멈추고 강물이 불어 서쪽으로 올 수 없다는 전갈을 보냈다. 게다가 청두를 공격한다며 남하를 결정했다. 그리고 마오 쪽에 파견된 심복에게 우로군도 남하시키라는 비밀 명령문을 보냈다. 형식상 총지휘관은 장궈타오였다. 이 비밀 명령문을 입수하고 고민에 빠진 마오는 새벽에 우로군 중에 자기를 따르는 8000명만 데리고 북상을 시작했다. 마오는 이날을 자기 생애에서 '가장 암울한 날'이라고 회상했다.

마오 부대가 혼자 떠난 사실을 안 장궈타오의 부하들은 수적 우세를 활용해 마오를 쫓아가 전투를 벌이더라도 마오 부대를 끌고 올까 고민하다가 포기했다. 대신에 젊은 홍군 군사학교 사관생들을 파견했다. 사관생들은 마오 부대가 지나가는 마을에서 길목을 지키고 있다가 '비겁한 도망자 마오'라고 쓴 펼침막을 들고 야유를 보냈다. "도망자야, 어디로 도망가냐!" 마오는 고개를 숙인 채 그 사이를 지나갔다.

마오 부대가 북상하자 홍군이 초원을 건너기를 기다리던 국민당군이 공격을 시작했다. 죽음의 초원에서 굶주림과 추위에 시달린 홍군은 전투를 할 준비가 돼 있지 않았다. 국민당군은 회심의 웃음을 지으며 맹렬하게 몰아붙였다. 위기에 몰린 마오 부대는 자기 목숨을 버려 홍군을 살리기로 결심한 결사대가 희생한 덕분에 가까스로 포위망을 뚫고 북상했다.

간쑤 성 안쪽으로 들어가 산시 성으로 동진하는 길에는 마지막 장애물이 남아 있었다. 라쯔커우拉子口였다. 양쪽이 직각으로 깎인 절벽 사이에 급류가 흐르고 다리가 하나 놓인 천혜의 요새였다. 이 다리를 건너지 않으면 간쑤 성 안쪽으로 들어갈 수 없는데, 다리 건너편과 절벽 위에는 국민당군 진지가 버티고 있었다. 유일한 공격 방법은 절벽을 기어올라 국민당군 진지에 수류탄을 던져 넣는 것. 불가능한 임무였다. 그때 어린 먀오족 병사가 앞으로 다가왔다.

"제가 올라갈 수 있습니다."

"저기를 어떻게 올라가?"

"어릴 때부터 약초를 캐고 석청(벌꿀)을 따러 다녀서 절벽 오르는 데는 자신이 있습니다."

허리에 밧줄을 묶은 소년 병사는 끝에 쇠갈고리를 매단 대나무 장대를 들고 절벽으로 다가섰다. 소년 병사는 쇠갈고리를 나무뿌리나 나뭇가지에 걸어 날쌘 원숭이처럼 절벽을 올라갔다. 홍군 특공대는 어린 병사가 내려준 밧줄을 타고 절벽 위로 올라가 국민당군 진지를 박살냈다. 마오 부대는 마지막 장애물인 라쯔커우를 무사히 통과했다.

마오는 이곳에서 국민당 신문에 난 '비적' 토벌 작전 기사를 우연히 봤다. 산시 성 북부에 홍군 '비적'이 암약하고 있다는 내용이었다. 마오는 무릎을 쳤다. 목적지를 찾은 때문이었다. 동쪽으로 진군해 닝샤로 들어간 마오는 후이닝會寧과 류판 산六盘山을 거쳐 산시 성으로 향했다.

악연, 홍군과 좡족

"내가 장정 도중에 외국에 진 빚은 좡족에게 진 빚이 전부입니다. 언젠가는 우리가 빼앗은 것들을 돌려줄 겁니다." 마오는 1936년 에드거 스노우를 만나 한 인터뷰에서 이렇게 말했다. 홍군이 중요하게 생각한 세 가지 기율과 여덟 가지 주의 사항을 좡족한테는 어긴 사실을 마오 스스로 인정한 셈이다. 왜 그랬을까?

쓰촨 성 북쪽의 짱족 지역은 유목민 지대라 인구가 적고 식량이 부족했다. 짱족이 22만여 명 살고 있었고, 식량은 자급자족에서 조금 남는 정도였다. 그런 곳에 10만 대군이 들어왔다. 게다가 마오와 장궈타오가 논쟁을 벌이는 바람에 너무 오래 머물게 됐다. 식량이 부족할 수밖에 없었다.

짱족은 한족을 좋아하지 않았다. 장제스는 라마 고승을 특별 보좌관으로 임명해 라마 사원을 순화하면서 공산주의가 라마교와 짱족의 적이라고 설파했다. 짱족에게 무기도 줬다. 곡물을 숨기지 않는 사람은 곡물을 압수하며 홍군에게 곡물이나 식량을 파는 사람은 처형한다고 협박했다. 더 나아가 홍군은 사람, 특히 아이를 잡아먹는다는 헛소문을 퍼트렸다.

홍군이 짱족 지역에 들어온 때 짱족은 다 숨어버렸다. 아무도 없었고, 아무것도 없었다. 다른 지역처럼 식량을 사려고 해도 살 수 없었고, 대지주도 없어 식량 징발도 불가능했다. 밭에서 여무는 보리를 허락 없이 베고 짱족이 키우는 야크를 잡아먹었다. 식량을 빼앗긴 짱족은 기회 있을 때마다 홍군을 공격해 괴롭혔다. 어느 홍군이 짱족 지역에서 아주 충격적인 장면을 목격한 일을 회상했다. 나무 위에 뭔가 매달려 있어서 올려다보니 짱족이 홍군 네 명을 잡아 죽인 뒤 살갗을 벗겨 매달아놓았다. 여자는 가슴을 도려냈고, 남자 병사들 입에는 잘린 성기가 들어 있었다.

다른 소수 민족들하고 다르게 홍군과 짱족은 사이가 좋지 않았다. 짱족과 홍군 사이의 악연은 1950년대에 홍군이 티베트를 점령하기 이전으로 거슬러 올라갈 정도로 꽤 오래된 일이다. 물론 윈난 성 샹그릴라에 도착한 2방면군이 '작은 포탈라'로 불리는 쑹짠린쓰松贊林寺와 소수 민족의 종교를 존중한다는 협약을 맺고서 좋은 관계를 유지한 적도 있기는 하다.

쓰촨 지역에서도 홍군과 장족의 관계는 험악했다. 4방면군은 쓰촨성 서북부의 루훠에 있는 사원인 쇼링스壽靈寺를 상대로 치열한 전투를 치렀다. 승려 1000명이 머물던 이 사원은 홍군이 협상을 위해 특사로 보낸 장교를 세 번이나 죽이고 대화를 거부했다. 승려 수백 명이 밤에 말을 타고 나와 홍군의 목을 벤 뒤 사원 안으로 도망갔고, 홍군이 접근하면 총을 쏘거나 폭탄을 던지며 저항했다. 결국 홍군은 한 달이나 계속된 전투에서 병사 1000명을 잃은 뒤 사원을 점령할 수 있었다.

그때부터 문제였다. 쇼링스에 진입한 홍군은 충격에 빠졌다. 방마다 곡식과 말린 야크 고기, 소금, 설탕 등 먹거리가 넘쳐났다. 밖에서는 사람들이 굶어 죽는데 사원은 떵떵거리며 살고 있었다. 중국 공산당이 티베트 침공을 정당화하면서 내세우는 논리, 곧 티베트의 전통 질서는 봉건적 사원 경제에 기반한 압제 체제이며 홍군은 티베트 민중을 이런 압제에서 벗어나게 해준 해방군이라는 인식도 바로 장정에서 한 경험을 바탕으로 하지 않았을까.

7. 종착지에 다다르다

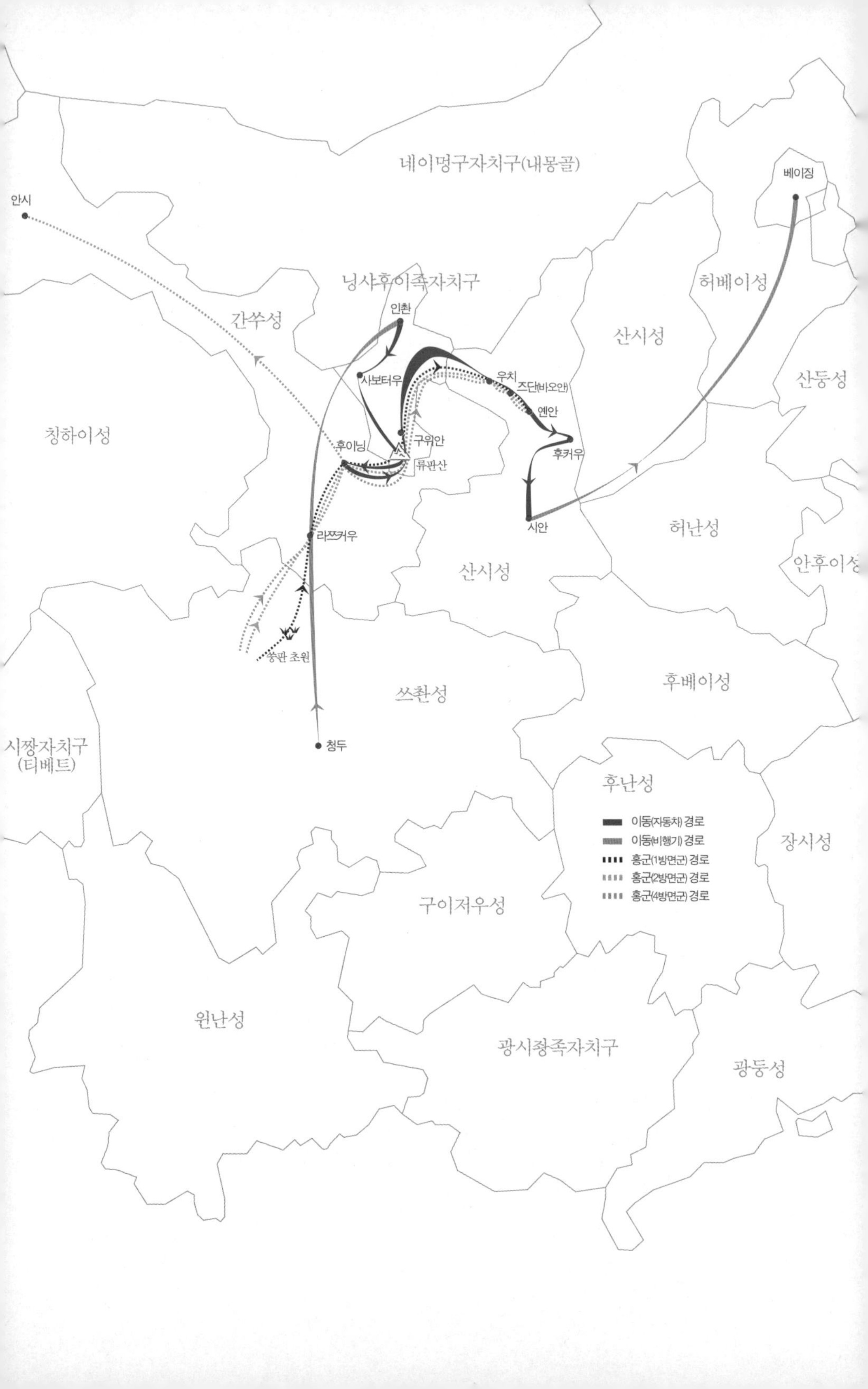

네이멍구자치구(내몽골)
베이징
안시
닝샤후이족자치구
간쑤성
인촨
허베이성
산시성
산둥성
사보터우
우치
즈단(바오안)
옌안
칭하이성
후이닝
구위안
류판산
후커우
시안
허난성
라쯔커우
산시성
안후이성
쑹판 초원
쓰촨성
후베이성
청두
시짱자치구
(티베트)
후난성
이동(자동차) 경로
이동(비행기) 경로
홍군(1방면군) 경로
홍군(2방면군) 경로
홍군(4방면군) 경로
장시성
구이저우성
윈난성
광시좡족자치구
광둥성

인촨으로 날아가다

4월 19일, 비행기를 타고 청두를 떠나 인촨으로 향했다. 짐이 많아 한 사람 요금이 넘는 돈을 화물 초과 요금으로 냈다. 공항은 티베트 문제 때문에 경비가 삼엄했다. 짐 검사도 까다로워서 카메라 배터리와 캠코더 배터리 때문에 엑스레이 검사를 세 번이나 받았다.

청두에서 인촨까지는 두 시간이 걸렸다. 닝샤후이족 자치구의 성도이자 실크로드 기차가 출발하는 인촨은 인구 60만 명인 도시로, 중국에서 나오는 구기자를 절반 넘게 생산하는 곳이기도 하다.

구이저우 성과 쓰촨 성에서는 내내 비가 오더니 인촨에 내리자 황토고원과 서부 사막의 땅답게 건조하고 상쾌했다. 낡고 오래된 구이저우와 쓰촨에서 본 도시들하고 다르게 신도시라 깨끗하기도 했다. 동부 해안 지방에서 번 돈으로 서부 내륙 지방을 개발하는 데 투자하는 서부 개발의 분위기를 느낄 수 있었다.

시안을 출발한 렌터카와 운전기사는 아직 도착하지 않았다. 오늘 차를 구해서 보낸 만큼 내일이나 돼야 도착한다고 했다. 먼저 숙소를 정한 뒤 택시를 타고 인촨 시내에서 가까운 서하西夏 왕릉을 둘러보기로 했다. 택시 기사는 한족이 후이족을 제대로 대접하지 않는다며 불만을 터트렸다. 평범한 후이족 사람이지만 저 옛날 서하 문명에 느끼는 긍지가 대단했다.

'동방의 피라미드'로 부르는 서하 왕릉.

서하는 11세기에 닝샤와 간쑤 지역에 탕구트족*이 세운 나라다. 경종 이원호李元昊가 재위할 때 황금기를 맞은 서하는 송나라에 바치던 공물을 중단하고 인촨을 도읍으로 삼아 대하大夏 황제를 선포했다. 이원호는 독자적인 문자를 만들고 《맹자》 등을 번역해 출간했으며, 독자 연호도 썼다. 송나라가 보낸 정벌군을 여러 차례 대파했다. 시안에서 출발하는 실크로드가 지나가는 통로에 자리해 많은 부도 축적했다. 찬란한 서하 문명은 엉뚱한 곳에서 쇠락하기 시작했다. 이원호는 미모가 뛰어난 며느리를 범하기 시작했다. 화가 난 아들은 술을 마신 채 침실로 찾아갔다. 침실 문 앞에서 밖으로 나오던 이원호를 마주치자 당황한 아들은 아버지의 코를 칼로 베었다. 이원호는 피를 많이 흘리는 통에 죽었다. 이원호가 세상을 뜬 뒤 서하는 점점 힘을 잃었고, 13세기 초 칭기즈 칸한테 멸망했다.

서하 왕릉 박물관은 벽에 커다란 서하 문자를 써놓았다. 독자적 문자를 만들 정도로 풍부하고 이색적인 서하 시대의 유물을 감상하고 왕릉으로 향했다. 거대한 흙더미 왕릉과 그 앞에 세운 능 탑들이 눈에 들어왔다. 아무리 왕릉이어도 황토고원에서는 흙으로 지을 수밖에 없으니 자연의 제약이란 참으로 무섭다. 흙으로 지은 덕분에 오랜 세월 풍화 작용을 거치며 지금처럼 자연스럽게 파이고 생채기가 난 멋진 왕릉이 탄생할 수 있었으니, 이런 축복 또한 자연이 부린 조화인 셈이다.

후이족이 후이족이 된 이유

인촨과 주요 장정 유적지인 류판 산은 닝샤후이족 자치구에 있지만, 또 다른 장정 유적지인 후이닝은 간쑤 성에 자리한다. 이 지역에는 모두 무슬림인 후이족이 많이 산다. 진시황이 중국을 통일하면서 몽골에 대응해 중국을 보호하려 만리장성을 쌓은 곳들로, 그때부터 본격적으로 중국에 속했다.

이 지역이 후이족하고 본격적으로 인연을 맺은 시기는 한나라 때다. 한무제는 북방 지역의 오랑캐에 맞서 싸우기 위해 천마, 곧 하루에 1000리를 달리는 말을 구하고 싶어했다. 실크로드를 거쳐 명마를 가진 중동의 사라센 제국** 으로 서신을 보내는 등 이슬람 제국하고 교류도 강화했다. 한나라의 도읍인 시안에는 아라비아에서 온 이슬람 유학

* 6~14세기 초에 중국 북서부에서 활동한 민족. 티베트계의 일족이다.

** 7~13세기까지 아시아와 유럽, 아프리카 지역을 무대로 활동한 이슬람 왕조들을 합쳐서 부르는 말로, 사라센 제국이 따로 있지는 않았다.

중국식 전통 가옥 형태를 한 이슬람교 사원. 이슬람을 상징하는 별과 초승달이 보인다.

생이 넘쳐났다. 이슬람 유학생이 너무 늘어나 골치가 아픈데다가 미개척지를 건설할 필요성도 느낀 한나라는 유학생 중에서 3000명을 뽑아 황무지나 다름없는 인촨과 닝샤로 강제 이주시켰다. 이슬람 유학생들이 고향에 돌아가지 않게 한족 여인들하고 결혼도 시켰다. '미인계'나 '가족 볼모' 작전은 소용이 없었다. 유학생들은 기회만 닿으면 탈출해 고향으로 돌아가려 했다. 그래서 '돌아갈 회回' 자를 붙여 '후이족回族'이라고 부르게 됐다.

유서 깊은 이슬람교 사원인 청진사淸鎭寺를 찾아갔다. 소수 민족의 종교 생활을 가까운 곳에서 보고 싶었다. 양옆에 목소리로 기도 시간을 알리는 높은 망루가 있고 가운데 돔이 자리한 전형적인 이슬람교 사원이었다. 청진사도 큰 보수 공사를 하느라 제대로 볼 수 없었다. 아쉽게도 사원과 근처 상점에서 이슬람 분위기를 느끼는 데 만족했다.

닝샤에는 아무리 작은 마을에도 단칸방만한 작은 이슬람교 사원이 있었다. 신앙심이 무척 깊다는 증거였다. 일반적인 돔 모양 사원이 아니라 전통 중국식 가옥인데, 지붕에 매단 별과 초승달을 보고 이슬람교 사원이라는 사실을 알 수 있었다. 닝샤에 사는 후이족은 이제 고향으로 돌아가려 하지 않지만, 오랜 세월 동안 수만 리 떨어진 이국땅에 살면서도 신앙은 지키고 있다. 종교의 힘이란 이토록 무섭다.

붉은 책을 든 홍위병

4월 20일. 렌터카가 점심때나 도착한다고 해서 오전에 서부 영화세트장西部影視城에 들렀다. 중국에서 영화나 드라마를 촬영할 때 이곳을 많이 이용하는데, 명나라 세트장과 청나라 세트장을 갖췄다.

촬영장에는 볼거리가 많았다. 달빛만 뜬 모래 언덕에 반달형 문이 서 있고 낙타들이 그 옆을 지나가는 실루엣 장면으로 유명한 촬영 장소를 봤다. 또한 공리가 출연한 영화 〈붉은 수수밭〉을 촬영한 세트도 있었다. 공리가 사는 살림집과 공리가 운영한 고량주 양조장도 눈에 띄었다. 양조장에 들어가니 남자 주인공이 냉담한 공리 때문에 화가 나 술에 취해서 술독에 오줌을 누던 장면이 떠올라 웃음이 났다.

정작 내 관심을 끈 세트는 따로 있었다. 명나라 거리 한가운데에서 난데없이 1950년대 마오의 극좌 노선을 상징하는 '인민공사 만세!'라고 쓴 펼침막이 보였다. 문화대혁명 시기를 촬영할 때 쓰는 세트였다. 가운데에 마오의 얼굴을 그리고, '마오쩌둥 주석, 만수무강을 축원합니다'는 개인 숭배 문구를 적고, 단상에 붉은 마이크와 붉은 책(마오 어록집)이 놓여 있었다. 그 앞에는 '반혁명 분자'라는 팻말을 목에 걸고

문화대혁명 시기를 재현한 세트는 단번에 눈길을 사로잡았다. 홍위병 옷을 입고 마오 어록을 든 채 사진을 찍었다. 이 아이는 무엇을 안다고 세상을 응징했을까.

손을 뒤로 묶인 채 엉덩이를 내밀고 몸을 앞으로 숙인 남성의 모형이 있었다. 남성의 엉덩이를 차는 연기를 하기 쉽게 만들어놓은 듯했다.

홍위병紅衛兵* 옷을 입은 한 중국인이 단상에 올라가 사진을 찍는 모

* 문화대혁명 때 마오쩌둥을 지지하는 대학생과 고등학생이 주축이 돼 붉은 완장을 차고 낡은 전통과 자본주의적 요소를 없애야 한다며 숙청에 앞장선 극좌적 행동대.

습이 보였다. 돈을 주면 홍위병 옷을 빌릴 수 있었다. 광기의 시절이 추억거리가 될 정도로 중국인들은 이제 아픔을 극복한 모양이었다. 나도 기념으로 홍위병 옷을 입고 단상에 올라 사진을 찍었다. 젊은 시절 관념적 이상론을 바탕으로 문화대혁명을 지지한 내가 부끄러웠다(8장 〈장정을 끝내며〉 참조).

뒤쪽에는 문화대혁명 때 지식인을 농촌 등으로 하방시켜 육체노동을 시키던 현장이 생생히 재현돼 있었다. 집단 수용소 막사, 집단 주방, 집단 식당이 있고, 그 앞에서 집단 노동을 하는 지식인들 모형이 사실적이었다. 문화대혁명 시대로 되돌아간 느낌이었다.

'반혁명 진압을 견지하자', '수정주의와 제국주의를 철저히 매장시키자.' 사방에 써놓은 구호들이 섬뜩했다. 수정주의와 제국주의를 철저히 매장시키자는 구호 옆에 그려놓은 그림은 섬뜩했다. 반소매 옷과 반바지를 입고 붉은 완장을 두른 채 붉은 마오 어록을 든 10대 초반의 앳된 소년이었다. 저런 아이가 무엇을 안다고 세상을 응징했을까. 달구지를 끌고 있는 지식인이 나처럼 보였다.

사보터우沙波頭

서부 개발, 사막, 황허

드디어 운전기사가 도착했다. 지금까지 만난 기사들 하고 다르게 40대 중반이었다. 나이는 좀 있지만 잘생긴 얼굴에 배우 주윤발을 닮아 '산시 성 주윤발'이라는 별명이 붙었다. 시간이 늦어 장정 유적지인 류판 산까지 가기는 어려웠다. 중간에 있는 사보터우에서 자기로 했다. 사보터우는 중국 5대 사막에 꼽히는 텅거리騰格里 사막의 끝머리에 자리하는데, 사막을 구경하면서도 모래 언덕에서 황허黃河 강을 내려다볼 수 있는 특이한 곳이다.

사보터우로 가는 길은 새로 뚫은 고속도로였다. 동부 해안가에 세계 시장을 겨냥한 제조업을 발전시켜서 번 돈으로 낙후한 서부 내륙 지방에 투자해 도로 등을 건설하는 서부 개발 방식은 사회주의와 자본주의의 장점을 합친 프로젝트인 셈이다. 시장과 이윤의 논리가 지배하는 자본주의에서 누가 장기적 관점에 기반해 큰돈을 들여 이런 투자를 하겠는가?

사보터우로 가려면 반드시 지나야 하는 중웨이中衛에서 이런 생각은 더욱 확고해졌다. 중웨이로 들어가자 사막 한가운데인데도 인공으로 물을 끌어 들여 끝없는 물의 공원을 만들었고, 차가 많지도 않은데 중국에서는 찾아보기 힘든 8차선 도로까지 깔았다. 중국이 아니라 미국의 어느 부자 동네에 온 기분이었다. 이 돈은 다 어디서 온 걸까? 중앙

사막 한가운데 모래 언덕에서 황허 강을 볼 수 있는 사보터우.

정부가 많이 지원을 할 텐데, 괜한 낭비 같았다. 서부 개발에 얼마나 많은 돈이 투자되는지 실감할 수 있는 최선의 장소이기는 했다.

사보터우는 정말 색다른 곳이었다. 높은 모래 언덕 아래로 누런 황허 강이 흘렀다. 사막과 강. 전혀 안 어울리는 조합을 한곳에서 볼 수 있었다. 케이블카를 타고 모래 산을 내려가 '중국의 슬픔'이라는 황허 강에 손을 담갔다. 양 내장에 공기를 불어 넣어 만든 먀오족 전통 뗏목을 타고 래프팅을 즐기는 사람들도 있었고, 번지 점프를 하는 젊은 이들도 보였다.

사보터우 건너편에 있는 사막으로 갔다. 낙타를 타고 30분 정도 가야 좋은 경치가 나온다고 해서 낙타를 탔는데, 높은 곳에 있는 전망대는 낙타가 못 올라가는 바람에 결국 걸었다. 발이 푹푹 빠져 걷기가 힘들었다. 한참을 고생하다가 전망 좋다는 모래 언덕에 도착했다.

낙타를 타고 사막을 이동한 일행들.

아쉽게도 구름이 너무 많아 일몰 때 아름다운 붉은색이 나타나지 않았다. 아주 추운데다가 숙소를 찾으러 가야 해서 얼른 포기하고 내려왔다. 낙타를 타고 처음 출발한 곳으로 돌아가기 시작했다. 그러다가 10분 정도 지나서 문득 뒤를 돌아봤다. 눈앞에 환상적인 붉은색 황혼이 펼쳐졌다. 10분만 기다리면 기막힌 장관을 볼 수 있었다. 조급함 때문에 다시 없을 좋은 기회를 망친 내가 부끄럽고 화났다.

후이닝會寧

드디어 만난 1, 2, 4방면군

다시 장정을 재개했다. 우선 남쪽으로 내려가 류판 산으로 가다가 다시 후이닝까지 나아가야 한다. 장정 길을 반대로 가고 있는 만큼 후이닝에 도착해 거기부터 홍군이 행군한 대로 서쪽으로 달려와야 장정 때 느낌을 제대로 살릴 수 있다. 그러면 시간이 늦어져 류판 산에 도착할 무렵에는 기념관이 문을 닫는다. 할 수 없이 류판산 기념관을 먼저 들르고 후이닝으로 가기로 했다(다만 홍군이 간 경로를 좇아 후이닝 이야기를 먼저 한다).

후이닝은 얼마 전 티베트 사태 때 시위가 벌어진 간쑤 성의 성도 란저우蘭州 동남쪽에 자리한 작은 도시다. 외국인이 간쑤 성에 진입하지 못하게 막아서 걱정했는데, 들어가는 데 문제는 없었다. 간쑤 성이라고 해도 짱족이 거의 안 살기 때문인 듯했다. 오히려 후이족이 많았다.

붉은 홍기에 장정 도시라고 쓴 장식을 쭉 걸어놓은 가로수는 이곳 사람들이 느끼는 높은 긍지를 보여줬다. 좁은 골목길을 지나 기념탑과 기념관으로 향했다. 사진에서 본 적 있는 중국 전통 가옥 양식의 높은 탑이 나타났다. 바로 1, 2, 4방면군 회합 기념탑이다. 1, 2, 4방면군을 상징하는 붉은 기를 세워놓고 그 뒤에 '중국 노동자·농민 1, 2, 4군 회합 기념탑'이라고 쓴 10층 탑이었다. 소총 모양 조각을 붉은 천으로 감싼 기념탑도 있었다. 힘차게 뻗은 조각 맨 꼭대기에는 별이 하나 서 있

1, 2, 4방면군 회합 기념탑(왼쪽)과 1, 2, 4방면군 회합 기념 조각(오른쪽).

었고, 결연한 표정을 한 홍군 얼굴도 보였다. 광장에는 고등학생들이 단체로 와서 도열하고 있었다. 장정 역사 현장 학습인 듯했다.

기념탑으로 올라갔다. 펄럭이는 군기와 광장을 내려다보니 1936년 10월 19일 이 광장에 모여 덩실덩실 춤을 춘 병사들이 떠올랐다. 사실상 이날 있은 해후로 홍군이 감행한 기나긴 장정은 끝을 맺었다. 물론 마오를 비롯한 중앙군(1방면군)은 이미 1935년 10월 18일에 우치에 도착해 368일 만에 기나긴 장정의 막을 내렸다. 우리가 흔히 장정이 끝났다고 말할 때는 이날을 가리킨다. 그때 2방면군과 4방면군은 아직도 장정을 계속하고 있었다. 그러다가 1년 뒤인 1936년 10월이 돼서야 이 지역에 가까이 왔다. 소식을 들은 마오는 2방면군과 4방면군을 맞이할 선발대를 보냈다. 중앙군 선발대는 10월 2일에 인구 2000명인 후이닝으로 진격해 도시를 장악했고, 저우언라이가 도착해 2군과 4군을 맞을 준비를 했다. 10월 8일, 장궈타오가 4방면군을 이끌고 후이닝에 들어왔다. 10일, 이 자리에서 성대한 환영 행사가 열렸다. 이미 이 지역을 지나친 허룽과 2방면군은 연락을 받고 19일 후이닝으로 돌아왔다.

세 부대는 축제로 밤을 지새우며 다시 만난 기쁨을 누렸다. 이렇게 해서 홍군 전체의 장정이 끝났다. 12월 2일, 저우언라이, 장궈타오, 허룽은 함께 말을 타고 마오가 기다리는 바오안保安(뒤에 즈단志丹으로 바뀌었다)에 입성했다.

장궈타오와 4방면군의 비극

마오의 최대 라이벌 장궈타오와 4방면군이 쑹판 초원 앞에서 마오 부대하고 헤어져 아바로 들어간 일은 이미 이야기했다. 겨울이 오고 있었다. 쓰촨 성 북쪽에서 겨울을 날 수 없던 장궈타오는 공세로 돌아섰다. 마오 부대가 장정을 거의 끝내던 1935년 10월 10일에 청두를 공격하겠다며 남하를 시작했다. 장궈타오 부대는 남쪽으로 내려가 루딩 교로 향했다. 또 다른 부대는 샤오진에서 다쉐 산을 넘어 바오싱으로 진군했다. 마오가 진군한 방향하고 반대로 움직인 셈이었다. 4방면군은 국민당군 핵심을 격파하며 청두에 가까워졌다. 장궈타오는 자신감에 넘쳤고 병사들도 사기가 높았다. 그러나 장제스는 청두를 방어하는 데 20만 대군을 투입했다. 평지에 전선이 그어지면서 국민당군이 퍼붓는 폭격이 힘을 발휘했다. 장궈타오는 일주일 만에 병력 1만 명을 잃고 애초 출발한 간쯔로 밀려났다. 병력도 4만 명 아래로 쪼그라들었다.

이때 모스크바에서 보낸 밀사가 나타났다. 린뱌오의 사촌인 밀사는 마오를 만나 아돌프 히틀러와 베니토 무솔리니 등 파시즘이 대두하는 유럽의 정세를 설명하면서 위기의 시대에 당이 단결해야 한다고 설명했다. 장궈타오하고 오랜 친분이 있는 밀사는 무선으로 장궈타오도 설득했다. 밀사가 중재한 덕분에 타협하게 된 장궈타오는 중앙군에 합류하기로 결정하고 후이닝으로 왔다.

4방면군의 시련은 아직 끝나지 않았다. 문제는 엉뚱한 곳에서 터졌다. 1936년 9월 소련은 중요한 결정을 내렸다. 마오와 중국 공산당이 요청한 항공기, 중포, 포탄, 대공 기관포 중 항공기와 중포만 빼고 많은 무기를 지원하기로 했다. 홍군은 세 부대가 연합군을 구성해 물품을 건네받기로 한 외몽골까지 돌파하기로 했다. 마오 부대 2만 명, 허룽 부대 2만 명, 장궈타오 부대 4만 명 등 모두 8만 명이 모인 군대의 총지휘관으로 마오가 추대됐다.

10월 19일 후이닝에서 합류한 1, 2, 4방면군은 소련이 지원하는 군수 물품을 받으러 닝샤의 황허 강을 건너 외몽골로 북상하기로 했다. 10월 24일 4방면군 소속 여성 부대를 포함한 선발대가 황허 강을 건넜다. 그러나 국민당군이 폭격을 시작하는 바람에 후발대는 강을 건너지 못한 채 작전을 포기했다. 부대를 둘로 나눈 4방면군은 절반인 2만여 명이 이미 강을 건너 전진하고 있었다(비판적 학자들은 마오가 일부러 4방면군을 위기로 몰아갔으며, 이미 강을 건넌 4방면군 선발대에 작전이 취소된 사실을 알리지 않아 부대를 전멸시켰다고 주장한다).

황허 강을 건너 서쪽으로 이동한 4방면군 선발대는 보급이 중단되고 고립된 뒤 추위와 기아에 시달리다가 지역 소수 민족의 공격까지 받아 거의 전멸했다. 여성 부대는 대부분 적군에 붙잡혀 윤간을 당하고 사창가에 팔렸다. 당 내부의 권력뿐 아니라 병력도 절반 넘게 잃은 장궈타오는 풀 죽은 채 저우언라이와 허룽하고 함께 에 마오가 기다리는 바오안에 입성했다. 그 뒤 잘못된 노선 문제로 정치위원회에 정식 기소되는 등 궁지로 몰린 장궈타오는 1938년 국민당군에 귀순했다.

허룽 장군과 2방면군

허룽 장군이 이끈 2방면군의 행적은 4방면군에 견주면 상대적으로 순탄했다. 후난 성 서북쪽에 근거지를 둔 허룽 부대가 중앙군을 만난 사연은 이미 살펴봤다. 구이저우 성 스첸으로 허룽 부대를 찾으러 나선 중앙군 선발대는 성당을 점령하고 지도를 발견한 뒤 허룽 부대가 있는 곳을 알아냈다(4장의 '푸른 눈의 선교사' 참조).

허룽 부대는 후난 성과 구이저우 성의 경계를 오가며 간신히 연명하고 있었다. 그러다가 중앙군이 건너간 우 강 근처의 마을에서 주더 장군이 부대를 이끌고 서쪽으로 간 소식을 알게 됐다. 중앙 지도부의 행방을 알게 된 2방면군은 구이저우 성을 가로질러 서쪽으로 이동하기 시작했다. 2방면군은 서쪽으로 이동하면서 가끔씩 국민당군을 만나 치열한 전투를 벌였다.

구이저우 성을 횡단한 2방면군은 윈난 성 군벌 룽윈에게 중국 고사를 들어 서로 다투면 모두 장제스에게 먹힐 테니 싸우지 말자는 밀서를 보낸 뒤 윈난으로 진격했다. 다리를 건너 윈난으로 들어가자 룽윈이 홍군의 진군을 막으려 대규모 병력을 보낸 정보가 들어왔다. 화난 허룽은 쿤밍을 공격하라고 명령했다. 깜짝 놀란 룽윈이 병력을 철수해 쿤밍을 방어하는 데 집중하면서 윈난 성을 통과하는 홍군을 묵인했다.

1927년 난창의 모습과 허룽 장군을 찍은 전시물.

중앙군은 위안머우를 거쳐 진사 강을 건너갔지만 2방면군은 윈난 성 안쪽으로 깊숙이 들어갔다. 쿤밍을 거쳐 서북쪽으로 진군해서 세계 문화유산으로 등재된 고성으로 유명한 리장에 입성했다. 리장에서 전투는 벌어지지 않았고, 한족과 나시족納西族이 나와 홍군을 환영했다.

샹그릴라로 북상한 2방면군은 유명한 라마 불교 사원인 쑹짠린쓰하고 짱족의 소수 민족 종교를 존중한다는 협약을 맺은 뒤 좋은 관계를 유지했다. 1936년 4월 말 2방면군은 진사 강을 건넜다.

2방면군은 부대를 둘러 나눴다. 한 부대는 메이리쉐 산을 거쳐 티베트 국경을 따라 북상해 쓰촨 성의 서북쪽 끝으로 진군했다. 다른 부대는 약간 동북쪽으로 올라가 자기들이 진정한 샹그릴라라고 주장하는 다오청을 거쳐 북상했다. 그러다가 1936년 6월 말에 간쯔에 도착했다. 그곳에는 장궈타오가 이끄는 4방면군이 있었다. 허룽은 이곳에서 잠깐

쉬면서 장궈타오를 만나 정보도 교환했다. 그러나 장궈타오하고 계속 뜻을 같이하지는 않았다. 마오와 1방면군이 산시 성에 머물고 있다는 소식을 들은 허룽은 행동을 같이하자는 장궈타오를 뿌리치고 다시 길을 나섰다.

류판 산六盘山

마지막 고산을 넘다

후이닝을 떠나 류판 산으로 향하자 전형적인 황토고원이 나타났다. 모든 것이 반대였다. 보통 평지에 강이 흐르고 높은 곳에 산이 보인다. 후이닝은 모든 것이 밑에 있다. 차가 달리는 평지가 고원이기 때문에 길 옆에 깊은 계곡이 지나가고, 계곡 아래에 물이 흐르고, 마을도 계곡 아래에 있었다. 집으로 '올라가지' 않고 '내려가며', 평지로 '내려가지' 않고 '올라간다.'

황토고원에서 본 가장 특이한 모습은 한쪽으로 치우친 지붕과 집의 구조였다. 이 지역 전통 가옥은 평범한 중국 전통 가옥처럼 지붕 가운데가 높고 양쪽이 낮은 형태가 아니었다. 한쪽이 높고 한쪽이 낮은 구조였는데, 낮은 쪽은 마당 안쪽을 향했다. 모든 것이 척박하고 비마저 귀한 곳이라 지붕에서 흘러내리는 빗방울이 남의 집으로 가지 못하게 하려는 설계였다.

좋지 않은 길을 두 시간쯤 달려 류판 산에 도착했다. 류판 산은 쓰촨에서 본 설산들에 견줄 수는 없다고 해도 홍군이 넘은 마지막 고산이었다. 진시황부터 한무제, 당태종 이세민 등이 서쪽과 북쪽을 정벌하려고, 칭기즈 칸은 반대로 남쪽을 정벌하려고 넘은 유서 깊은 산이다. 해발 2800미터로 지금은 터널이 뚫려 있지만, 마오와 홍군이 넘을 때만 해도 구름 사이로 구불구불한 산길을 지나가야 했다. 마오가 이 산

오른쪽 귀에 마오가 시를 지은 정자가 보이고, 그 밑에 차례대로 구호와 홍군 조각이 있다.

을 넘으며 〈류판 산〉이라는 시를 지으면서 유명해지기도 했다. 그 시를 지은 곳에 정자가 있다고 해서 찾아갔다.

큰 길에서 벗어나 작은 길을 따라 산속으로 꽤 들어갔다. 가파르고 꼬불꼬불했다. 산꼭대기로 올라가자 얼마 전에 지은 '류판산 장정 기념관'이 나왔다. 아무도 오지 않는 주변에 어울리지 않게 이 기념관도 무척이나 컸다.

바람이 아주 거세어서 차에서 내리니 무척 추웠다. 기념관 앞에는 마오가 시를 지은 정자가 있었고, 아래쪽에는 '장정 정신을 확장해 화해 사회 건설하자'는 구호를 쓴 커다란 선전판이 보였다. 후이족 특유의 창이 없는 모자를 쓴 목동이 양을 몰고 가는 사이를 홍군이 행진하는 조각이 있었다.

이 기념관에서 무엇보다도 관심을 끈 대상은 기념관 왼쪽에 세운

중국 특색 사회주의의 본질을 곰곰이 생각하게 한 선전판.

커다란 선전판이었다. 붉은 바탕에 흰 글씨로 '중국적 특색의 사회주의의 깃발을 높이 들고 샤오캉小康 사회*를 달성하자'고 쓰여 있었다. 중국에 와서 많은 구호를 유심히 보고 다녔지만 '중국 특색 사회주의'라는 구호는 처음이었다.

난창에서 만난 택시 기사가 중국 특색 사회주의란 결국 자본주의라고 얘기한 일이 다시 떠올랐다. 자기들이 고난에 찬 장정을 통해 건설하려던 사회가 중국 특색의 사회주의인지 마오에게, 그리고 홍군에 참여한 노동자와 농민에게 묻고 싶었다.

* 일반 국민이 중산층(중급) 정도의 생활 수준을 누리는 사회.

'장정 정신은 영원히 빛나리라'고 쓴 거대한 조형물 뒤에 기념관이 있다.

시인 마오

1, 2, 4방면군을 상징하는 붉은 깃발을 길게 옆으로 펼친 모양 위에 장쩌민江澤民이 한 말 '장정 정신은 영원히 빛나리라'를 써놓은 거대한 조형물을 지나 긴 계단을 올라가니 기념관이 나왔다. 거대한 시설이지만 아무도 오지 않아 문이 닫혀 있었다. 다행히 안에서 지나가던 직원이 우리를 보고 문을 열어줬다. 단체 관람 말고는 관람객이 안 온다고 했다. 길이 나쁘고 교통수단도 없어서 오고 싶어도 올 수가 없겠다.

여러 장정 기념관에서 하도 비슷비슷한 진열물을 봐서 별로 새롭지 않았다. 다만 류판 산의 역사를 소개한 부분이 흥미로웠다. 오래전 지은 다른 장정 기념 시설들하고 다르게 얼마 전 문을 연 덕분에 빠르게 성장한 중국의 경제력을 자랑하는 듯 규모도 크고 돈도 많이 들였다. 산꼭대기에 이런 시설을 지으려면 장정 정도는 아니지만 큰 고생을 할

마오의 시를 새긴 거대한 비석 앞에 선 내가 아주 작아 보인다(왼쪽). 마오는 이 길을 내려다보며 시를 지은 듯하다(오른쪽).

수밖에 없을 텐데, 사람들도 못 오는 곳에 이런 큰 시설을 지을 필요가 있을까? 스첸에서 본 소박한 시설이 장정 정신에 더 맞지 않을까?

기념관을 나오려는데 안내원이 옥상으로 올라가자고 했다. 옥상에는 높이 50미터가 넘는 거대한 장정 기념비가 있었다. 지금껏 본 기념물 중에서, 아니 존재하는 장정 기념물 중에서 가장 컸다. 비석이라 그런지 조각도 없고 밋밋한 성냥갑 모양이어서 멋은 없었다. '류판산 홍군 장정 기념비'라고 쓰인 비석에는 마오가 지은 시를 필체까지 그대로 옮겨 새겼다. 바람이 많이 불고 무척 추워도 옥상 끝으로 가 아래를 내려다봤다. 마오가 류판 산 꼭대기에서 마주친 굽이굽이 길이 보였다. 추위에 떨면서 마오가 쓴 시를 읊었다.

하늘은 높디높고 구름조차 맑은데天高云淡
남으로 줄지어 나는 기러기, 시리도록 바라본다望断南飞雁
장성에 이르지 못한다면 누가 대장부라 부르랴不到長城非好汉
지나온 길을 헤어보니, 어느덧 2만 리屈指行程二萬
류판 산 고개 마루 위에서六盘山高峰
홍기는 서풍 받아 힘차게 펄럭인다紅旗漫卷西風
말고삐를 움켜쥐고 먼 길을 걷는 오늘今日长缨在手
타고 온 저 말, 매어둘 날이 언제일까何时缚住苍龙

우치吳起

이상한 고속도로와 만리장성

시간이 늦어 부근에 있는 구위안固原에서 잠을 잤다. 식당에서 독한 백주를 한 잔 마시려 했는데, 이슬람교 지역이라 맥주 말고는 팔지 않았다. 대신 돈을 내면 유명한 아라비아 물담배를 필 수 있었다. 6년 전에 끊은 담배를 다시 피고 싶지 않아 겨우 참았다.

4월 22일, 드디어 홍군의 종착지인 산시 성으로 향했다. 국도를 따라 동쪽으로 이동하다가 또 공사 중인 길을 만나 더는 갈 수 없었다. 다시 구위안으로 돌아온 우리는 고민에 빠졌다. 마땅한 대안이 없었다. 결국 한참 돌아가더라도 다시 인촨 방향으로 가다가 인촨에서 산둥 성山東省 칭다오青岛까지 뚫린 대륙 횡단 고속도로를 타고 산시 성으로 들어가서 우치에 가기로 했다. 인촨으로 가는 고속도로를 타자 후허하오터呼和浩特(네이멍구 자치구內蒙古自治區에 있는 도시)라고 쓴 안내판이 보였다. 이 길을 따라가면 2년 전 들른 내몽골까지 갈 수 있다는 말이었다. 옛 추억이 떠올라 반가웠다.

고속도로에는 차가 한 대도 없어 도로를 전세 낸 기분이었다. 얼마나 달렸을까, 갑자기 톨게이트가 나왔다. 목적지가 아직 멀었는데 요금소라니? 닝샤후이족 자치구가 끝나고 산시 성이 시작되는 곳이었다. 중국은 성이 바뀌면 요금을 다시 내야 한다. 우리 기준으로는 정말 이상한 고속도로다. 서울에서 부산 가는데 경기도 끝에서 돈을 내고, 다

끝없이 펼쳐진 황토고원.

시 표를 받아 충청도 끝에서 또 요금을 낸다고 생각해보라. 행정력 낭비다. 다르게 보면 지방 자치가 그만큼 잘된다는 얘기일 수도 있겠다.

한참 달리자 옆으로 비바람에 깎인 흙더미가 여러 개 나타났다. 만리장성이었다. 만리장성 하면 돌로 쌓은 성을 떠올리지만, 황토고원답게 이쪽은 흙으로 만든 토성이었다. 선입견은 강한 법이라 흙으로 만든 만리장성이 무척 어색하게 느껴졌다. 여하튼 고속도로를 달리며 만리장성을 감상하는 경험도 색달랐다.

아무 쓸모없는 흙더미로 바뀐 만리장성을 보니 아직도 쓰촨 성 농민들의 젖줄이 되고 있는 두장옌이 떠올랐다. 나는 다음 세대에게 만리장성이 될 것인가, 두장옌이 될 것인가. 부끄러운 일이다.

인터뷰

중국의 '젓줄' 트럭 기사의 고단한 삶

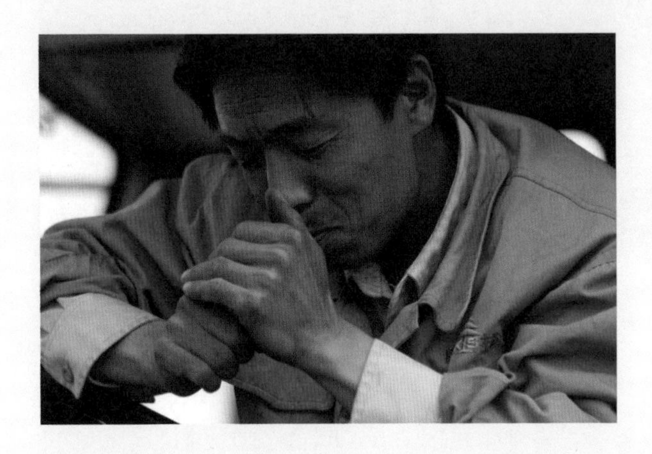

점심을 먹으러 휴게소에 들어가니 커다란 트럭이 정비 중이었다. 여행 내내 트럭 기사를 만나고 싶었다. 오늘은 기회가 좋았다.

차가 고장나 고생이 많다. 한국에서 온 기자인데, 중국 트럭 기사의 삶이 궁금하다. 개인적인 상황은 어떤가?

나는 위험물을 운반한다. 위험물 운반은 개인에게 허가를 안 내주기 때문에 회사 차다. 그래도 작년까지는 개인 트럭을 몰아서 그쪽 생활을 잘 안다. 그러니 알고 싶은 대로 물어봐라.

두 달 동안 여행하면서 보니 트럭 기사들이 고생이 많다. 생활은 어떤가?

트럭 기사도 여러 종류가 있는데, 당신은 아마 장거리 트럭 기사를 봤지 싶다. 그 사람들이 가장 고생을 많이 한다. 물론 수입도 가장 많지만. 장거리를 뛰니 열흘 넘게 걸릴 때도 많고, 다시 짐을 싣고 올 화주를 기다려야 한다. 고향이 아니라 제3의 장소인 경우가 많고, 거기서 다시 고향 오는 짐을 기다리고 해서, 평균 한 달에 한 번 집에 온다. 한 달에 25일은 길에서 보낸다고 생각하면 된다. 생활이 생활이 아니다. 가정도 엉망이지…….

수입은 얼마나 되나?

사람마다 다르지만 한 달에 들어오는 돈이 평균 8~9만 위안이라고 보면 된다. 더 적으면 안 된다. 손해 본다는 뜻이다. 차 할부금, 연료비, 경비 등을 빼면 손에 3~4만 위안 남는다. 그 돈을 셋이 나눈다. 기사 세 명이 교대로 운전하기 때문이다. 한 사람당 1만 위안(140만 원) 번다고 보면 된다.

그래도 그 정도면 중국 기준으로 많이 버는 것 아닌가?

맞다. 그러나 그 고생을 생각해봐라. 그리고 너무 힘들어 오래 할 수가 없다.

장정의 종착지, 우치

1935년 10월 18일, 류판 산을 떠난 마오와 홍군 8000명은 드디어 산시 성 우치에 도착했다. 긴 장정의 끝이 가까워졌다. 그러나 닝샤 군벌 산하 35사단 기병대가 홍군의 후미를 쫓고 있었다. 마오는 펑더화이를 불러 기병대가 더는 추격하지 못하게 하라고 지시했다. 마오의 특별 지시인 만큼 펑더화이는 직접 전투를 지휘했고, 마오는 나중에 승리산으로 불리는 야산의 꼭대기에 있는 나무 아래에서 전투 장면을 지켜봤다. 펑더화이는 참호를 한 뒤 저격수들을 학익진으로 매복시켰다. 기병대가 사정거리로 들어왔다. 펑더화이는 기병대 전체가 학의 품안에 다 안길 때까지 기다리다가 사격 명령을 내렸다. 기병대는 몰살당했다.

국민당군의 추격은 결정타를 맞고 끝이 났다. 중앙군의 도주도 드디어 마무리됐다. 2방면군과 4방면군은 아니지만 중앙군은 사실상 장정이 끝난 셈이었다. 장정을 '368일 장정'이라고 부르는 이유도 1방면군을 기준으로 하기 때문이다. 그러나 살아남은 사람은 8000명도 되지 않았다(4000명밖에 안 된다는 설도 있다). 8만 5000명이 떠나서 10분의 1 아래로 줄어들었다. 게다가 처음부터 참가한 사람은 3000명 정도만 남았다. 살아남은 일 자체가 승리였다.

우치로 가는 길은 쉽지 않았다. 고속도로를 벗어나자 이제는 몸에 밴 시골길이 나타났다. 황토고원을 달리는 길답게 먼지가 많았다. 창밖으로 황토고원 특유의 토굴집들이 보였다. 토굴 앞에는 노새들이 매여 있는 한가로운 모습이었다.

드디어 우치에 도착했다. '우치, 중앙 홍군 장정 승리 종착지'라는 대형 선전판이 우리를 맞았다. 2만 5000리 장정의 종착지에 다다랐다. 가슴이 뭉클했다. 시내로 들어가 장정 광장을 구경한 뒤 사람들한테

마오는 승리산에 있는 이 나무 밑에서 펑더화이 장군이 벌이는 전투를 지켜봤다.

승리산이 어디냐고 물어보니 바로 뒷산이라고 했다. 해가 지기 전에 서둘러 산을 찾아갔지만, 여기도 공사 중이라 차가 올라갈 수 없었다. 홍군처럼 내려서 걸었다. 노동자들이 승리산 전투 기념탑을 만들고 있었다. 공사 때문에 생긴 먼지를 뚫고 뒤쪽으로 걸어가자 잡목들 사이에 큰 나무가 한 그루 서 있었다. 마오가 밑에 앉아 전투 장면을 지켜본 바로 그 나무였다. 나무 앞에 서니 우치 시내가 내려다보였다. 이곳에서 마오는 추격해온 기병대와 말들이 홍군이 쏜 총에 맞아 연이어 쓰러지는 모습을 지켜봤다. 그동안 국민당군에 쫓기며 쌓인 울분을 시원하게 풀면서.

"오직 펑 대장군뿐!"

마오는 전투를 지켜보면서 이렇게 외쳤다. 승리에 감격한 마오는 펑더화이의 이름을 제목에 넣은 시를 썼다. 장정 때 쓴 시 중에서 제목에 사람 이름이 들어간 사례는 이 한 편뿐이라 하니, 마오가 감격한 정도를 짐작할 수 있다.

그러나 30년 뒤 마오는 평생 자기의 심복으로 산 펑 장군을 처참한 죽음으로 몰아갔다(8장 〈장정을 끝내며〉 참조). 내 머리나 가슴으로는 이해할 수 없는 안타까운 일이다. 해가 지는 우치를 내려다보다가 비정한 역사를 생각했다. 마오가 펑더화이에게 헌사한 시 〈펑더화이 동지에게〉를 읊었다.

산은 높고 길은 멀고 구덩이는 깊네山高路远坑深

대군은 이리저리 바쁘게 달리고 있네大军纵横驰奔

누가 감히 칼을 옆에 차고 말 위에 우뚝 설 수 있는가谁敢横刀立马

오직 나 펑 대장군뿐!唯我彭大將军

즈단志丹

마지막 시련

흔히 장정은 홍군이 우치에 도착하면서 끝이 났다고 말한다. 그러나 홍군은 우치에 그리 오래 머물지 않았다. 얼마 지나지 않아 보안을 이유로 바오안으로 이동했다. 바오안은 홍군이 나중에 수도로 정한 옌안으로 이동할 때까지 머문 임시 수도였다.

이제는 즈단으로 이름이 바뀐 바오안은 우치와 옌안의 중간에 있다. 이미 운전기사가 아침 여덟 시부터 거의 열 시간 동안 700킬로미터를 달려와서 더는 무리라고 생각했지만, 일행들은 아직 시간이 있으니 즈안까지 가자고 했다. 내키지 않지만 그렇다고 적극 반대하기도 애매한 상황이었다. 그리 멀지 않은 즈단으로 가서 자기로 했다. 즈단까지는 70킬로미터 정도니까 한 시간 반이나 두 시간이면 도착할 듯했다. 이 길은 우리에게 마지막으로 엄청난 시련을 안겨줬다.

우치에서 즈단으로 가는 길도 공사 중이었다. 비포장도로도 등급이 있다면 구이저우에서 겪은 적이 있는 최악 수준의 도로였다. 게다가 황토고원의 흙먼지가 달리는 차 때문에 하늘로 날아올라 앞이 잘 안 보였다. 그런데도 마을 사람들은 마스크를 쓰거나 손으로 코를 가리지 않고 아무렇지 않게 걸어다녔다. 이골이 난 듯했다.

그런 길을 얼마나 갔을까, 너무 깊이 파여 트럭이 아니면 갈 수 없는 길이 나타났다. 다시 돌아가야 하나? 공사를 하고 있는 마을 사람들에게 물어보니 샛길로 빠지면 즈단으로 갈 수 있다고 했다. 산길은 험난했다. 그나마 노련한 기사는 기막힌 솜씨를 보여줬다.

"오랜만에 운전 같은 운전 좀 해보게 됐네요."

핸들을 조금이라도 많이 틀면 차가 튕겨 나가 절벽 아래로 떨어질 듯해 조마조마했다. 그러면서도 마치 예술 같은 운전 기술을 보느라 지루하거나 힘들지는 않았다.

정상에 오르자 이번에는 내려가는 길이 문제였다. 아름다운 석양을 앞에 두고도 차에서 내려 사진을 찍자는 말이 나오지 않았다. 고생 끝에 즈단으로 가는 길을 만났다. 이제야 마음이 놓였다. 얼마나 갔을까. '즈단 7공리'라는 표지판이 나타났다. 7킬로미터만 더 가면 즈단이다.

얼마 가지 않아 길게 서 있는 차들 때문에 다시 멈춰야 했다. 다리가 무너져서 개울에 임시로 만든 길에 고장난 트럭이 서 있는 바람에 모두 꼼짝을 못 하는 상황이었다. 여기서 밤을 새워야 한다는 말인가! 트럭 옆으로 공간이 조금 보이기는 했다. 우리 차가 그 옆으로 지나갈 수 있을까 생각했는데, 아무래도 힘들지 싶었다. 다른 차들도 모두 엄두를 못 내고 수리가 끝나기만 기다리고 있었다. 그때 우리 기사가 다리 밑을 보더니 태연한 얼굴로 말했다.

"해야 한다면 해야죠应该可以."

당연히 갈 수 있다는 뜻이었다. 첫 번째 운전기사라면 펄쩍 뛰며 손사래를 칠 일에 이렇게 태연하다니! 운전기사는 우리를 다 차에서 내리게 한 뒤 길게 늘어선 차들을 지나 건널목으로 다가갔다. 그리고 트럭하고 거의 1센티미터 간격을 둔 채 차를 몰아 다리를 건넜다. 구경하는 사람들이 모두 박수를 쳤다. 혀를 내두를 만한 운전 솜씨였다.

"우치에서 자고 내일 여기로 왔으면 밤새 차들이 더 늘어서서 지금처럼 옆으로 빠져나오지 못했을 겁니다. 오늘 즈단으로 오기로 한 결정은 정말 잘한 일이에요."

700킬로미터를 달려오고도 좀더 가자는 말에 화날 만도 한데, 오히려 속 깊게 대하는 운전기사가 고마웠다. 대단한 '프로 정신'이었다. 나는 운전기사처럼 치열한 '프로 정신'을 지닌 채 살고 있는지 반문했다. 멋진 운전기사 덕분에 따뜻한 물로 샤워하고 발 뻗고 잘 수 있었다.

미니스커트와 《중국의 붉은 별》

요란한 닭 울음소리에 잠을 깼다. 시내에 마땅한 숙소가 없어 교외에 새로 지은 비즈니스 호텔에 묵었다. 아이들은 잠이 덜 깬 얼굴로 학교를 가고 어른들은 바쁘게 일터로 나가는 모습을 지켜봤다.

일찍 길을 나서서 마오와 홍군 지도부가 머물던 기념 유적으로 갔다. 아직 문을 여는 시간이 아니라 안내원은 지도부가 머물던 토굴을 하나씩 자물쇠를 따고 열어줬다. 문을 열어준 안내원은 미니스커트 차림이었다. 지금까지 본 기념관의 안내원은 모두 유니폼을 입고 있었다. 스스로 매우 개방적이라고 생각하지만 홍군 지도부와 미니스커트의 조합이 어색하게 느껴지는 나를 보면 선입견은 정말 무섭다.

이곳에는 1936년 7월부터 1937년 1월까지 마오, 저우언라이, 보구가 머물던 토굴이 있다. 마오 토굴에는 낡은 책상과 의자, 침대, 초롱불, 비를 피하는 대나무 삿갓 등이 놓여 있었다. 가장 인상적인 전시물은 마오의 젊은 시절을 찍은, 익숙한 사진이었다. 잘생긴 얼굴에 각이 진 홍군 모자를 쓴 이 사진을 찍은 곳이 바로 바오안이었다.

1936년 12월. 마오는 푸른 눈의 젊은이를 만나 이야기를 하고 있

미니스커트 입은 토굴 안내원과 홍군 지도부 사진은 어색했다.

었다. 국민당군 포위망을 뚫고 홍군의 심장으로 숨어든 미국의 진보적 저널리스트 에드거 스노우였다. 스노우는 한 달 동안 이곳에 머물며 마오를 인터뷰한 뒤 1938년에 《중국의 붉은 별》이라는 책을 펴냈다. 《중국의 붉은 별》은 러시아 혁명을 다룬 존 리드의 《세계를 뒤흔든 열흘Ten Days That Shook the World》, 스페인 내전을 다룬 조지 오웰의 《카탈루냐 찬가Homage to Catalonia》하고 함께 르포 문학 3대 걸작으로 꼽힌다. 마오와 중국 공산당이 벌인 치열한 투쟁과 기나긴 장정을 세상에 처음 알린 책이 바로 《중국의 붉은 별》이다.

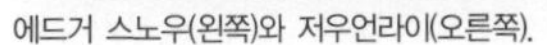

에드거 스노우(왼쪽)와 저우언라이(오른쪽).

기념관으로 들어가자 잘생긴 서양인이 별 달린 홍군 모자를 쓴 사진이 걸려 있었다. 에드거 스노우였다. 말을 탄 저우언라이하고 악수를 나누는 모습 등 스노우가 펼친 취재 활동을 담은 사진들도 보였다. 스노우가 장정의 현장을 직접 보지 않고 마오가 해준 이야기만 듣고 글을 쓴 반면, 나는 장정 현장을 직접 볼 수 있었다. 장정 현장을 직접 다녀온 몇 안 되는 외국인이라는 생각을 하니 자부심이 생겼고, 그동안 겪은 고생이 보람으로 느껴졌다.

기념관에는 바오안에서 옌안으로 이동하는 홍군 사진, '시안 사변'(7장의 시안 부분 참조)을 일으킨 장쉐량張學良이 항일 투쟁을 명분으로 국민당과 공산당이 협력하라고 촉구한 전단 등 중요 자료가 많았다.

저우언라이 토굴에는 저우언라이가 말을 탄 사진이 걸려 있었다. 방금 기념관에서 본, 토굴 앞에서 곤봉 체조를 하는 저우언라이를 찍은 사진이 생각났다. 저우언라이 하면 지적이고 문약한 인텔리겐치아를 떠올리지만, 사실 저우언라이는 문무를 갖춘 '전인全人'이었다. 무장 투쟁하고는 거리가 먼 시대라지만, 저우언라이에 견주면 우리 시대의 지식인은 너무 문약에 빠진 사람들이 아닐까?

보구 토굴에도 들어갔다. 토굴 생활이 뻔해서 마오 토굴하고 별 차이가 없었다. 패자인 보구가 머문 토굴 안 창가에 서서 밖을 내다봤다. 70년전 이 자리에 선 보구는 에드거 스노우하고 인터뷰하는 마오를 바라보며 무슨 생각을 했을까.

류즈단의 비극

바오안은 여행 준비를 할 때 지도에서 위치를 못 찾아 한참 고민한 곳이다. 자세한 이동 계획을 세우려고 산시 성 지도를 펴놓고 아무리 뒤져도 바오안이 없었다. 어렵게 그 이유를 알아냈다. 바오안이 즈단으로 이름이 바뀐 탓이었다.

즈단이라는 새 이름은 '류즈단劉志丹'에서 나왔다. 류즈단은 마오가 도착하기 전 이곳에 홍군 소비에트를 만든 인물이다. 성격이 호방해 고향 사람들에게 인기가 높았고, 군대 5000명을 거느리고 있었다. 쑹판 초원을 빠져나온 마오가 우연히 구한 국민당군 신문에서 본 산시 성의 공산당 '비적'이 바로 류즈단이었다.

마오가 우치에 도착한 때 벌어진 일은 분명하지 않다. 어떤 사람들은 류즈단이 선발대를 보내 마오 일행을 기꺼이 맞았다고 주장한다. 또 다른 사람들은 토착 세력을 숙청하라는 비밀 지령을 받고 마오에

대리석으로 만든 류즈단 석상.

앞서서 도착한 특사들이 류즈단과 측근들을 무자비하게 고문했다고 주장한다. 이런 주장에 따르면, 특사들은 류즈단이 펼친 농민 정책이 부농에 우호적인 우익 노선이라는 죄명을 씌운 반면에 뒤늦게 도착한 마오는 숙청은 오류라며 중단시켜서 류즈단과 주민들의 인심을 얻는 교활한 이중성을 보였다.

류즈단은 여섯 달 뒤 서른세 살 젊은 나이에 목숨을 잃는다. '전투 중 사망'이 공식 발표이지만 여러 정황을 볼 때 마오 쪽에 제거된 듯하다. 일주일 뒤 류즈단의 측근들도 모두 의문의 죽음을 당했다(마오가 가는 곳에는 대부분 이렇게 토착 지휘관들을 대상으로 삼은 무자비한 숙청이 뒤따랐다). 그 대신 류즈단을 추모한다는 뜻에서 바오안을 즈단이라는 새 이름으로 바꿨다.

류즈단의 무덤이 자리한 공원으로 가니 중국 전통 가옥처럼 생긴 아치형 문이 먼저 보였다. 공원 안에는 류즈단의 유품 등을 전시할 공간을 짓는 공사가 한창이었다. 더 안으로 들어가니 흰 대리석으로 만든 류즈단 석상이 보였다. '류즈단 장군, 1903~1936년'이라는 문구가 슬프게 다가왔다. 석상 뒤에는 '서른세 살에 의외의 죽음을 당했다'는 문구가 보였다. 전투 중 사망설은 공식적으로 부정되고 있었다.

서른세 살 나이에 국민당군도 아니고 혁명 동지들의 손에 죽은 류즈단은 지금쯤 무슨 생각을 하고 있을까? 마오가 좋아하는 표현대로 '혁명은 티 파티가 아니다'*고 하지만, 꼭 이런 식으로 해야 혁명이 성공할 수 있었을까? 류즈단은 자기는 희생됐지만 바라던 혁명이 성공한 데, 사랑하는 고향의 지명이 자기 이름으로 바뀐 데 만족하며 조용히 눈을 감고 있을까?

석유를 조국에 바치자?

'석유를 조국에 바치자.' 즈단을 벗어나려는데 커다란 광고판이 눈에 들어왔다. 페트로차이나의 광고판이었다. 산시 성은 요즘 중요한 석유 생산지로 각광받는다. 산시 성으로 들어오면서 가장 먼저 눈에 띈

* 평소 마오가 자주 쓴 말로, 혁명은 피를 흘리며 때로는 잔인할 수밖에 없다는 뜻이다.

붉은 메뚜기처럼 보이는 석유 시추기. 척박한 땅에서 석유가 나온 뒤 지긋지긋한 가난에서 벗어난 사람들이 늘었다.

모습은 '걸리버 나라의 붉은 메뚜기'였다. 메뚜기처럼 생겨서 위아래로 까딱까딱 움직이는 석유 시추기다. 유학 시절 세계적인 석유 생산지인 미국 텍사스 주의 벌판에서 자주 보던 이 '메뚜기'가 사방에 나타났다.

산시 성 북부 지역을 가리키는 '산베이陝北'는 척박한 황토고원 지역으로, 중국에서도 가장 가난한 곳이지만 10여 년 전 석유와 천연가스, 석탄이 발견되고 에너지 값이 폭등하면서 '벼락부자'가 됐다. 베이징에서 쓰는 천연가스도 이곳에서 공급했다. 운전기사는 자기 친구도 감자나 키워 끼니를 해결하던 밭에서 석유가 터져 벼락부자가 되더니 고급 외제 차를 타고 다닌다는 말을 하면서 배 아픈 속내를 드러냈다. 아무것도 없는 중동 모래사막에서 석유가 쏟아지고 척박한 황토고원에서 석유가 솟구치는 기적을 보면, 하늘은 의외로 공평한지도 모르겠다.

산업화와 경제 발전이 엄청나게 빨리 진행되면서 중국은 에너지와 천연자원을 확보하는 데 비상이 걸렸다. 2007년 출간한 《마추픽추 정상에서 라틴 아메리카를 보다》에 소개한 대로 중국은 남미의 자원 강국인 브라질과 아르헨티나에서 많은 원자재를 사들여 이 두 나라가 경제 위기를 벗어나는 데 크게 기여했다. 또한 중국은 원자재를 수송하려고 브라질과 아르헨티나를 가로질러 칠레 쪽 태평양으로 이어지는 범아마존pan-amazon 철도와 고속도로도 무료로 건설하고 있다.

석유도 마찬가지다. 미국 중심의 시장주의적 신자유주의와 세계화에 저항하는 반신자유주의 혁명의 강력한 추진자인 우고 차베스 베네수엘라 대통령은 미국 석유 소비량의 40퍼센트를 감당하는 베네수엘라의 석유를 중국으로 수출하겠다고 밝혔다. 파나마와 중국 등하고 함께 대형 유조선이 태평양으로 빠져나가 중국으로 향할 수 있게 파나마 운하를 두 배로 넓히는 공사도 진행하고 있다.

중국의 미래는 자원, 특히 에너지를 확보하는 데 달려 있다고 해도 지나치지 않다. 이런 현실이 '석유를 조국에 바치자'는 애국주의적 구호를 만들어냈다.

구호로 말하는 도시

장정을 다니면서 사방에 쓰여 있는 구호를 열심히 촬영했다. 구호를 보면 그 사회를 알 수 있기 때문이다. 어렵게 찍은 구호 중 우치에 들어오기 바로 전에 찍은 중국이동통신의 광고가 가장 인상적이다. 시골 공장 담벼락에 '사회주의 신농촌을 건설하고 우리 모두 통신카드를 사용하자'고 쓰여 있었다. 사회주의 신농촌 건설과 통신카드 사용이 무슨 관계가 있을까? '우리 모두 통신카드를 사용하자'고 하면 되는데

시골 공장 담벼락에서 본 구호 '사회주의 신농촌을 건설하고 우리 모두 통신카드를 사용하자'(위).
즈단에서 본 구호 '평안한 즈단 시를 건설하고 붉은 도시의 백성들에게 복을 가져다주자'(아래).

'사회주의 신농촌 건설'이 왜 필요할까? 상품을 팔려고 만든 자본주의적 선전을 사회주의로 포장한 이 광고야말로 중국이 주장하는 '중국 특색 사회주의'를 상징하지 않을까?

어쨌든 즈단을 벗어나면서 이곳은 정말 '구호의 도시'라는 사실을 절감했다. 중국 어디에서도 즈단처럼 사방에 구호를 많이 써놓은 도시는 본 적이 없다. 마을에 들어선 나를 처음 맞은 구호는 '붉은 도시(홍도) 즈단이 여러분을 환영합니다'였다. '녹색 즈단을 건설하자', '평안 즈단을 건설하자', '매력 즈단을 건설하자' 등 '홍도 즈단', '녹색 즈단', '평안 즈단', '매력 즈단'을 내건 선전판들이 어디를 가나 걸려 있었다.

또한 '사회주의 신농촌 건설하자', '문명 농민이 되자' 같은 정치적 구호들도 넘쳐나 질식할 지경이었다. 홍군의 임시 수도로서 정치 선전의 전통을 물려받은 탓일까? 시장이나 공산당 간부 같은 지도부의 특수한 성향 때문일까?

옌안으로 가는 길에도 즈단을 또 찾아달라는 뜻을 담은 '붉은 도시 즈단에 다시 오실 당신을 환영합니다'라는 대형 선전판이 보였다. 그리고 끝난 줄 알고 있던 '마지막 시련'이 찾아왔다. 즈단에서 옌안으로 가는 길도 모두 엉망이었다. 90킬로미터를 이런 식으로 갈 수는 없었다. 한참을 가다가 도저히 안 될 듯해 옌안 남쪽에 있는 간취안甘泉으로 간 뒤 거기에서 고속도로를 타고 옌안으로 돌아오기로 했다.

혁명의 수도와 서부 개발

장정, 그리고 혁명 홍군의 도시 하면 생각나는 곳은 우치나 바오안이 아니라 옌안이다. 옌안은 장정이 끝나고 1년 반 뒤인 1937년 1월부터 2차 대전 종전 뒤 국공 내전이 본격화되는 1947년까지 10년 동안 홍군의 수도였다.

1935년 10월, 마오와 중앙군이 우치에 도착하면서 1방면군의 장정은 끝이 났다. 장정을 계속하던 2방면군과 4방면군은 후이닝에서 1방면군을 만나 바오안으로 왔다. 그리고 두 달 뒤 1937년 1월에 모두 함께 옌안으로 옮겨와 이곳에서 10년을 지냈다. 따라서 홍군 전체의 장정은 옌안에 와 비로소 완전히 끝났다고 봐야 한다.

4월 23일 오후 네 시, 드디어 옌안에 도착했다. 옌안은 2년 전하고는 다르게 활기가 넘쳤다. 그때 한창 공사 중이던 시안-옌안 간 고속도로는 완공돼 도시를 가로지르고 있었다. 우치와 즈단에서 보는 이들을 놀라게 한 건설 붐이 옌안에도 일고 있었다. 사방에 고층 빌딩과 아파트가 올라가고 있었다. 2년 전에 본 '죽어 있는 도시'가 아니었다. 서부 개발과 석유 덕분인 듯했다. 옌안은 1000억 위안(14조 원)을 들여 홍색, 황색, 녹색, 흑색 등 4대 산업 기지를 건설하는 중이었다.

홍색 기지는 혁명의 수도라는 역사성을 활용해 홍색 관광을 발전시키는 구상으로, 2007년에만 사상 최고 수준인 650만 명이 옌안을 방

서부 개발 덕분에 건설 붐을 타고 있는 혁명 수도 옌안.

문해 35억 위안을 쓰고 갔다. 황색 기지는 황토고원이 지닌 지질적 특성과 문화적 특징을 관광 자원으로 활용하는 계획이다. 한국식으로 황토방이나 만들고 황토 미용 사우나 같은 시설을 만들면 될 듯했다. 녹색 기지는 세계 최고 품질을 자랑하는 사과 등 지역 농업을 발전시키는 구상이다. 그리고 지역에서 생산되는 석유를 가공할 수 있는 중국 최고의 석유화학 기지를 건설한다는 계획이 흑색 기지다.

사방에서 짓고 있는 저 많은 아파트가 다 분양이 될지 걱정됐다. 서부 개발이 거품으로 끝나지 않기를 빌었다. 이런 건설 붐의 하나로 계획된 옌안 혁명기념관은 아직도 공사 중이었다. 1950년에 지은 낡은 기념관을 현대적인 기념관으로 탈바꿈시키는 대형 공사다. 2년 전에도 공사 중이라 그냥 돌아간 곳인데 아직도 공사 중이니, 혁명의 수도답게 엄청나게 큰 기념관을 짓는 모양이었다.

바오타 산에 올라

옌안은 대부분의 유적을 이미 둘러봐서 그다지 새로울 곳이 없었다. 그렇지만 이번 여행은 단순 유람이던 2년 전하고는 다르기 때문에 긴장해야 했다.

옌안에서 홍군 지도부는 시기에 따라 본부를 옮겨서 비슷비슷한 토굴이 여러 군데 남아 있었다. 그래서 좀 헷갈리다가 애초 가려던 양자링楊家嶺 혁명 유적지가 아니라 엉뚱한 곳을 먼저 갔다. 1937년 옌안에 도착한 홍군이 맨 처음 머문 곳이기는 했다. 그렇지만 일본군이 공습하는 바람에 홍군이 양자링으로 떠나버려 이곳에 머문 기간은 얼마 되지 않았다. 간단히 둘러보고 나온 뒤 일단 숙소를 잡고 내일 다시 차분하게 유적지를 찾아다니기로 했다.

숙소를 잡고 나서는 석양을 보려고 바오타 산宝塔山으로 올라갔다. 바오타 산에는 옌안의 상징이 된 바오타라는 탑이 있다. 바오타는 당나라 시절인 8세기에 창건되고 송나라 때인 11세기에 중건된 유서 깊은 탑이다. 탑 높이가 20층 빌딩에 맞먹는 44미터나 되고 산 위에 있어서 1930~1940년대에 허허벌판이던 옌안 어디에서든 사진을 찍으면 꼭 나오는 바람에 옌안과 홍군 혁명 수도의 상징이 됐다. 산으로 올라가 탑으로 향했다. 다시 봐도 운치가 있었다. 탑 사이로 석양과 옌안을 내려다보면서 장정을 떠올렸다.

강을 건너고 설산을 넘어 죽음의 초원을 건넌 장정은 70여 년이 지나 차를 타고 돌아본 우리가 보기에도 '피와 용기로 쓴 대서사시, 패배이자 승리였고 절망이자 희망인 대서사시'였다. 이제 험난한 장정도 끝나간다고 생각하니 마오가 장정을 끝내며 쓴 시로, 그 뒤 자주 인용되는 구절이 들어 있는 〈장정〉을 읊고 싶어졌다.

옌안의 상징이 된 바오타 탑.

홍군은 고난한 원정길도 겁내지 않았네红军不怕远征难

깊은 강과 험난한 산도 대수롭지 않게 여겼다네万水千山只等闲

옌안에서 또 하나 놀란 점은 화려한 야경이었다. 네온사인이 와이탄보다 더 화려했다. 국민당군이 실시한 봉쇄 정책에 따른 물자 부족과 청교도적 군율에 맞춰 검소한 생활이 일상이 되던 옌안에 이토록 화려한 야경이라니, 어울리지 않았다. 혁명의 성지에 케이에프시라니! 닭튀김을 사라고 조르는 네온사인이 어색하게 느껴졌다. 이런 면에서는 내가 매우 '보수적'인가 보다.

마오와 열 명의 아이들

다음 날, 양자링 혁명 유적지로 향했다. 이곳은 홍군 지도부가 1938년부터 1947년까지 머문 곳으로 마오 등이 지낸 토굴 숙소 말고도 중앙대강당과 혁명 정부 사무실이 자리한 곳이다. 특히 중앙대강당은 1942년 건설돼 공산당 7차 전국대표대회가 열린 큰 건물이다.

강당으로 들어가자 마르크스, 엥겔스, 레닌, 스탈린의 옆 얼굴을 겹치게 한 동그란 그림 아래 '중국공산당 7차 전국대표대회'라고 쓴 큰 펼침막을 걸어놓은 연단 앞에서 단체 사진을 찍는 사람들이 보였다. 회사 이름을 써넣은 펼침막을 손에 든 모습을 보아하니 단체 관광객이었다. 역사 공부도 하고 바람도 쐬는 일석이조 효과 때문에 많이들 온다는 홍색 단체 관광의 현장을 직접 마주했다.

회색 홍군복을 입고 열심히 설명하는 젊은 여성이 눈에 띄었다. 2년 전에도 만난 안내원이었다. 기념 촬영을 하려는 관광객에게 홍군복을 빌려주는 일을 했는데, 싹싹한 태도로 열심히 해서 기억에 남았다. 반가운 마음에 함께 기념 촬영을 했다.

지도부가 지낸 토굴을 보려고 강당을 나와 건물 뒤쪽 언덕으로 올라갔다. 2년 전에는 찾는 이가 거의 없었는데 이번에는 사람이 너무 많아 마오 책상에 앉아 사진을 찍으려고 한참 기다렸다. 확실히 옌안의 홍색 산업은 뜨고 있었다.

가까운 왕자핑王家坪 혁명 유적지로 갔다. 양지링하고 비슷한 토굴들이라 별로 특이한 점은 없었다. 다만 마오가 이곳에서 큰아들 마오안잉毛岸英하고 함께 찍은 사진이 눈에 띄었다. 마오안잉은 한국전쟁에 참전해 미군 폭격 때문에 목숨을 잃었는데, 사진 속에는 앳된 10대의 얼굴로 웃고 있었다.

홍색 관광을 온 중국 단체 관광객들.

마오는 모두 열 명의 자녀를 뒀다. 양카이후이 사이에서 태어난 마오안잉, 마오안칭毛岸青, 마오안룽毛岸龍은 모두 아들이었다. 아이들은 양카이후이가 처형될 때 삼촌들이 보살핀 덕분에 살아남았지만, 마오안칭은 정신병을 앓아 마오한테 아들로 인정받지 못하고 마오안룽은 혁명기에 병으로 죽었다. 허쯔전을 만나 모두 여섯 자녀를 봤는데, 맨 처음 태어난 마오진화毛金花는 이웃에 맡겨서 잃어버린 뒤 1973년에 극적으로 찾았다. 다섯째와 일곱째는 실종됐고, 여섯째와 아홉째는 병사했다. 여덟째인 딸 리민李敏*은 네살 때 허쯔전이 모스크바로 보내질 때 같이 갔다가 1947년에 중국으로 돌아왔다. 장칭하고는 막내딸 리너李訥를

* 마오쩌둥은 일본과 국민당의 탄압을 피하기 위해 리더성(李德勝)이라는 가명을 썼는데, 리민과 리너는 이 가명에서 성을 따 이름을 붙였다.

홍군 지도부 다섯 명의 동상. 왼쪽부터 장원톈, 저우언라이, 마오쩌둥, 류사오치, 주더.

낳았는데, 마오는 리너와 조카 마오위안신毛遠新(동생 마오쩌민의 아들)을 가장 사랑했다.

이어서 옌안의 혁명 유적지 중 가장 큰 짜오위안枣园 혁명공원으로 향했다. 대추 정원이라는 이름으로 미루어 대추나무가 많을 듯한 마을에 자리한 이 공원은 옌안 시내에서 8킬로미터 정도 떨어져 있었다. 온 마을에 '혁명 상품화'의 냄새가 진동했다. 사방에서 물건을 사라고 팔을 잡는 사람들 때문에 움직이기가 힘들었다. 다른 지역의 장정 유적지들은 꽤 비싼 입장료를 받는데, 옌안의 혁명 유적지들처럼 이곳도 무료였다. 더 많은 사람들을 끌어오려는 속셈인지도 모르겠다.

혁명공원 안으로 들어가니 장원톈, 저우언라이, 마오쩌둥, 류사오치, 주더 등 홍군 지도부 다섯 명이 앞으로 나아가는 모습을 표현한 동상이 우리를 맞았다. 이런 지도부 동상은 장정 유적 중에서 처음 봤는데,

많은 사람이 기념 사진을 찍으려고 줄을 서 있었다.

지난번에는 안 들른 펑더화이와 류사오치의 토굴을 찾았다. 장정을 준비하느라 많은 책을 읽으면서 문화대혁명 시기에 처참하게 최후를 맞은 두 사람이 안타까워진 때문이었다(8장 〈장정을 끝내며〉 참조). 이어서 마오 토굴에 걸린 마오와 새 부인 장칭의 사진, 저우언라이 토굴에 걸린 저우언라이와 부인의 사진을 봤다. 장정의 여인들이 떠올랐다.

장정의 여성들, 마오의 여인들

장정은 남성들의 행군이었다. 장정에 참여한 홍군 8만 5000명에서 여성은 고작 35명이었다. 임신 7개월이던 마오의 부인 허쯔전을 포함한 고위 간부의 부인 30명과 간호사가 전부였다.

그런데도 홍군이 저지른 성범죄는 거의 없었다. 초기에는 조금 문제가 있었지만 시간이 지나면서 괜찮아졌다. 강력한 정치 교육이 효과를 거두기 시작한 덕분이기도 하지만 젊은 병사들이 성욕을 느낄 여력도 없을 만큼 하루하루가 고통스럽고 생존을 건 투쟁인 탓이 컸다.

간부 부인들은 대부분 말을 타고 호위병의 보호를 받으면서 행군했다. 여성들은 생활도 같이했고, '토요일 규칙'에 따라 주말에만 한 번씩 남편을 만났다. 주더의 부인 캉커칭康克清은 예외였다. 농민 출신인 캉커칭은 전투 요원으로 장정에 참여해 남편하고 함께 생활하며 같이 행군했다. 캉커칭은 부상당한 병사들의 소총을 서너 개씩 메고 걸을 정도로 강한 '여전사'였다.

4방면군은 달랐다. 8만 명에서 2000명이 여성이고 여성 전투 부대도 있었다. 이런 점에서는 장궈타오가 마오와 중앙군보다도 전향적이

옌안 시절의 마오와 넷째 부인 장칭. 가운데 있는 아이는 둘째 부인인 양카이후이 사이에서 태어난 장남 마오안잉.

었다. 불행하게도 이 여성 전투 부대원들은 장궈타오와 마오가 알력을 빚는 와중에 소수 민족 지역에 고립돼 전투 중에 많은 수가 죽었으며, 살아남은 사람들은 윤간을 당하고 사창가에 팔려갔다(7장의 '장궈타오와 4방면군의 비극' 참조).

마오의 부인 허쯔전은 투청에서 딸을 낳고도 아이를 버리고 떠나야 하는 비극을 맞았다. 또한 폭격 때 심한 부상을 당하고 목숨만 건진 일도 있다(4장의 '마오의 딸과 깨진 독' 참조). 결국 이혼을 당하고 신병 치료를 구실로 모스크바에 가야 했다. 대신 옌안에서 마오의 안방을 차지한 사람은 마오 토굴에 걸린 사진 속에 등장하는 넷째(또는 셋째) 부인인 장칭이다.

장칭은 연극 배우였다. 옌안에서 경극에 출연할 때 공연을 본 마오의 눈에 들었다. 허쯔전하고는 이혼하고 장칭하고 결혼하겠다며 마오가 통보하자 당은 주석의 부인으로 적합하지 않다는 이유를 들어 반대했다. 다음날 마오는 고위 간부 20명을 불러 결혼 피로연을 열었다. 장칭은 4인방*의 두목으로 중국을 문화대혁명의 광기로 내몰다가 마오가 세상을 떠난 뒤 투옥돼 감옥에서 죽었다.

장정에서 살아남은 한인들

오후 늦게 뤄자핑羅家坪으로 향했다. 조선혁명군정학교를 찾아가는 길이었다. 장정, 나아가 중국 공산당의 역사에는 한인들의 피와 땀도 배어 있다. 마오는 이런 말도 했다. "중화인민공화국의 국기인 오성홍기 위에는 조선 혁명 열사들의 붉은 피가 물들어 있다."

장정에 참가한 한인은 30여 명이었다. 모두 전사했고, 살아서 완주한 사람은 양림과 무정 두 사람뿐이었다. 장정을 완주한 외국인이 양림과 (김)무정, 오토 브라운, 그리고 나중에 외국인으로는 유일하게 인민해방군 장군이 되는 베트남계 홍수이洪水까지 네 사람뿐이니, 절반이 한인인 셈이다.

무정은 양림에 견줘 상대적으로 잘 알려져 있다. 1905년에 함경북도에서 태어나 열네 살 때 3·1운동에 참여한 뒤 1923년에 중국으로 망명했다. 보정군관학교를 졸업하고 국민당군 포병 장교로 근무했지만, 국민당에 실망해 공산당에 입당했다. 장제스가 벌인 상하이 쿠데타 때 투옥돼 사형을 선고받지만 탈옥한 뒤 펑더화이 부대에서 포병단장으

* 문화대혁명 때 마오쩌둥을 지지하며 광기의 숙청에 앞장선 장칭, 왕훙원(王洪文), 장춘차오(張春橋), 야오원위안(姚文元)을 가리킨다.

조국의 독립을 보지 못하고 끝내 눈을 감은 양림.

로 활약했다. 홍군에서 대포를 다룰 줄 아는 사람은 펑더화이와 무정밖에 없었고, 무정이 지휘하는 포격은 매우 정확했다. 장정에서도 무정은 엄청난 공을 세웠다. 장궈타오의 돌발적 군사 행동에 대처하려면 중앙군에 비밀 연락망이 필요했다. 펑더화이는 이 암호문을 전달하는 임무를 무정에게 맡겼고, 무정은 나침반 하나를 들고서 초원을 건너 이틀 만에 임무를 완수했다. 그 뒤 무정은 조선의용군을 만들어 항일 투쟁에 앞장섰다. 해방 뒤에는 북한으로 돌아갔다. 김일성이 지배하는 북한에서 포병 총사령관을 지내는 등 요직을 거치지만 행복하지 않았고, 1951년에 병으로 세상을 떠났다.

양림은 1898년 평안북도에서 태어났다. 3·1운동 뒤 중국으로 망명해 윈난 육군학교에 입학했다. 이때 중국 이름을 '비스티'로 정하고 매일 아침 완전 군장을 한 채 10킬로미터를 달리며 몸을 단련했다. 졸업 뒤 1925년 중국 공산당에 비밀리에 입당한 양림은 1927년 난창 봉기와 광저우 봉기*에 참여했다. 공산당이 벌인 무장 봉기에 초기부터 참여한 셈이다. 그 뒤 탁월한 능력을 인정받아 중앙 지도부를 경호하는

* 1927년 12월 11일, 광저우에서 공산당이 일으킨 무장 봉기. 광저우를 장악한 공산당은 광저우 소비에트를 선포하지만, 국민당군이 강하게 반격하는 바람에 '삼일천하'로 끝났다.

최정예 부대인 군사위원회 간부단의 참모장으로 장정에 참여했고, 진사 강 도하 작전 등을 성공적으로 수행했다. 그리고 장정을 완주했다.

양림은 장정을 끝내고 넉 달이 지난 1936년 2월에 황허 강을 건너 동쪽으로 나아가는 동진 작전에서 특공대를 직접 지휘했다. 도하 작전에 성공한 뒤 주력 부대가 건너오기를 기다리던 양림은 복부에 총탄을 맞고 서른여덟이라는 젊은 나이로 숨을 거뒀다. 조국의 독립과 중국 민중의 해방에 온몸을 던진 양림이 머나먼 황토고원에서 숨을 거두면서 느낀 고독과 슬픔을 생각하며 묵념을 올렸다.

장정에 참여하지 않았지만 옌안하면 떠오르는 한인이 있었다. 《아리랑》의 주인공 김산이다. 나는 1980년 5·18 광주 민중 항쟁을 불온 간첩이 저지른 소행이라고 보도하라는 신군부 보도 지침에 저항해 신문 제작 거부 운동을 벌이다가 자의 반 타의 반 언론사를 떠나 미국으로 유학을 갔다. 어느 날 답답한 마음에 찾은 서점에서 《아리랑의 노래The Song of Ariran》라는 책이 눈에 띄었다. 그렇게 김산을 처음 만났다.

《중국의 붉은 별》을 쓴 에드거 스노우의 부인인 님 웨일스Nym Wales는 중국 공산당을 취재하러 1937년에 옌안에 있었다. 도서관에서 수준 높은 영어책을 빌려가는 사람을 봤다. 수소문해 만나 보니 한인 혁명가 김산이었다. 님 웨일즈가 김산을 인터뷰해 일대기를 정리한 이 책을 집에 가져가자마자 밤을 새워 다 읽었다.

본명이 장지락인 김산은 1905년 평안북도 용천에서 태어나 중국으로 건너왔다. 베이징에서 의학을 공부하다가 좌익 서적을 읽고 사회주의에 기운 뒤 1925년에 공산당원이 됐다. 1930년대에 두 차례나 일본 경찰에 잡혀 모진 고문을 당하지만 자백을 하지 않아 무사히 풀려난다. 그러나 석방된 사실이 오히려 의심을 사 당에서 축출되는 등 시련을 겪은 김산은 한인 혁명가들하고 함께 조선민족해방동맹을 결성했고, 1936년부터 옌안 지역에 만들어진 소비에트 지구에 조선 혁명가 대표로 와 있었다.

김산의 아들 까오잉광. 새아버지 성을 쓴다.

그 뒤 나는 학교 공부와 먹고사는 일에 빠져 김산을 잊어버렸다. 그사이 김산의 책은 《아리랑》이라는 제목으로 번역돼 운동권 필독서가 됐다. 김산이 중국 공산당한테 숙청된 사실도 알려졌다. 2005년 노무현 정부가 사회주의 계열 독립운동가들이 벌인 항일 투쟁을 인정하기로 결정하면서 독립 유공자로 선정된 소식도 들었다. 2년 전에도 김산이 생각나 유적을 찾아보려 했는데, 아무 준비를 하지 못해 실패했다.

이번에는 꼭 김산의 흔적을 찾아보고 싶었다. 그래서 장정을 떠나기 전 베이징에서 김산의 아들 까오잉광高永光 씨를 만났다. 까오잉광 씨한테 이번 장정의 목적을 설명하니 아버지는 장정에 참가하지 않은 분이라며 달가워하지 않았다. 옌안에 들러 김산의 흔적을 꼭 소개하고 싶다고 설득해 겨우 만났다. 뤄자핑으로 향하며 그 만남을 되새겨봤다.

공대를 졸업하고 국가경제위원회 기술국 부국장으로 일하다 은퇴한 까오잉광 씨는 1937년 1월생으로 일흔 살이 넘은 나이이지만 작은 키에 몸이 단단하고 눈매가 날카로웠다. 까오잉광 씨는 아버지가 세상을 떠나고 한족인 어머니가 재혼한 뒤부터 새아버지의 성인 까오를 쓰게 됐다.

사진을 보니 아버님은 키가 큰데 선생님은 키가 작네요.

아버님은 키가 180센티미터가 넘는다고 들었어. 어머님이 키가 작지.

아버님 기억은 없을 테고, 어머님은 어떤 분이셨나요?

허베이河北 성 출신으로 학생회장을 하는 등 항일 운동에 앞장섰는데, 그러다가 아버님을 만났다고 하시더군. 아주 강한 분이셨지.

아버님이 김산이라는 사실은 언제 아셨습니까?

어릴 때부터 아버지가 조선족이라는 느낌은 받았어. 그러다가 대학생이 된 뒤에 어머님이 아버지가 조선족 혁명가라고 이야기해줬지. 그때 확실히 알았어.

아버님이 쓴 《아리랑》을 언제 처음 봤습니까?

1970년. 그때 옌볜에 있는 조선문제연구소 소장이라는 분이 홍콩에서 중국어로 번역된 이 책을 보고 샀다고 해. 그리고 김산의 후예가 있는지 찾아 나섰는데, 그 연배 사람들이 살아 있어서 어머님을 찾아왔어. 그때 책을 가지고 와서 봤지.

책을 본 기분은 어땠습니까?

당연히 가슴이 뭉클했지. 그리고 아버지가 자랑스러웠어.

아버님은 언제 복권이 됐습니까?

복권을 신청할 준비를 해놓고 있다가 1980년대 초에 신청해서 곧 복권됐지.

아버님의 흔적은 찾아봤나요?

1997년에 아버지 흔적을 찾으러 옌안에 갔는데 아무것도 없었어(까오 씨는 약간 눈시울을 적셨다).

마지막으로 하고 싶은 말은 없나요?

2005년에 아버지 훈장을 받으러 한국에 갔어. 공산주의자인 아버지를 인정해줘 고맙다고 생각해. 한국의 뿌리를 생각해 한국어를 배우고 있는 중이야.

여행을 준비하면서 김산이 님 웨일스를 만난 뒤 얼마 되지 않아 '마오의 베리야'(스탈린의 비밀경찰인 내무인민위원회 위원장을 맡아 무자비한 숙청을 해 악명이 높았다)라고 할 캉성康生한테 살해된 사실을 알고 큰 충격을 받았다. 김산이 숙청된 일은 알았지만 자기가 함께 쓴 책이 나오기도 전에 죽은 사실까지는 몰랐다.

김산은 만주에 가 독립운동을 하려면 신분을 보호해야 하니 2년 동안은 책을 출간하지 말아달라고 님 웨일스에게 부탁했고, 그래서 《아리랑의 노래》는 1941년에 처음 나왔다. 자기 책이 출간된 때 김산은 이미 이 세상에 없었다. 일본군이 아니라 혁명 동지들이 쏜 총알에 맞아서. 김산에 견주면 국민당군이 쏜 총탄에 목숨을 잃은 양림은 그나마 행복한 편이다.

김산이 흘린 피는 어디에 떨어졌을까? 우리가 어제 다녀온 양자링의 뒷산일까? 아니면 바오타 산의 구덩이일까? 마오는 김산이 처형되는 사실을 알았거나 직접 승인했을까? 김산은 머나먼 이국땅에서 '개죽음'을 당하면서 무엇을 생각했을까? 김산이 한 말이 떠올랐다. "조국의 운명처럼 내 삶은 패배의 연속이지만 그런데도 투쟁을 포기하지 않는다는 점에서 승리하고 있다." 김산, 잘 가시오.

버려진 조선혁명군정학교와 조선 간식

뤄자핑에 도착했다. 이곳도 개발 붐이 일어 이미 곳곳에 아파트가 들어선데다가 아파트를 더 짓고 있어서 옛 모습을 기준으로 해서는 도저히 찾을 수 없었다. 이곳을 몇 년 전에 다녀간 이이화 선생님이 쓴 기행문과 옌볜에서 사온 책《불멸의 발자취》를 꼼꼼히 읽으면서 조선혁명군정학교 관련 정보를 다시 정리했다. 책에 '로신예술학교 옛터에서 다리를 건너 뤄자핑으로 갔다'고 쓰여 있어서 로신예술학교를 먼저 찾아가기로 했다.

지나가는 사람에게 물어보니 마침 그쪽으로 간다면서 직접 안내하겠다고 해 차를 같이 탔다. 옛 천주교 성당이 나타나고 로신예술학교 옛터도 찾았다. 그러나 조선혁명군정학교에 관련된 흔적은 안 보였고, 물어봐도 아는 사람이 없었다. 마침 마작을 하는 사람들이 보였다. 오 선배가 가서 이곳에 혹시 나이든 분이 안 계시냐고 물었다. 안쪽으로 들어가 인사를 하고 조선 사람들이 군사 훈련을 하던 뤄자핑이라는 곳을 찾는다고 말하니 어릴 때 본 적이 있다고 했다. 한국에서 온 교수인데 다시 집으로 모셔다 드릴 테니 수고스럽지만 같이 가셔서 가르쳐 달라고 부탁했다.

노인은 우리가 헤매던 신축 아파트 단지를 지나 반대편 산 쪽으로 갔다. 작은 다리가 나오고 그 앞에 뤄자핑이라는 돌팻말이 나타났다. 그토록 헤매던 뤄자핑이었다. 옛 모습이 그대로 남은 낙후한 동네였다. 다리를 건너가자 양쪽에 지저분한 노점상이 즐비했다. 왼쪽을 보니 노점상이 쌓아놓은 물건들 사이로 비석이 하나 보였다. 조선혁명군정학교 기념비였다. 독립운동의 중요한 유적이건만 아무도 찾지 않고 돌보지 않아 노점상 창고로 바뀌어 있었다. 서글프고 화도 났다.

카메라를 들이대자 노점상들은 여기저기 쌓아놓은 물건들을 주섬주섬 치웠다. 조선혁명군이 1944년에 3개월 동안 행군해 이곳에 도착해서 학교를 짓기 시작해 12월에 완공했고, 1945년 2월 주더 등이 참석해 개교식을 열었고, 김두봉이 교장을 지냈으며, 1945년 8월 하순 2차 대전이 끝난 뒤 북조선으로 돌아갔다는 내용을 적은 기념비였다.

이곳이 조선혁명군이 머문 지역이라는 사실을 상기시키려는 듯 바로 옆에 '조선 간식'이라는 노점도 있었다. 반가워 뭐라도 하나 사려고 가보니 이름만 그럴 뿐 한국 음식 비슷한 것도 없었다. 여하튼 조선혁명군정학교를 찾아보고 싶었다. 그러나 늦은 시간까지 다닐 수도 없고 날도 어두워져 노인을 댁으로 모셔다드렸다. 이날 밤 꿈에는 군사 훈련을 하는 조선혁명군이 나왔다.

불운의 혁명가 김두봉

다음날 아침, 다시 뤄자핑으로 갔다. 어제 못 찾은 조선혁명군정학교를 찾고 싶었다. 책에는 산 밑에 있다고 적혀 있으니까 마을로 들어가 산 밑으로 갔다. 책에서 본 대로 토굴이 여러 개 있는 학교가 보였다. 신이 나서 가보니 진짜 학교였다. 이곳이 황토고원이라 곳곳에 토굴이 있다는 사실을 깜빡했다. 지금도 이곳 학교들은 토굴을 쓰고 있었다.

무작정 산 밑을 다니며 여기저기 물었다. 그러자 한 사람이 저 산위에 있다고 가르쳐줬다. 신바람이 났다. 가르쳐준 대로 가니 길이 사라지고 올라갈 수도 없었다. 다시 돌아가 직접 데려다달라고 부탁했다. 가파르고 길도 없는 야산을 기어올랐다. 한참을 올라가자 평지가 나오고 산을 돌아가는 길이 있었다. 왼쪽으로는 마을이 내려다보이고 오

조선혁명군정학교로 쓰던 토굴과 김두봉이 머문 숙소. 지금은 폐허가 됐다.

른쪽 산등성이에는 토굴집들이 보였다.

지나가는 젊은이에게 옛날 일을 알 만한 노인이 살아 계시냐고 묻자 한 집을 가르쳐줬다. 집에 들어가 인사를 하고 조선혁명군정학교를 찾는다고 했다.

"아, 조선 훈련반."

노인은 밖으로 나와 바로 옆이라고 알려줬다. 토굴집이 두 개 있었는데, 사진에서 본 모습하고 달랐다. 옆에 있는 토굴 두 곳이 더 비슷해 보였다. 혹시 저쪽 토굴이 아니냐고 물으니 네 개가 다 맞다고 했다. 다른 두 개는 문이 잠겨 있어 들어갈 수가 없었다.

예전에는 북한 사람들이 가끔 오다가 이제는 아무도 안 오고, 요즘은 한국 유학생들이 가끔 들른다고 했다. 바로 위쪽에 학교 교장과 교사, 학생들이 살던 숙소도 있다고 했다. 그곳도 알려달라고 했다. 올라가 보니 가파른 산등성이에 아무도 살지 않고 버려진 토굴이 서너 개 있었다. 완전히 폐허가 된 토굴을 보니 불운의 혁명가 김두봉의 파란만장한 삶과 비참한 최후가 스쳐갔다.

1890년 부산 동래에서 태어난 김두봉은 보성고등보통학교 교사로 일하면서 한글학자로 이름을 떨쳤다. 많은 독립운동가들처럼 3·1운동 뒤 중국으로 망명해 상해 임시 정부의 의정원 의원을 지냈고, 1935년 조선민족혁명당 중앙집행위원에 선출됐다. 1942년 옌안으로 와 조선독립동맹 주석이 됐고, 1945년 조선혁명군정학교를 만들어 교장이 됐다. 해방 뒤 북한으로 들어가 조선신민당을 창당하지만 소련이 압력을 행사해 북조선노동당하고 합당해서 위원장이 되기도 했다. 그러나 연안파 수장으로 김일성 체제에 대항하다가 당에서 제명된 뒤 농장 노동자로 추방돼 중노동을 하다가 1961년 세상을 떠났다. 폐허가 된 토굴 숙소를 바라보면서 김일성 독재 체제의 희생양이 된 김두봉의 파란만장한 삶을 생각했다.

후커우壺口

중국의 혼, 후커우 폭포

누군가 '황하는 중국의 슬픔'이라고 썼다. 황허 강의 흙탕물이 흘러넘쳐 주기적으로 모든 것을 빼앗아가기 때문이었다. 그러나 황허 강이 갑자기 좁아지고 누런 폭포를 만드는 후커우 폭포는 '중국의 혼'이라고들 한다.

옌안에서 시안으로 가다가 중간에서 왼쪽으로 빠져 한참을 달리면 산시 성陝西省과 산시 성山西省의 경계에 후커우 폭포가 나타난다. 다시 말해 이 폭포의 동쪽은 산시 성山西省이고 서쪽은 산시 성陝西省이다. 옌안에서 시안으로 바로 가지 않고 꽤 먼 거리인데도 후커우 폭포에 들르기로 한 이유는 후커우 폭포의 명성 덕분이기도 하지만 '중국의 혼'이라는 이름 때문이었다. 도대체 어떤 곳인데 그렇게 부르는지 궁금했다.

한참을 달려 후커우에 도착했다. 위쪽으로 정말 누런 황토물이 도도하게 흐르고 있었다. 가까이 가니 강폭이 갑자기 좁아지면서 밀려오는 황토물이 아래로 뚝 떨어져 서로 먼저 빠져나가려 엄청난 속도로 굉음을 내고 있었다. 저 힘을 중국의 혼이라고 부르는 걸까?

후커우 폭포만이 아니라 도도히 흐르는 황허 강 자체가 무시할 수 없는 무게감과 생명의 울림을 느끼게 했다. 어릴 때는 누구나 그렇듯 푸르른 강을 좋아하고 누렇거나 탁한 강은 더럽다고 생각했다. 젊을 때 이성을 보면 용모를 중시하는 이치나 마찬가지다. 나이가 들면서

오랜 세월 참고 또 참던 농민의 분노가 폭발한 사건이 장정이라면 '중국의 혼' 후커우 폭포는 장정을 상징하지 않을까?

누런 황토 강이야말로 비옥한 땅을 약속하는 생명의 원천이며 사람들의 슬픔과 한과 웃음과 환희가 깃들어 있다는 사실을 깨닫게 됐다. 중국 땅을 돌고 돌며 적셔온 황허 강에 담긴 의미는 더욱 각별했다.

황허 강이 중국의 슬픔이라고 하는 이유는 단순히 주기적인 범람이 일으키는 자연재해 때문만은 아니다. 수천 년 동안 험난한 자연에 맞서 싸우면서 가혹한 지주와 억압적 국가에 수탈당한 중국 농민들의 땀과 눈물과 피가 섞여 있기 때문이다.

후커우 폭포야말로 장정을 상징한다. 넓디넓은 중국 대륙을 지나 산을 돌고 언덕을 넘어 묵묵히 흘러온 황허 강이 기나긴 인고의 세월 속에서도 묵묵히 땅을 가꾸며 살아온 농민을 상징한다면, 그토록 조용히 흐르던 강물이 갑자기 무서운 급류로 바뀌어 천둥소리를 내는 후커우 폭포는 그동안 쌓인 분노가 폭발한 장정이 아닐까? 후커우 폭포는 이런 의미에서 '중국의 혼'이 맞다. 무섭게 쏟아지는 흙탕물을 한참 동안 올려다봤다.

홍군 살린 장쉐량

2년 전 두근거리는 가슴을 안고 시안에서 옌안으로 향하는 차 속, 나를 괴롭힌 의문이 하나 있었다. 아직 도로가 발달하지 않은 1930년대라지만 시안에서 옌안까지 400킬로미터밖에 떨어져 있지 않은데 강력한 화력을 자랑하는 국민당군이 홍군을 섬멸하지 못한 이유다. 그때는 해답을 찾을 수 없었다. 나중에 장정을 떠날 준비를 하느라 여러 책을 읽으면서 해답은 장쉐량이라는 사실을 알았다.

만주의 군벌 장쭤린張作林의 아들인 장쉐량은 아버지가 암살당해 만주를 물려받지만 일본이 만주를 침공하자 병사 20만 명을 데리고 남쪽으로 내려왔다. 그 뒤 장제스의 신임을 얻은 장쉐량은 시안 지역 사령관으로 파견돼 30만 명에 이르는 병력을 지휘하고 있었다. 자기 영토를 잃은 탓에 꿋꿋한 항일주의자가 된 장쉐량은 국민당군과 홍군이 휴전한 뒤 함께 손잡고 일본에 맞서 싸워야 한다고 확신했다. 장쉐량은 장제스 몰래 홍군하고 밀사를 주고받았고, 홍군에 우호적인 태도를 보였다. 에드거 스노우 등이 홍군 지역으로 들어가 마오를 만날 수 있던 이유도 장쉐량이 눈감은 덕분이었다(몇몇 학자는 장쉐량이 공산당에 입당하려 했지만 소련이 승인하지 않았다고 주장한다).

또한 장쉐량은 시안 사변을 일으켜 홍군을 살렸다. 장정을 끝낸 홍군은 옌안에 자리잡지만 세력을 넓히지 못한 채 고립돼 있었다. 이런 홍군을 구한 계기가 서안 사변이었다. 장정의 진정한 끝은 시안 사변이라고 주장하는 사람들도 있는데, 일리가 없지는 않다.

앞에서 살펴본 대로 1936년 10월에 홍군은 소련이 제공하는 군수물자를 받으러 가려고 황허 강을 건너다가 국민당군이 폭격을 하는 바람에 작전을 포기했다. 그러나 이미 황허 강을 건넌 4방면군 소속 2만 명은 북진을 계속했고, 장제스는 북진하는 홍군을 섬멸하고 마오군의 추가 도하를 막으려 1936년 12월 4일에 시안으로 날아왔다.

12월 12일 새벽, 장제스는 평소처럼 잠옷 차림으로 아침 체조를 하고 있었다. 갑자기 총소리가 들렸다. 장제스는 보좌관에게 무슨 일인지 알아보라고 지시했다. 경호실장이 총을 맞은 채 쓰러져 있었고, 장쉐량의 부하들이 총을 쏘며 돌진해왔다. 믿고 있던 장쉐량이 일으킨 쿠데타였다. 장제스는 잠옷 차림으로 산으로 도망쳐 바위 뒤에 숨지만 두 시간 뒤 장쉐량의 부하들에게 붙잡혔다. 시안 사변이었다.

장쉐량은 나중에 공산당하고 손잡아 2차 국공 합작을 맺은 뒤 항일 투쟁에 나서게 하려는 순수한 동기에서 감행한 행동일 뿐이라고 주장했다. 그러나 몇몇 학자는 장쉐량이 마오하고 내통하면서 장제스를 제거한 뒤 중국 대륙을 좌지우지하는 실권자가 되고 싶어한 사람일 뿐이라고 비난한다.

진실이 무엇이든 장쉐량은 홍군을 살렸다. 장쉐량이 보낸 전용 보잉기를 타고 저우언라이가 시안으로 날아왔다. 장쉐량, 저우언라이, 장제스 사이에 협상이 시작됐다. 결국 장제스는 소련이 개입한 상황에서 국공 내전을 끝내고 항일 투쟁에 들어간다는 사항을 핵심으로 하는 장쉐량의 요구 조건을 수락했다.

2차 국공 합작 덕분에 공산당은 합법 정당이 됐다. 인구 200만 명과

12만 제곱킬로미터의 영토를 할당받고, 군대 4만 6000명이 쓸 무기와 급여를 지급받기로 했다. 대신 홍군은 국민당군 산하 팔로군으로 편입됐다. 장쉐량은 홍군을 살렸다.

장제스 살린 스탈린

스탈린과 소련, 코민테른은 중국 혁명에서 처음부터 국민당과 장제스에 우호적이었다. 중국 공산당에 1차 국공 합작을 강요하면서 국민당에 입당하라고 지시하기도 했다. 그러나 1차 국공 합작은 장제스가 공산당원들을 대량 학살하는 비극으로 끝나고 말았다.

시안 사변이 나자 마오는 모스크바에 장제스 제거를 승인해달라고 요청했다. 스탈린과 코민테른은 장제스를 제거하는 행위는 항일 통일 전선을 심각하게 훼손할 뿐 아니라 일본이 중국을 침략할 수 있게 돕는 친일 행위라며 강하게 반대하면서 시안 사변 자체를 공개 비판하고 나섰다. 장제스가 이끄는 난징 정부도 장쉐량에게 선전 포고를 하고 군대를 시안으로 이동하는 한편, 장쉐량 군대를 폭격했다.

소련의 지지를 얻는 데 실패한 장쉐량은 장제스를 찾아가 무릎을 꿇고 울면서 사려 깊지 못한 짓을 저지른 잘못을 빌었다. 한편 스탈린은 장제스가 2차 국공 합작을 받아들여 공산당하고 협력 관계를 유지할 수 있게 회유책을 썼다. 모스크바에 유학 와서 사실상 인질로 잡혀 있던 장제스의 아들 장징궈張經國*를 풀어준다는 제안이었다. 소련이 개

* 장징궈는 아버지 장제스가 죽은 뒤 타이완 총통을 이어받아 1988년에 사망할 때까지 타이완을 다스렸다.

입한 덕분에 장제스-저우언라이-장쉐량 사이의 협상이 순조롭게 진행돼 2차 국공 합작이 성사됐다.

장쉐량은 가지 말라고 저우언라이가 만류하는데도 장제스의 비행기를 타고 난징으로 갔다. 그 뒤 50년 넘게 인질이 돼 연금 상태로 지내야 했다. 장제스는 내전에서 패배해 타이완으로 도주할 때도 장쉐량을 데리고 갔다. 장제스가 죽은 뒤에야 연금이 풀린 장쉐량은 하와이로 이민을 가 2001년에 백 살 나이로 숨을 거뒀다. 장제스와 마오보다도 25년 더 오래 살아남았다.

장제스 아래 2인자 장쉐량이 마오와 홍군을 살리고 스탈린이 극우 반공주의자 장제스를 살렸으니, 역사란 정말 묘하다는 생각을 지울 수 없다. 스탈린은 1949년 국공 내전 때도 창장 강을 넘어 남쪽으로 도주한 장제스군을 공격하려는 홍군에 끝까지 반대했다. 홍군이 중국을 통일하는 상황을 바라지 않은 탓이었다. 사회주의 형제국은 오히려 둘로 분열된 '힘 약한 중국'을 택했다.

엉뚱한 조연의 역사적 기여

4월 26일, 시안 사변의 흔적을 찾아 나섰다. 시안에는 크게 나눠 시안 사변 관련 유적이 네 곳 있다. 장제스 숙소, 장제스가 도망가 있다가 잡힌 현장, 장쉐량 공관, 시안 사변 뒤 만든 팔로군 연락 사무소다.

시안 사변 현장은 시외로 한참 나가야 해서 시내에 있는 곳부터 보기로 했다. 장쉐량 공관은 지난번에는 못 봐서 처음 가는 곳이었다. 시안 출신답게 운전기사는 공관을 금방 찾아갔다.

공관 앞에는 '시안 사변 기념지 — 장쉐량 공관'이라는 표지석이 보

베이징 올림픽을 맞아 유스 호스텔이 된 팔로군 연락 사무소의 접대소(왼쪽). 노먼 베순과 님 웨일스가 머문 팔로군 연락 사무소 안 영접 숙소(오른쪽).

였다. 공사 중이라 닫혀 있었다. 그래도 자기네 동네라고 운전기사가 안으로 들어가 한국에서 취재를 온 사람들이라고 이야기한 덕분에 마당에 들어가 공관 전경을 찍을 수는 있었다. 열쇠가 없어 공관 안에는 들어가지 못했다. 공관을 바라보니 여러 생각이 떠올랐다. 장쉐량은 스스로 주장하듯 항일 투쟁이라는 순수한 동기에서 시안 사변을 일으킨 걸까? 아니면 장제스를 제거하고 1인자가 되려는 정치적 동기 때문일까? 역사는 엉뚱한 조연 덕분에 발전한다.

팔로군 연락 사무소로 향했다. 여기도 공사 중이라 문이 닫혀 있었다. 이놈의 올림픽! 안쪽에 열린 곳이 있어 들어가 보니 연락 사무소 중 접대소로 쓰던 곳을 유스 호스텔로 만들어 외국인에게 빌려주고 있었다. 접대소라고 하지만 팔로군 연락 사무소를 유스 호스텔로 활용하다니, 중국식 실용주의는 역시 실용적이었다.

다행히 연락 사무소는 2년 전에 잘 살펴봐서 이번에는 못 보더라도 별 지장이 없었다. 다음 행선지로 향하면서 컴퓨터에 저장한 팔로군 연락 사무소 사진을 열었다.

이곳은 옌안에 있는 홍군이 시안 사변 뒤 2차 국공 합작을 맺고 국민당군 산하 팔로군으로 개편된 뒤 시안에 있는 국민당군하고 연락하려 설치한 사무소다. 여기에는 연락 사무소 용도로 쓴 무선실과 사무실, 인도주의 의사로 유명한 캐나다 출신 노먼 베순Norman Bethune과 저널리스트인 님 웨일스가 머문 숙소 등이 있다.

여러 자료를 모아놓은 '님 웨일스 전시실'이 볼 만했다. 민원실도 흥미로웠는데, 1938년 1년 동안 항일 투쟁에 참여하려는 청년 1만 명이 이 사무실을 거쳐 옌안으로 들어갔다. 에드거 스노우가 쓴 《중국의 붉은 별》을 읽고 감동한 애국 청년들이 충원되는 통로였다.

중국판 12·12의 흔적

다음 행선지는 시안 사변 현장. 시안 사변이 전두환 등 신군부가 일으킨 12·12 쿠데타하고 같은 12월 12일에 일어난 사실을 새삼스럽게 깨달았다. '12·12'가 '시비시비'이니 시비를 거는 쿠데타하고 관련이 있는 걸까? 같은 군사 쿠데타라도 중국의 12·12는 긍정적 의미를 갖는다면 한국의 12·12는 반역사적이라는 점에서 두 사건이 지니는 의미는 전혀 다르다.

시안 사변 현장은 시안 최고의 관광지인 진시황릉의 병마총에서 가

상업용으로 꾸며놓은 장제스 집무실. 돈을 내면 장제스 옷을 입고 사진을 찍을 수 있다.

까운 화칭츠华清池에 있었다. 먼저 화칭츠 뒷산으로 올라갔다. 장제스가 도망간 곳이다. 한참을 올라가자 왼쪽에 장제스가 앉아 있었다. 장제스가 쓴 집무실 모양으로 꾸며놓고 장제스 옷을 빌려줘 사진을 찍고 돈을 받는 곳이었다. 중국의 상업주의라니!

산으로 더 올라가니 계곡에 놓인 돌 사이에 장제스가 숨은 곳이 나타났다. '장제스 은신처'라는 표지판이 보였다. 천하를 호령한 독재자가 잠옷 바람으로 이곳에 쭈그리고 앉아 겨울 추위에 떨면서 두 시간 동안 숨어 있는 모습을 상상하니 웃음이 나왔다. 그때 느낀 굴욕감 때문에 장제스는 죽을 때까지 장쉐량을 연금에서 풀어주지 않았다.

그런 굴욕감이 농지 개혁처럼 절대다수의 중국 민중이 바라는 개혁을 통해 민심을 잡으려는 와신상담으로 이어지지 못하면서 장제스는 대륙을 잃고 대만으로 쫓겨났다. 장제스가 겪은 굴욕이 개혁으로 나

믿고 있던 장쉐량(왼쪽 사람)에게 배신당한 장제스(오른쪽 사람).

아가는 자극제가 됐다면 시안 사변은 전화위복의 기회일 수 있었다. 장제스가 지닌 한계였다.

화칭츠에 들어가 뒤뜰에 있는 우젠팅五間廳으로 향했다. 우젠팅은 말 그대로 다섯 칸짜리 집으로, 장제스가 소련이 제공한 군수 물자를 수령하려는 홍군을 저지하기 위한 작전 회의를 주재한 회의실과 집무실, 숙소, 경호원 숙소 등으로 구성돼 있다.

자기들을 살려준 사람인 만큼 입구에는 젊은 시절 모습부터 하와이로 이민간 뒤 노년기 모습까지 사진을 여러 장 붙여놓고 장쉐량을 자세히 소개하고 있었다. 사무실 밖 벽에는 장쉐량의 군대와 장제스의 경호원들 사이에 벌어진 총격전 때 생긴 흔적이 그대로 남아 있었다. 벽에 투명한 유리를 씌우고 '시안 사변 총탄 자국'이라고 써놓았다. 장제스를 체포한 장쉐량의 특공대에는 독립운동을 하려고 중국에 온 한인도 끼여 있었다니, 한인 병사가 쏜 총탄 자국일지도 모른다는 생각이 들었다.

양귀비의 뱃살

봄날 쌀쌀한데 여산 화칭츠에서 목욕을 하니春寒湯浴华清池

온천물이 미끄러워 고운 살갗 씻었네溫泉水滑洗凝脂

당나라 때 시인 백거이白居易가 현종玄宗과 양귀비楊貴妃의 사랑을 그리며 쓴 시 〈장한가長恨歌〉의 한 구절이다. 장제스가 숙소 겸 집무실로 쓰다가 인질이 된 곳이 바로 〈장한가〉에 나오는 화칭츠다. 화칭츠는 해마다 10월에 날씨가 쌀쌀해지기 시작하면 현종과 양귀비가 찾아와 봄까지 지내다가 간 곳으로, 뜨거운 온천물이 유명하다.

시안 사변 현장인 우젠팅을 나와 양귀비 전용 욕탕이라는 하이당탕과 현종하고 사랑을 나눈 세로 10.6미터에 가로 6미터인 옌화 탕을 지나가자니 세월의 무상함이 느껴진다. 옌화 탕 옆에서 하얀 대리석으로 만든 양귀비 조각을 올려다봤다. 날씬한 사람을 미인으로 생각하는 요즘 기준에서 한참 동떨어진 풍만한 나신은 희대의 미녀라는 명성하고 다르게 뱃살이 만만치 않았다.

〈장한가〉가 희대의 사랑으로 미화하지만, 현종과 양귀비의 사랑은 시아버지와 며느리 사이의 '불륜'이다. 나이와 사회적 통념을 넘어선 순수한 사랑이 아니라 권력을 매개로 한 추문이었다. 일종의 거래로 봐야 한다. 양귀비는 열여섯 살 때 현종의 아들인 수왕壽王의 비가 됐다. 마침 부인이 죽고 나서 적적하던 현종은 양귀비에게 빠져 아들의 아내를 빼앗았다. 졸지에 아내를 빼앗긴 아들에게 다른 여성을 한 명 '선물'하는 최소한의 무마책은 썼다. 현종은 54세, 양귀비는 21세였다.

역사가 '자질풍염資質豊艶'이라고 기록하고 있듯이 총명하고 풍만한 양귀비는 이 두 가지 무기로 현종을 사로잡았다. 양귀비와 친척들의 권세는 하늘을 찔렀다. 현종한테 '국충'이라는 이름까지 하사받은 양귀비의 육촌 오빠 양국충楊國忠은 재상이 돼 전횡을 일삼았다. 여기에 등장하는 인물이 현종의 양자인 안록산安祿山이다. 양귀비는 안록산의 젊고 우람한 육체에 반해 어머니와 아들 사이를 넘어 깊은 관계로 발전했다(어떤 사람들은 어느 날 안록산이 양귀비를 심하게 애무하다가 가슴에 난 상처를 현종에게 들키지 않으려 가슴을 천으로 감싼 일이 중국판 브래지어의 효시라고 주장한다).

시간이 지나면서 안록산과 양국충 사이에 갈등이 생겼다. 화가 난 안록산이 난을 일으키고 현종은 피란을 갔다. 현종을 호위하는 병사들이 양국충을 죽였고, 양귀비는 명주실로 목을 졸라 자결했다. 현종은 매일 아침저녁으로 양귀비 초상화를 보며 눈물을 흘렸다. 그런 점에서 백거이는 '한은 끊일 날이 없으리라'며 '장한長恨'을 노래했다. 모든 사랑이 아름다울 수 있고 모든 사람의 아픔이 다 진정한 아픔이겠지만, 양귀비와 현종을 지나치게 미화한 셈이다. 장정을 따라오면서 숱한 사람들의 희생과 한을 본 때문인지 그런 생각이 더욱 강하게 들었다. 장정이 해결하려 한 문제이지만 지금도 여전한 중국 농민들의 가난과 고통이 진정한 '장한'이다.

천년 고도 시안에서 장정을 돌아보다

시안의 야경은 진나라부터 한나라, 수나라, 당나라의 도읍으로 중국의 천년 고도라 할 수 있는 역사 도시다웠다. 고성들과 현대적 조명이 결합해 환상적인 분위기를 자아냈다. 갑자스레 불탄 숭례문이 떠올랐다.

감정을 추스르고 유명한 야시장 거리로 가니 실크로드의 출발지답게 이슬람 식당이 많고 이슬람 문화의 향취가 깊이 배어났다.

4월 27일, 장정 여행의 마지막 날이다. 내일 아침이면 베이징으로 돌아간다. 시안 사변 취재까지 끝냈으니 오늘은 가벼운 기분으로 시안 관광을 하기로 했다. 나는 2년 전에 온 적이 있지만 다른 사람들은 처음이라 진시황 병마총과 장안성에 들렀다. 진시황 병마총은 다시 봐도 대단했다. 실제 사람을 본떠 실물 크기로 모두 다르게 만든 병사 수천 명을 보면 누구든 놀랄 수밖에 없었다. 죽 늘어선 서양인들이 모두 크게 감탄하고 있었다. 이 병사 모양에 자기 얼굴을 넣어 미니어처 기념품으로 만들어주는 곳에도 서양인들이 길게 줄을 서 있었다. 서양인 얼굴을 한 병마총이 신기해서 나도 한참을 쳐다봤다.

편집증에 사로잡힌 개인의 무덤을 만드느라 진나라 시절의 민중들이 얼마나 고통받고 얼마나 많은 사람이 목숨을 잃었을까 하는 생각이 머리를 떠나지 않았다. 적어도 '진보적' 학자인 나는, 그런 잔혹한 수탈의 흔적으로 남겨진 문화유산 덕분에 고통받던 민중의 후손들이 관광 수입을 얻어 먹고살 수 있지 않느냐는 논리만으로 희생을 용인하기가 어려웠다. 그런 수탈이 누적된 때문에 결국 장정과 중국 혁명이 일어나지 않았을까?

장안성으로 갔다. 사각형 모양인 장안성은 한쪽 길이가 4킬로미터 정도라 한 번 돌면 16킬로미터나 된다. 성벽 폭도 넓어서 4차선 도로쯤 된다. 성벽 위로 관광용 전기차가 다닐 수 있다. 우리는 자전거를 빌려 성을 한 바퀴 돌았다. 베이징 올림픽 마라톤 경기를 이 성 위에서 열면 어떨까 생각했다. 시안 시내를 내려다보면서 성을 두 바퀴 반 정도만 돌면 되니까 텔레비전을 통해 중국의 옛 문화를 전세계에 그대로

천년 고도 시안의 야경(위)과 진시황 병마총(아래).

장안성. 사방 길이가 16킬로미터나 된다.

전할 기회가 될 수 있겠다.

실크로드로 이어지는 서북쪽 대신에 서문으로 가서 서남쪽을 바라봤다. 눈에 보이지는 않지만 그쪽에 죽음의 초원과 다쉐 산, 루딩 교로 이어지는 머나먼 장정의 길이 있기 때문이었다. 지난 50일 동안 1만 3800킬로미터를 달려온 긴 여정의 고난과 환희가 하나씩 떠올랐다. 돌고 돈 총장의 밤길부터 비 맞으며 시수이로 향한 야간 행군, 자오핑두의 먼지 속에서 맛본 좌절과 환희, 루딩 교에서 당한 추방, 다쉐 산과 쓰구냥 산이 안겨준 경이, 샤오진에서 또 한 차례 겪은 좌절 등 많은 일들이 주마등처럼 스쳐갔다. 지난 수천 년 동안 황허 강처럼 천천히 흘러오다가 70년 전에 후커우 폭포처럼 무서운 힘으로 몰아쳐 장정을 완수하고 모든 낡은 것들을 쓸어버린 중국 농민과 노동자의 분노, 피, 용기가 느껴졌다.

8. 장정을 끝내며

긴 장정을 마치고 베이징행 비행기에 올랐다. 몸은 피곤했지만 오히려 정신은 맑아졌다. 어차피 잠자기는 틀린 만큼 이번 장정을 정리해봤다. 서안 사변 뒤 숨가쁘게 이어진 중국 현대사도 조용히 되새겨봤다.

21세기 장정의 네 가지 투쟁

어떤 연구자는 중국 공산당의 장정을 세 가지 투쟁으로 요약했다. 먼저 홍군을 추적하는 압도적 우위의 국민당군에 맞선 투쟁이었다. 둘째는 자연을 상대로 한 투쟁이었다. 숨조차 쉴 수 없는 설산과 죽음의 초원을 이겨내야 했다. 마지막은 내부에서 벌인 투쟁이었다. 모스크바 양옥으로 상징되는 해외파를 상대로 한 투쟁이었고, 장궈타오하고 겨룬 투쟁이었다.

우리가 다녀온 장정, 곧 21세기의 장정은 또 다른 네 가지 투쟁, 아니 거기에 하나를 더해 다섯 가지 투쟁으로 요약해야 한다.

첫째, 길을 상대로 벌인 투쟁이다. 가려고 한 곳이 워낙 오지인데다가, 올림픽과 지방도 정비 작업으로 가는 곳마다 길이 길이 아니었다. 아예 길을 막아놓아 못 간 곳도 있었고 도저히 차가 다닐 수 없는 곳도 적지 않았다. 난생처음 오토바이를 타는 등 고생을 많이 했다.

둘째, 운전기사하고 벌인 투쟁이다. 뒤에 만난 두 기사는 괜찮았지만 처음 한 달은 나날이, 아니 매 시간이 운전기사를 상대로 하는 투쟁의 연속이었다. 자기 차를 너무 아낀 탓에 어디로 가자고 하면 못 가는 곳이라고 했고, 가더라도 너무 차를 천천히 몰아 사람 속을 뒤집어놓은 적이 한두 번이 아니었다.

셋째, 시간을 상대로 한 투쟁이다. 겨우 30킬로미터를 가는 데 여섯 시간 반이 걸릴 정도로 길도 나쁜데다가 운전기사가 차를 천천히 몰아 너무 많은 시간을 차에서 보냈다. 거의 매일 밤 열 시나 돼서야 숙소로 들어갈 수 있었다.

넷째, 규제에 맞선 투쟁이다. 티베트 사태 때문에 장족 지역으로 들어갈 수 없게 되면서 출입 통제를 피해 장정을 이어가려는 피 말리는 투쟁이었다. 그 과정에서 두 번이나 공안에게 추방과 제지를 당했고, 930킬로미터 구간을 미답지로 남겨두게 됐다.

마지막으로 나 자신에 맞서서 벌인 투쟁이다. 나쁜 길, 짜증나는 운전기사, 쌓이는 피로, 기름에 튀긴 지겨운 식사 등을 참을 수 없어 폭발 직전까지 간 적이 한두 번이 아니었다. 그래도 70년 전 장정을 떠난 홍군에 견주면 이 정도는 아무것도 아니라는 생각 때문에 참고 견딜 수 있었다.

음식으로 본 중국

대도시에서 몇 번 먹은 한식과 두 번 즐긴 패스트푸드 말고는 50일 동안 매일 중국 음식을 먹었다. 계속 이동하면서 각각 다른 지방의 음식을 먹었다. 오랜 기간 다니면서 느낀 중국 음식에 관련된 소회를 몇 가지 얘기해보겠다.

중국의 음식 문화에서 가장 견디기 어려운 요소는 차가운 음료를 마시지 않는 점이었다. 물이 나빠서 그럴 테지만 으레 뜨거운 차를 줬고, 찬물을 마시고 싶어 생수를 시켜도 미지근했다. 심지어 맥주도 차갑지 않았다. 열 시간 넘게 땡볕과 먼지 속을 달려와 시원하게 한잔하려고 허겁지겁 맥주를 시켜 한 모금 넘겼는데 미지근하다 못해 따뜻할

김치찌개 맛하고 아주 똑같아서 무척 반긴 쓰촨의 전통 음식(왼쪽)과 구이양에서 먹은 전통 샤오츠(오른쪽).

때 밀려드는 황당함이란! 대도시 빼고 어디를 가도 냉장고에 넣어 차갑게 한 맥주를 파는 곳을 한 군데도 찾지 못했다. 정말 기가 막힌 일은 오렌지주스도 뜨겁게 해서 준다는 사실이다. 그나마 번듯한 호텔에 가면 조식 뷔페에 오렌지주스가 나왔는데, 펄펄 끓는 물에 오렌지 맛이 나는 가루를 탄 음료였다. 50일 동안 차가운 오렌지주스를 단 한 잔도 마시지 못했다.

중국 사람들이 채소를 날것으로 먹지 않는다는 점도 놀랍고 불편했다. 거의 모든 음식이 기름으로 튀긴 요리라 채소라도 신선하게 먹으려 했지만 채소도 모두 기름에 튀겼다. 견디다 못해 시장에서 마늘쫑, 양배추, 배추 등을 산 뒤 그냥 씻어서 달라고 했다. 채소를 날것으로 먹자 모두 야만인 보듯이 우리를 쳐다봤다.

중국에는 한국 음식하고 비슷한 음식이 생각보다 많았다. 특히 쓰촨 지방이 그랬다. 마늘과 양파를 식초에 담근 장아찌도 있었고, 무생

채도 보였다. 김치하고 똑같은 음식도 있었다. 삭힌 두부를 작게 잘라 김치처럼 생긴 채소로 싼 음식이 있어서 채소만 벗겨 따로 먹어보니 딱 김치찌개에 든 김치 맛이었다. 누군가 중국 음식 중에서 한국 음식하고 똑같은 종류를 조사한다면 무척 재미있는 작업이 될 듯하다.

중국 음식 중에서는 한국의 분식이나 간식에 해당하는 샤오츠小吃가 특히 맛있었다. 구이양에서 먹은 전통 샤오츠 코스는 예술의 경지였다. 여러 가지 만두와 국수, 두부 요리 등 열여덟 종류의 음식이 코스로 나오는데, 50일 동안 먹은 중국 음식 중에서 가장 기억에 남는다.

장정 이후 중국은 어디로 갔는가

장정 여행을 간단히 회상했지만, 베이징까지는 아직도 시간이 꽤 남아 있었다. 그래서 1935년 10월 장정을 끝내고 1936년 시안 사변을 겪은 다음의 중국 현대사를 되짚어봤다.

장정이 끝난 뒤 홍군은 시안 사변을 계기로 회생할 수 있는 기회를 맞았다. 그리고 항일 투쟁을 거치며 지지 기반을 확대했다. 1945년 2차 대전이 끝난 뒤 2차 국공 합작이 깨지고 홍군과 국민당군은 내전에 들어갔다. 국공 내전에서 승리한 홍군은 1949년 10월 1일에 중화인민공화국 수립을 선포했다.

1950년 한국전쟁이 터진 뒤 인천 상륙 작전으로 미군이 반격을 시작하자, 마오는 인도 등을 통해 미국이 38선을 넘어 북진하면 중국이 참전할 수밖에 없다는 경고를 보냈다. 미국은 이 경고를 무시하고 압록강까지 북진했다. 마오는 펑더화이를 총사령관으로 해서 한국전쟁에 인민해방군을 파견했다.

1950년대 말 마오는 대약진 운동을 펼쳤다. 장정의 뿌리가 된 농민을 인민공사라는 집단 농장 체제에 편입시켰고, 공동 주방과 공동 생활을 도입했다. 소련식의 농업과 공업 분리 체제를 극복한다며 마을마다 뒷마당 제철소를 만들어 농기구를 직접 만들어 쓰게 했다. 이 정책은 경제적으로 문제가 많았고, 사방에 굶주려 죽는 농민이 속출했다. 몇몇 추정에 따르면 이때 최소한 2000만 명이 희생됐다.

1959년 7월, 루산廬山에서 당 지도부 회의가 열렸다. 여기에서 펑더화이는 얼마 전 고향인 후난 성을 다녀오면서 본 농촌 사정을 전하며 대약진 운동을 비판했다. 화난 마오는 자주 써먹던 수법대로 다른 사람들을 협박했다. "여러분이 나를 원하지 않는다면 다시 산으로 들어가 농민으로 홍군을 꾸려 여러분들하고 싸우겠다." 펑더화이는 국방부 장관 격인 국방부장에서 쫓겨났다. 그러나 마오도 국가 주석 자리를 류사오치에게 내줬다.

류사오치는 덩샤오핑 등하고 함께 경제 개혁에 착수했다. 이를테면 인민공사가 임대하는 방식으로 토지를 농민에게 돌려줬다. 경제가 회복하자 마오의 반격이 시작됐다. 1966년 문화대혁명이 시작됐다. 당과 베이징이 자본주의에 물들은 주자파走資派*로 가득하다며 젊은 대학생들이 홍위병이 돼 당과 군을 공격하고 나섰다. 마오의 부인인 장칭을 비롯한 4인방이 주도하는 이 흐름 속에서 류사오치와 덩샤오핑이 주자파로 몰려 쫓겨났다. 특히 류사오치와 펑더화이는 고문을 당한 뒤 감옥에서 죽었다.

* 중국 공산당 안에서 자본주의 노선을 주장하는 분파.

중화인민공화국 역사를 써온 권력자들. 왼쪽부터 마오쩌둥, 덩샤오핑, 장쩌민, 후진타오.

낡은 자본주의의 유제들을 없앤다는 미명 아래 전통문화를 파괴하고 지식인들을 농촌으로 하방시켰다. 추정에 따르면 그런 과정에서 200만 명이 희생됐다. 1976년 마오가 죽자 기회를 노리고 있던 군부와 당의 원로들이 4인방을 체포하면서 문화대혁명의 광기는 끝을 맺는다. 그 뒤 권력을 잡은 덩샤오핑은 시장 경제를 지향하는 개혁 개방을 추구했다. 인민공사를 해체하고 농지를 농민에게 돌려줬다. 동부의 해안 지역에 경제 특구를 만들어 수출을 위한 공업화를 빠르게 추진했다.

경제 개혁을 넘어서 정치 개혁과 사회 개혁, 민주주의를 바라는 목소리도 점점 높아졌다. 1989년 톈안먼 광장에서 일어난 학생 시위는 유혈 진압됐다. 경제 개혁과 정치적 억압이 결합한 중국형 개혁 모델이 자리잡았다. 덩샤오핑의 지도 아래 중국 경제는 빠르게 발전했고, 이런 흐름은 후계자인 장쩌민에게도 그대로 이어졌다. 그렇지만 중국 특색 사회주의는 심각한 사회적 불평등을 불러왔다. 2004년에 권력을 장악한 후진타오는 이 문제를 해결하기 위해 화해사회론을 내걸어 경제 성장 말고도 분배 문제를 해결하려 노력하고 있다.

이렇게 중국 현대사를 회고하니 장정 초기에 난창과 창사에서 본 덩샤오핑과 류사오치, 펑더화이의 유적이 눈앞에 선했다.

난창南昌

샤오핑의 작은 길

난창에서 남쪽으로 10킬로미터쯤 내려가면 낡은 막사가 하나 나온다. 바로 난창 보병학교다. 1969년 10월 어느 날 새벽, 5척 단신에 60대 중반으로 보이는 한 노인이 막사에서 나와 진흙투성이 좁은 길을 천천히 걷고 있었다. 20분 정도 더 걷자 작은 트랙터 수리 공장이 나타났다. 공장 건물로 들어선 노인은 자기 자리로 가 능숙한 솜씨로 기계 선반을 돌리기 시작했다. 노인은 오늘날의 중국을 만든 '개혁 개방의 아버지' 덩샤오핑이었다.

'검은 고양이든 흰 고양이든 쥐만 잘 잡으면 된다黑猫白猫'는 실용주의 노선을 대표하는 덩샤오핑은 문화대혁명 때문에 우파 반동분자로 몰려 공직에서 추방됐다. 베이징 대학교에 다니던 덩샤오핑의 아들은 동료 학생들로 구성된 홍위병한테 아버지가 저지른 반역죄를 자백하라며 고문당하고 의식을 잃은 뒤 4층 건물 아래에서 피투성이로 발견됐다. 제대로 치료를 받지 못해 반신불수가 됐고, 원시적인 복지 센터에 다른 환자들하고 함께 감금됐다. 덩샤오핑과 부인은 난창 보병학교로 보내졌다. 문화대혁명이 시작된 뒤 다른 교육 기관들처럼 정상적인 교육 활동이 중단되면서 버려진 곳이었다. 덩샤오핑은 1973년에 복권돼 베이징으로 갈 때까지 이곳에서 트랙터 수리공으로 일하며 긴 연금 생활을 견뎠다.

난창 보병학교에서 덩샤오핑이 일한 자리.

장정 초기에 난창 봉기를 취재한 뒤 덩샤오핑이 일한 공장에 들렀다. 관광지가 돼 찾기 쉬웠다. 공장으로 들어가자 왼쪽에 낡은 건물이 하나 나타났다. 고장난 트랙터와 덩샤오핑이 쓰던 기계 선반이 주인을 기다리고 있었다. 이 선반을 돌리며 무슨 생각을 했을까? 프랑스 유학 시절을 회고한지도 모르겠다. 그때 덩샤오핑은 선반 기술을 배웠다.

마오 말고 덩샤오핑과 저우언라이 등 중국 공산당의 1세대 지도자는 거의 모두 해외 유학파였다. 게다가 러시아가 아니라 프랑스 등 유럽 유학파였다. 그렇다고 이 사람들이 '강남 좌파'는 아니었다. 일하면서 공부하는 근로 유학 프로그램을 활용했다. 그러고는 프랑스 공산당에 들어갔고, 좌파가 됐다.

덩샤오핑도 근로 유학 프로그램을 활용해 프랑스에 갔고, 크루아상으로 끼니를 때우며 파리 교외의 르노 자동차 공장에서 자기 키보다

샤오핑 소도를 알리는 표지석. 덩샤오핑은 날마다 이 길을 걸으며 와신상담하지 않았을까.

큰 공구를 가지고 일을 했다. 유엔 총회에 참석한 뒤 귀국길에 프랑스에 들르게 된 덩샤오핑이 크루아상 100개를 사 와 함께 근로 유학을 간 옛 동지들에게 나눠준 적도 있었다.

마오는 어학에 소질이 없고 노동도 싫어해 근로 유학을 가지 않았다. 카를 마르크스가 쓴 《자본》보다는 《수호지》와 《삼국지》, 그리고 중국 역대 왕조의 통치술을 다룬 《자치통감》을 더 좋아했다. 이런 특성은 중국 혁명에 긍정적이든 부정적이든 영향을 미쳤다. 장정에서 드러난 대로 마오는 노동자 대신에 농민을 주목하고 시가지에서 벌이는 전면전이 아니라 손자병법식 게릴라전에 집중했다. 서구에서 나온 마르크스주의를 맹목적으로 추종하지 않고 중국의 특성에 바탕을 둔 마르크스주의와 혁명 이론을 중요하게 생각한 점은 긍정적이다. 그러나 동시에 세계와 경제에 어두웠고, 국수주의적 경향도 드러냈다.

'샤오핑 소도小平小道'는 '샤오핑의 작은 길'이라는 뜻이다. 공장 건물 뒤로 돌아가니 덩샤오핑 동상이 보이고 '샤오핑 소도'라고 쓴 작은 표지석이 나타났다. 덩샤오핑은 날마다 이 길을 걸으며 지난 세월을 회고하고 중국의 미래, 특히 주자파라는 비판을 받게 한 개혁 개방도 고민했다. 그 길을 걸으며 나는 거꾸로 덩샤오핑과 문화대혁명, 그리고 덩샤오핑의 개혁 개방을 생각했다.

솜에 싼 바늘

흔히 덩샤오핑을 '오뚜기'나 '인도 고무공'이라고 부른다. 넘어져도 넘어져도 일어난다는 뜻이다. 덩샤오핑의 삶을 들여다보면 잘 붙인 별명이다. 덩샤오핑의 삶은 시련 자체이기 때문이다.

덩샤오핑은 부농 집안에서 태어났지만 프랑스로 근로 유학을 떠나 굶주린 채 일했다. 귀국 뒤에도 공산당 활동을 하면서 일찍부터 크고 작은 시련으로 고통을 겪었다. 특히 마오의 부하가 된 뒤에 큰 시련이 찾아왔다. 앞에서 이야기한 대로 마오를 겨냥한 당권파가 마오의 심복인 덩샤오핑을 희생양으로 삼는 바람에 투옥됐고, 이혼을 당해 부인까지 빼앗겼다. 장정도 졸병 자격으로 참가했다. 뛰어난 능력과 집념으로 다시 권력의 핵심에 복귀하지만 1960년대 문화대혁명으로 또다시 엄청난 시련에 부딪쳤다.

샤오핑 소도를 걸으며 마오가 류사오치나 펑더화이하고 다르게 덩샤오핑은 죽이지 않은 사실을 떠올렸다. 흔한 고문도 당하지 않았다. 마오는 덩샤오핑이 부드러움 속에 날카로움을 감춘 '솜으로 싼 바늘'이자 문무를 모두 갖춰 중국에 꼭 필요한 사람이라고 자주 말했다. 문

덩샤오핑 동상.

화대혁명 때도 4인방이 덩샤오핑을 당에서 제명해야 한다고 하자 류사오치와 덩샤오핑은 구별해야 한다며 강하게 반대했다. 그리고 1972년에 덩샤오핑을 다시 불러내 중책을 맡겼다. 1975년에 다시 쫓아내기는 하지만 말이다.

마오가 덩을 류사오치하고 구별하지 않았다면, 덩샤오핑의 개혁도, 따라서 오늘날의 중국도 없을지 모르겠다. 이런 점에서 오늘의 중국은 덩샤오핑을 살리기로 한 마오의 결정에 크게 빚지고 있다. 자기가 죽은 뒤에 덩샤오핑이 어느 누구보다도 유능하게 자기 노선을 부정하고 시장주의적 개혁 노선을 현실화할 가능성이 크다는 점을 마오도 잘 알지 않았을까? 그런데도 마오는 왜 덩샤오핑을 보호했을까? 마오도 마오답지 않게 덩샤오핑하고 맺은 인간적 관계에 마음이 약해진 걸까? 덩샤오핑의 능력을 과소평가한 걸까? 아니면 자기가 죽은 뒤 덩샤오핑이 중국을 개혁 노선으로 이끌기를 바란 걸까? 알 수 없는 일이다.

어쨌든 덩샤오핑은 중국을 '낙후의 어둠'에서 구해냈다. 분명히 덩샤오핑이 말한 대로 가난이 사회주의는 아니다. 그러나 자기가 추구한 개혁이 자본주의보다도 더 심각한 빈부 격차를 만든 사실에 관해 덩샤오핑은 뭐라고 말할지 궁금했다. 먼저 '파이'를 늘리고 나중에 분배하자는 박정희식 '선 성장 후 분배'론을 주장할까? 덩샤오핑은 한국에서도 박정희의 손을 들어줄까? 덩샤오핑이 평생 사회주의 혁명 투쟁을 통해 달성하려 한 목표는 노동자와 농민의 해방이 아니라 중국을 강력한 선진국으로 만드는 부국강병이었을까?

이런 생각을 하면서 샤오핑 소도를 빠져나왔다. 덩샤오핑이 머문 숙소는 다시 정상적인 군부대로 돌아가 있어 출입할 수 없었다.

장정을 준비하던 때 창사 근교에 있는 마오 생가에 가는 길을 알아보려고 지도를 찾다가 놀라운 사실을 발견하고 무릎을 쳤다. 마오의 평생 동지, 아니 평생 부하이지만 문화대혁명 때 가장 비참하게 숙청된 뒤 죽은 류사오치와 펑더화이의 생가는 마오 생가 바로 옆이었다.

한국식으로 무조건 '우리 동네'라고 끼고 도는 연고주의는 비판받아야 한다. 그러나 거대한 중국 땅에서 바로 옆 동네에 살던 동향 '친구'이자 오랜 부하들을 잔인하게 죽인 행동을 두고 연고주의에서 자유로운 존경스러운 지도자라며 감복할 일은 아니다. 이런 생각을 하면서 류사오치와 펑더화이의 생가를 찾아갔다.

류사오치의 꿈

류사오치가 살던 집은 마오가 살던 집에서 동북쪽으로 10킬로미터 떨어진 곳에 있었다. 길이 엉망이라 시간이 많이 걸렸다. 류사오치 기념관은 넓어서 기념관 안을 운행하는 작은 전기 차를 타고 일주를 했다. 언덕으로 올라가니 류사오치 동상이 보였다.

언덕을 다시 내려가니 연못가에 흙으로 지은 옛집이 나타났는데, 꽤 커서 류사오치가 부농 출신이라는 점을 알 수 있었다. 그 옆에는 류사오치의 평생을 보여주는 사진과 자료들이 전시돼 있었다. 류사오치가

류사오치 동상(왼쪽)과 생가(오른쪽 위). 류사오치 최후의 순간을 보여주는 사진(오른쪽 아래).

써서 베스트셀러가 된 공산주의 관련 서적도 보였다. 정작 나를 사로잡은 전시물은 문화대혁명 과정에서 고문당한 뒤 병을 얻어 죽은 류사오치 최후를 찍은 사진이었다.

류사오치는 마오하고 고향이 같을 뿐 아니라 똑같이 부농의 아들이었다. 게다가 마오가 나온 후난 사범학교를 졸업했다. 두 사람은 동향에 동문이었다. 류사오치는 학교를 졸업한 뒤 베이징으로 가서 마오를 만나 가깝게 지냈다. 프랑스로 유학을 가려다 돈이 없어 모스크바로 유학을 갔고, 귀국한 뒤에는 노동자를 조직하는 데 힘을 쏟았다.

류사오치는 후난 지역의 광부를 조직하는 과정에서 마오하고 더욱 가까워졌다. 장정에 참여했고, 쭌이 회의에 참석해 마오의 손을 들어줬다. 장정이 끝나자마자 위험한 비밀 임무를 받아 북만주로 떠났다. 행정 능력이 뛰어나고 경제 발전 등에 실용적 견해를 제시하는 등 저우언라이와 덩샤오핑하고 생각이 비슷했다. 1960년대 국가 주석으로서 대약진 운동 때문에 엉망이 된 경제를 앞장서서 수습했다.

류사오치는 문화대혁명이 시작된 뒤 자본주의의 주구인 '주자파 1호'로 거명되며 수난을 겪었다. 류사오치의 부인 왕광메이王光美는 유명한 민족 자본가의 딸인데, 중국에서 가장 우아한 여인으로 불렸다. 인도네시아 방문 때 중국 전통 의상을 입고 목걸이를 건 혐의로 공개 재판을 받은 왕광메이는 뚱뚱하고 추하게 보이도록 솜을 가득 넣은 중국 전통 의상을 입고 탁구공 목걸이를 건 채 사방으로 끌려다녔다.

공격은 류사오치를 직접 겨눴다. 국가 주석인데도 홍위병들한테 끌려나온 류사오치는 수십 만 명이 모인 톈안먼 광장에서 부인하고 함께 비판대 위에 올라 갖가지 수모를 겪고 고문도 당했다. 당에서 영구 제명된 감금 상태에서 폐렴 등에 걸리지만 치료를 받지 못했다. 마지막으로 딸을 만난 면회에서도 자기 자신의 안위보다는 나라를 걱정하며 안타까운 심정을 털어놨다. "마르크스가 나한테 10년만 더 시간을 준다면 중국을 부유하고 강한 나라로 만들 수 있을 텐데." 그리고 얼마 뒤인 1969년에 류사오치는 숨을 거뒀다. 마오는 자기가 살아 있는 동안에는 류사오치의 죽음을 가족과 중국 민중에게 비밀로 부쳤는데, 그만큼 류사오치가 누린 인기와 대중적 영향력을 두려워한 때문이었다.

덩샤오핑이 집권한 뒤 류사오치는 복권됐다. 1980년 5월 19일 칭다오 앞바다에서 북해함대 구축함이 예포 스물한 발을 쏘는 사이에 가족들이 류사오치의 유골을 바다에 뿌렸다. 류사오치는 생전에 이런 유언을 했다. "대양에서 전세계에 공산주의가 실현되는 모습을 지켜보고 싶으니 내 유골을 엥겔스처럼 바다에 뿌려달라." 류사오치는 칭다오 앞바다에서 빠르게 성장하는 중국을 바라보면서 꿈이 이루어졌다며 흐뭇해하고 있을까.

펑더화이의 외로운 투쟁

마오 생가에서 동남쪽으로 15킬로미터, 류사오치 생가에서 남쪽으로 20킬로미터 지점에 있는 펑더화이 기념관으로 가는 길은 험난했다. 마치 펑더화이의 비참한 말년을 상징하는 듯 곳곳이 끊기고 진흙탕이었다. 운전기사와 일행은 펑더화이 기념관은 포기하자고 했다. 그럴 수 없었다. 장정을 준비하느라 여러 책을 읽으면서 관심을 끄는 인물은 마오쩌둥도 덩샤오핑도 류사오치도 아니고, 펑더화이였다.

부농 출신인 마오쩌둥과 류사오치하고 다르게 펑더화이는 찢어지게 가난한 빈농 출신이었다. 부모는 없었고, 할머니가 어린 동생들을 데리고 거리로 나가 동냥질을 했다. 막냇동생은 굶어 죽었다. 가난해도 자존심이 강해 딱 한 번 구걸을 나간 뒤 다시는 할머니를 따라가지 않았다. 대신 맨발로 산에 올라가 나무를 해 내다 팔았다.

펑더화이는 가난에서 벗어나려고 군벌의 용병이 됐다. 군사 학교를 나와 홍군에 가담한 뒤에는 탁월한 지휘력과 용맹한 성격으로 최고의 야전 사령관이 됐다. 일찍이 징강 산에 있는 마오 부대에 합류해 마오의 부하가 됐다. 펑더화이는 장정 도중에 벌어진 주요 전투를 주도하며 맹활약했다. 앞에서 본 대로 마지막 승리산 전투에서는 추적하는 적군 기병대 2000명을 몰살시켜 마오한테 시까지 헌사받았다.

펑더화이는 항일 투쟁은 물론 해방 뒤 장제스군하고 벌인 국공 내전에서도 큰 전공을 세워 중화인민공화국이 탄생하는 데 일등 공신이 됐다. 한국전쟁 때도 꼬리를 빼는 린뱌오하고 다르게 임무를 기꺼이 맡아 인민해방군을 총지휘했다. 이런 공로를 인정받아 총사령관 격인 국방부장에 임명됐다.

펑더화이의 운명은 1959년 루산 회의에서 돌변했다. 고향인 후난 성에 간 펑더화이는 대약진 운동 때문에 굶주리는 농민들을 보고 충격받았다. 빈농 출신이라는 배경 덕분에 농민들이 받는 고통에 누구보다도 예민했다. 펑더화이는 맹목적 충성을 하는 '예스맨'은 아니었다. 장정 때부터 잘못이라고 생각하면 마오에게도 고함을 지르며 달려들었다. 루산 회의에서 마오가 펑더화이에게 말했다. "지난 30년 동안 자네하고 내 관계는 3할은 협력하지만 7할은 협력하지 않은 관계였네." 펑더화이는 반박했다. "3 대 7은 아니고 5 대 5였습니다." 마오가 다시 맞받았다. "아냐, 3 대 7이야."

펑더화이는 내부 토론에서 대약진 운동의 문제점을 비판하고 마오에게 긴 개인 서한도 썼다. 마오는 이 개인 서한을 공개한 뒤 다시 산으로 들어가겠다고 협박해 펑더화이를 고립시켰다. 마오는 소련 공산당 서기장인 니키타 흐루쇼프가 추진한 스탈린 비판과 수정주의 노선을 보면서 자기의 위상과 노선을 확고히 할 필요가 있다고 생각했다.

피를 나눈 동지애는 이렇게 끝났다. 펑더화이는 국방부장 자리에서 쫓겨나 가택 연금을 당했다. 그 뒤 문화대혁명이 시작됐다. 펑더화이는 홍위병들한테 맞아 늑골이 여러 대 부러진 몸으로 규탄 대회에 수십 번 끌려다녔다. 게다가 마오를 죽이려는 쿠데타를 모의했으며, 1959년 루산 회의가 열리기 얼마 전 유럽을 방문하고 귀국하는 도중에 소련을 경유하는 길에 내통한 사실을 자백하라며 혹독한 고문을 당했다.

문화대혁명 때 홍위병에게 수모를 당하는 펑더화이.

한국전쟁 때 죽은 마오의 큰아들 마오안잉을 살해한 혐의로 억지 심문도 당했다.

펑더화이는 260번이나 자기 일생에 관한 자술서를 쓰면서 심문을 받았다. 그러나 장정의 영웅답게 끝까지 고문에 굴복하지 않았다. 고문을 자행하는 홍위병들에게 책상을 치며 대들었다. "내 양심은 떳떳하다. 너희들이 나를 죽일 수 있다. 그러나 나는 아무것도 두렵지 않다. 너희들의 날도 얼마 남지 않았다."

1974년 11월 19일, 펑더화이 대장군은 직장암으로 감옥에서 숨을 거뒀다. 덩샤오핑도 류사오치도 모두 침묵할 때 진실을 말하고 마오쩌둥에게 도전한 펑더화이의 외로운 투쟁은 비극으로 끝을 맺었다.

마오쩌둥 생가는 관람객이 넘쳐나고 류사오치 생가도 그런대로 찾는 사람이 있었지만, 펑더화이 기념관에는 아무도 없었다. 펑더화이의

펑더화이 동상. 장정을 준비하면서 가장 크게 매료된 인물이다.

명성이 두 사람보다 못한 탓도 있을 테지만, 기념관에 가는 길 자체가 아무나 오지 못할 정도라서 누가 오려고 해도 올 수가 없지 싶었다.

기념관은 생각보다 꽤 컸다. 우선 높은 계단을 올라갔다. 고난에 찬 주인공의 삶처럼 힘을 들여야 펑더화이를 만날 수 있었다. 계단을 올라가자 대원수 코트를 입고 뒷짐을 진 채 먼 곳을 내려다보는 펑더화이의 동상이 나타났다. 사랑하던 고향의 농민을 지켜보는 중이리라.

기념관에는 펑더화이의 일대기를 보여주는 많은 사진과 자료가 전시돼 있었다. 말을 탄 펑더화이를 찍은 사진에 마오가 헌사한 시를 써놓은 전시물이 특히 눈에 띄었다. 혁명과 인간을 다시 생각하지 않을 수 없었다. 평덩화이 대장군, 고이 눈감으소서…….

인간과 혁명을 다시 생각한다

펑더화이가 가장 극적인 예이지만, 문화대혁명에서 마오한테 숙청된 장정 시절의 동지는 한두 명이 아니다. 류사오치도 피해자였다. 쭌이 회의에서 마오를 권력에 복귀시키는 데 일등 공신인 '들것의 반란'을 일으킨 주역 왕자샹은 대중 집회에 끌려다니며 수모를 당했다. 왕자샹의 아들도 고문을 받다가 죽었다. 18개월 동안 빛 하나 안 들어오는 독방에 갇혀 있던 왕자샹은 병이 들어도 치료받지 못하다가 1974년에 세상을 떠났다.

난창 봉기의 영웅이자 2방면군 사령관 허룽 장군도 홍위병한테 끌려가 시골에 갇힌 뒤 빗물을 받아 먹으며 살았다. 당뇨병을 앓는데도 인슐린 공급을 못 받아 목숨을 잃었다. 양상쿤은 1966년부터 4인방이 체포돼 광기의 시절이 끝날 때까지 12년간 감옥에 갇혔다. 주-마오 부대의 주더 장군도 홍군의 창설자를 자처하는 '검은 장군'이라는 비판을 받은 끝에 홍위병한테서 습격을 받고 부인은 길거리를 끌려다녔다.

영원한 2인자 저우언라이도 옛 행적에 관련해 읽은 데만 사흘이 걸리는 긴 자기비판을 써 공개적으로 읽었다. 방광암에 걸린 사실을 저우언라이 본인에게 알리지 말고 수술도 하지 말라는 지시까지 내려왔다. 덩샤오핑도 목숨은 건지지만 두 차례나 숙청당했다.

물론 마오가 자주 쓴 말처럼 혁명은 '티 파티'가 아니다. 죽음이 가까워진 마오가 스스로 옳다고 생각하는 좌파적 혁명 노선을 확실히

주-마오 부대를 결성한 주더.

하고 싶은 마음을 품은지도 모르겠다. 스탈린이 죽은 뒤 소련에서 벌어진 스탈린 격하 운동을 반면교사로 삼은지도 모르겠다.

그렇지만 장정을 비롯해 40년 동안 생사고락을 같이한 혁명 동지들을 그토록 잔인한 방법으로 죽여야만 혁명은 가능할까? 동지들의 부인과 자녀까지 잔인하게 고문하는 일이 혁명에 필요할까? 혁명이란 그저 수단일 뿐 목표는 인간이 인간답게 살기 위한 노력이 돼야 하지 않을까?

장정의 고난을 모르고 목숨을 건 혁명의 피와 땀을 겪지 않은 10대 홍위병들이 혁명의 백전노장 펑더화이와 류사오치를 '우파'라고 부르며 자술서를 쓰게 하고 고문하는 희극을 어떻게 이해해야 할까? 숱한 전투를 거치며 빗발치는 총탄을 뚫고 살아남은 뒤 혁명의 동지인 마오의 손에 목숨을 잃으면서 그 사람들은 무슨 생각을 했을까?

인간이 '이 일을 하면 돈을 많이 번다'는 물질적 동기에 따라 일할 때보다도, '내가 생산하는 쌀이 다른 사람들의 배고픔을 해결하고 내 의술이 인간의 생명을 구한다'는 인류애에 기초해 더욱 열심히 일할 수 있는 사회주의적인 새로운 인간이 탄생할 때 사회주의가 자본주의에 승리할 수 있으며 진정한 인간 해방이 가능하다는 문화대혁명의 생각은 맞다. 그러나 새로운 인간은 그람시Antonio Gramsci*가 주장한 대로 대안적 진보 교육과 미디어, 민주적 조직 등을 통해 장기간 계속되는 진지전과 문화 투쟁을 거치면서 만들어져야 한다. 문화대혁명 같은 조급한 방식을 선택하면 필연적으로 '인간 개조'라는 미명 아래 지식인과 민중을 학살한 캄보디아처럼 '킬링 필드'로 끝날 수밖에 없다.

* 이탈리아 출신인 20세기 최고의 마르크스주의 이론가로 현대 마르크스주의에 커다란 영향을 끼쳤다. 공산당 소속 국회의원으로 활동하다가 파시즘의 대두하면서 투옥돼 《옥중 수고》를 쓰고 병사했다. 무장 투쟁(기동전)을 벌여 혁명이 성공한 러시아하고 다르게 서구는 단순한 물리력이 아니라 대중의 동의에 기반해 체제를 유지하는 만큼 시민사회와 대중의 마음을 장악할 수 있는 문화 투쟁 등 장기간에 걸친 진지전을 펴야 한다고 주장했다.

9. 3년 뒤, 대장정을 마무리하다

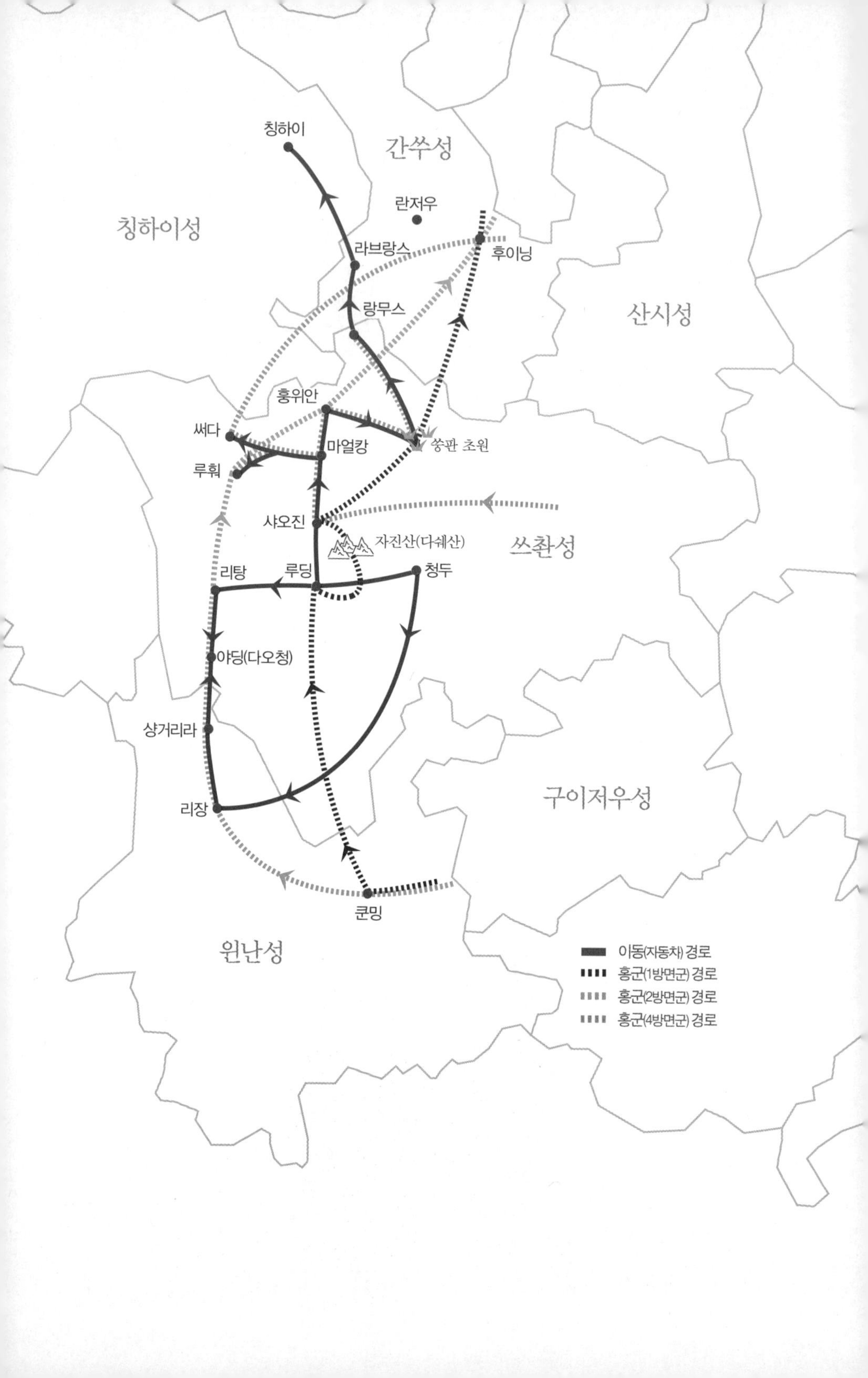

칭하이
간쑤성
란저우
칭하이성
라브랑스
후이닝
랑무스
산시성
훙위안
써다
마얼캉
쑹판 초원
루훠
샤오진
자진산(다쉐산)
쓰촨성
리탕
루딩
청두
야딩(다오청)
샹거리라
구이저우성
리장
쿤밍
윈난성
이동(자동차) 경로
홍군(1방면군) 경로
홍군(2방면군) 경로
홍군(4방면군) 경로

'2008. 5. 12' 청두를 떠나 샤오진小金으로 향하는 길가에 커다란 글씨가 보였다. 그 밑에는 2시 28분을 가리키는 시계가 있었다.

"2008년 5월 12일 2시 28분에 무슨 일이 일어났는데 이런 표시를 해 놓았지? 가만있자, 2008년 5월이라. 2008년 5월이면 내가 장정 답사 때문에 이 근처에 다녀간 직후인데."

날짜를 보니 대강 짐작이 갔다. 진도 8.0, 사망 6만 9000여 명, 실종 1만 8000명, 부상 37만 4000명, 가옥 파괴 22만 동을 기록한 쓰촨 대지진이 일어난 시간이었다.

그때 나는 마오쩌둥이 이끄는 홍군이 추격해오는 장제스와 국민군을 피해 1만 킬로미터를 이동한 장정을 답사하느라 쓰촨 성에 머물고 있었다. 그러나 '2008 베이징 올림픽'에 관련해 2008년 3월 티베트와 쓰촨 성 등 장족 거주 지역에서 대규모 시위가 벌어지는 바람에 루딩에서 추방당했다. 소요 사태에 휩쓸릴 위험이 있다는 이유였다. 장정 일주를 포기할 수는 없는 만큼 루딩에서 다쉐 산을 지나 샤오진으로 북상하는 대신에 청두로 돌아갔다. 청두에서 북진한 뒤 두장옌에서 서쪽으로 꺾어 샤오진에 들어갔지만, 샤오진 입구에서 다시 공안에 제지당했다. 어쩔 수 없이 청두로 돌아와 비행기를 타고 인촨으로 날아가야 했다. 그렇게 해서 샤오진에서 다쉐 산, 마얼캉, 훙위안, 쑹판 초원으로 이어지는 930킬로미터를 건너뛰어야 했다.

그때는 화가 났지만, 곧 다행이라며 가슴을 쓸어내렸다. 북쪽으로 우회하는 동안 애초 가려던 지역에서 대지진이 일어나 수만 명이 목숨을 잃고 말았다. 공안이 쫓아내지 않았으면 우리도 피해자가 될 수 있었다. 장정을 완주하지 못해서 안타깝지만, 그 덕에 생명을 건졌으니 공안이 고마웠다. 3년이 지난 2011년 여름, 나는 바로 그곳에 돌아왔다. 희생자들에게 묵념을 하고 여정을 떠났다.

"불쌍한 영혼들이여, 편히 잠드소서."

샤오진에서 쑹판 초원까지, 잃어버린 930킬로미터를 찾다

2011년 여름, 지난번에 가지 못한 쓰촨 지방의 930킬로미터를 돌아 장정을 완주하고 내친 김에 4방면군과 2방면군이 행군한 지역을 중심으로 동티베트를 답사하기로 했다. 동티베트는 동부 티베트가 아니라 티베트의 동쪽, 곧 중국이지만 장족이 많이 사는 쓰촨 성 서부와 북부, 간쑤 성, 칭하이靑海 성 등을 말한다. 중국이 '동화 공작'을 집중적으로 벌인 티베트보다도 티베트 전통이 더 많이 남아 있다고 평가받는다.

청두에서 차를 빌려 루딩으로 갔다, 루딩을 가리키는 표지판이 나타나자 공안에게 쫓겨난 3년 전 기억이 되살아났다. 설산의 눈이 녹아 내리는 강을 따라 난 좁은 길은 여전했다. 비포장도로에는 양방향으로 오가는 차들이 엉켜 있었고, 급류가 흐르는 강에 빠진 차 한 대가 구호의 손길을 애타게 기다리는 중이었다. 숙성차를 싣고 티베트로 가 말을 가지고 오던 차마고도車馬古道의 출발지 중 한 곳인 만큼 차 덩어리를 메고 가는 상인이나 차를 실은 말 등 기념물이 많았다. 한참을 달려 다쉐 산 쪽으로 올라가자 벽에 '홍군의 장정 정신을 높이 받들자'는 구호가 보였다. 비로소 장정의 현장에 온 기분이 들었다.

"고춧가루와 생강 물이 있으니 다들 마실 만큼 마시기 바란다."

어둠이 채 가시지 않은 1935년 6월 15일 새벽, 주더는 두툼한 무명천을 어깨에 멘 홍군들에게 지시했다. 고춧가루와 생강이 체온을 높여 추위를 견디는 데 좋다는 말을 듣고 맵기로 유명한 쓰촨산 고춧가루

차마고도의 출발지라는 사실을 알려주는 기념물들. 차를 실은 말(왼쪽)과 차 덩어리를 메고 가는 상인(오른쪽).

와 생강을 우린 물을 마시게 했다. '설산 돌파 작전'이 시작됐다. 루딩에 도착한 홍군은 설산을 넘을 수 있는 체력을 보강하려고 일주일 동안 휴식에 들어갔다. 두꺼운 옷과 신발을 준비하고 열흘간 먹을 옥수수 등 식량과 연료를 무명천에 말아 어깨에 멨다. 국민군 비행기가 폭격을 하는 통에 긴장을 늦출 수 없었다.

초여름인 6월이지만 해발 4800미터에 이르는 설산은 후난 성과 장시 성에서 태어나고 자라서 눈을 본 적도 없는 농민들이 대부분인 홍군에게 지옥이나 다름없었다. 모두 고산병과 추위에 고통스러워했다. 갑자기 나타나는 크레바스에 지친 병사와 짐 실은 노새들이 눈 깜짝할 사이에 사라졌다. 마오는 에드가 스노우를 만나 인터뷰할 때 다쉐산을 넘는 과정에서 어느 부대가 노새의 3분의 2를 잃은 일을 회고했다. 오후 3시에 정상에 도착한 선발대는 눈 위에 헝겊을 깔고 썰매를 타며 내려왔다. 병사들은 잠시 동심으로 돌아갔다.

"아이고, 반갑습니다!"

샤오진 광장 조각상 앞에서 뭔가를 골똘히 생각하는 한 장족 소녀.

"동지들, 얼마나 고생이 많았습니까!"

샤오진은 장정에서 매우 중요한 장소다. 이곳에서 국민군을 피해 장시 성부터 수천 킬로미터를 달려온 마오의 1방면군이 몇 달 만에 또 다른 홍군, 곧 장궈타오가 이끄는 4방면군을 만났다. 3년 전에는 이곳에 들어가지 못하고 쫓겨났다. 공안에게 사정해 신분증을 맡기고 200미터 안쪽으로 들어가 4방면군과 1방면군이 만난 지점에서 사진만 찍고 나왔다.

다쉐 산은 아직도 공원을 짓는 중이라 들어갈 수 없었다. 마을에는 이 만남을 기념하는 조형물이 보였다. '샤오진홍쥔후이쓰진촨小金紅軍會師廣場'(홍군이 결집한 샤오진 광장)이라고 쓴 커다란 기둥 앞에 악수하는 두 병사를 묘사한 조각상을 세웠다. 이런 역사를 아는지 모르는지 한 짱족 소녀가 조각상 앞에 쭈그리고 앉아 뭔가를 골똘하게 생각하고 있었고, 76년 전 행군에서 쌓인 피로를 잊고 밤새 술 마시고 춤추며 축제를 벌인 광장에는 마을 사람들이 마작에 푹 빠져 있었다.

만남의 기쁨은 짧았다. 간쑤 성으로 북상해 소련하고 연락해 지원을 받자는 마오와 식량과 물자가 풍부한 쓰촨 지역을 장악해 버티자는 장궈타오 사이에 노선 갈등이 벌어져 긴 논쟁을 해야 했다. 중앙당을 장악한 마오는 지친 병사 3만 명뿐이지만 쓰촨 성이 본거지인 장궈타오의 뒤에는 혈기 왕성한 10만 명이 있었다(1만 명 대 4만 5000명이라는 주장도 있다). 저우언라이의 직책을 장궈타오에게 내주고서야 겨우 북진에 합의할 수 있었다. 그것도 늪지대에서 양쪽으로 갈라져 마오는 오른쪽으로 이동하고 장궈타오는 왼쪽으로 올라가 간쑤 성에서 만나기로 했다.

나도 마오의 루트를 따라 북상했다. 가는 길에는 짱족들이 사는 전통 가옥들이 줄줄이 나타났다. 일부는 산기슭에 아슬아슬하게 자리를 잡고 있어서 사람이 살 수 있나 의심이 들었다. 곳곳에서 만나는 짱족은 자기들 나름의 삶을 살고 있었다. 사실 짱족은 홍군에게 엄청난 시련을 줬다. 시시때때로 홍군을 공격했고, 중요한 길목에 설치한 출렁다리를 끊어버리는 등 이동을 방해했다. 민심을 생각해 방해하는 짱족을 저지하되 죽이지는 말라는 마오의 지시가 홍군을 더욱 어렵게 했다. 빙하 녹은 물이 굉음을 내며 흐르는 강에는 밧줄로 만든 낡은 다리들이 달랑달랑 매달려 있었고, 곳곳에 홍군이 지나간 다리라는 설명이 눈에 띄었다.

한참을 달려 도착한 시골 오지에 갑자기 높이 20미터짜리 6층 건물이 나타났다. 유목민인 짱족들이 사는 곳에서는 보기 힘든 거대한 건

좡족들이 살고 있는 전통 가옥들(왼쪽). 600년 전에 세운 6층짜리 건물 줘커기투스관자이(오른쪽).

물이었다. 마얼캉 지방의 줘커기卓克基 족장이 살던 관사인 줘커기투스관자이卓克基土司官寨였다. 원나라 때인 1286년에 처음 세운 뒤 낡으면 다시 짓는 방식으로 600년 넘게 17대나 내려온 유적이었다. 길이와 폭이 각각 37미터로 방이 63개였고, 외부 침입에 대항할 요새 기능도 했다.

"이 건물은 분명히 우리가 장정에서 본 가장 독특한 건축물이다." 1935년 7월 1일 이곳에 도착한 마오는 좡족식과 중국식 건축 양식을 혼합한 이 건물에 매료됐다. 청나라 때 다시 지은 이 건물은 많은 병력을 수용할 정도로 컸다. 마오는 이곳에 머물며 7월 3일 당 중앙정치국 상임위원회를 소집해 장족 문제를 놓고 열띠게 토론했다. 중앙위는 장족들에게 제국주의와 국민군 군벌에 맞서 투쟁해야 하며 홍군에 참여하자고 호소했다. 마오는 이곳을 후방 기지로 삼아 북진에 나섰다.

지금 남아 있는 건물은 홍군이 떠난 뒤인 1936년에 추적하는 국민군을 맞아 싸우다가 파괴돼 1937~1939년에 새로 지었다. 건물은 지금 돌아봐도 놀라웠다. 홍군이 회의하던 장소를 잘 보존하고 관련 자료를 전시해놓았다. 내전에서 승리한 뒤인 1950년 사회주의 중국은 티베트가 원래 청나라 영토이고 티베트 민중을 봉건적 수탈과 억압에서 해방한다는 명분을 내걸고 티베트를 침공해 점령했고, 1951년에는 완전히 '해방'해 오랜 족장 제도를 폐지했다.

'저 푸른 초원 위에 그림 같은 집을 짓고…….' 마얼캉에서 훙위안을 지나 계속 북으로 올라가자 가수 남진이 부른 〈님과 함께〉에 나오는 풍경이 나타났다. 악명 높은 쑹판 초원이다. 《어린 왕자》로 유명한 생텍쥐페리는 《야간 비행》이라는 소설도 썼다. 조종사로 일한 경험을 바탕으로 한 이 소설은 야간 비행을 하다가 길을 잃은 조종사가 평소 아름답다고 칭송하던 별들 사이에서 혐오하던 도시의 불빛을 찾으려 몸부림치는 이야기다. 비행장을 찾게 돕는 도시의 불빛이 생명의 구세주인 반면 못 찾게 방해하는 별은 목숨을 위협하는 적이다. 관조의 대상인 자연과 삶의 조건이자 투쟁의 대상인 자연은 전혀 다르다. 쑹판 초원이라는 아름다운 자연은 홍군이 장정 도중에 가장 큰 고통을 겪은 곳이라고 회고하는 죽음의 늪이었다.

쑹판 초원은 최고의 목장이다. 1년에 9개월 넘게 비가 내리는 덕분

쑹판 초원은 최고의 목장이다. 빗물이 만든 강들이 흐르고, 야크와 양들이 풀을 뜯는다.

에 장족이 키우는 야크와 양, 말이 먹는 풀이 지천이다. 끝없이 펼쳐진 초원에는 빗물이 만든 강들이 드문드문 보이고 곳곳에 야크와 양들이 풀을 뜯고 있다. 해발 2000미터인데도 물이 잘 빠지지 않아 사방이 늪지대인데다가 여름에도 우박이 쏟아지면 앞이 보이지 않을 정도다.

국민군은 홍군이 쑹판 초원을 끼고 동쪽으로 돌아 북상하리라고 생각해 전투를 준비하고 있었다. 홍군은 예상을 깨고 죽음의 늪을 통과했다. 초원을 횡단하려면 대엿새가 걸렸다. 일주일 쓸 식량과 연료를 배급받고 출발하지만 늪지대에서 밥을 해 먹을 수 없어 날옥수수를 씹으며 견뎠다. 식수를 구하지 못해 늪에 고인 물을 먹다가 설사병에 걸려 쓰러진 병사들이 즐비했다. 병사들은 누울 곳이 없어 서서 잠자야 했고, 며칠 동안 눕지 못하고 물에 잠긴 다리가 마비돼 쓰러졌다.

"제 가슴은 강철이지만 다리가 말을 안 듣네요."

전투에서 보인 용맹성 때문에 '작은 악마'라는 별명을 얻은 17살 어린 병사가 울면서 쓰러졌다.

"야, 이 검둥아!"

모기 수백 마리가 얼굴을 덮치면서 얼굴이 새까맣게 변한 병사들은 서로 마주보고 '검둥이'라고 놀렸다. 이런 놀이도 잠깐일 뿐 모기에 물린 병사는 말라리아에 희생되고 말았다. 엎친 데 덮친다고 장족들이 시도 때도 없이 공격하는 바람에 300명 넘게 죽기도 했다. 초원을 무사히 건너 평지에 도착한 홍군은 땅에 입을 맞추고 춤을 췄다.

"자네만 믿네. 이 초원에서 나침반 하나로 마오 사령관을 찾아가기는 거의 불가능한 일인지 알지만, 자네라면 해낼 것이네. 자네 어깨에 우리 군의 운명이 달려 있네."

마오가 이끄는 홍군이 쑹판 초원을 무사히 건너 장정을 성공시킨 데에는 조선인이 중요한 구실을 했다. 바로 무정이다. 무정은 1방면군 산하 제5군단을 지휘하는 펑더화이 장군의 오른팔이었다. 장궈타오는 마지못해 북상에 동의하지만 점점 마음이 변해 남쪽으로 방향을 틀

쑹판 초원에 남은 '홍 5군단 정치부 유적' 앞에 장족 여성이 앉아 있다.

준비를 하면서 예하 부대를 조직하기 시작했다. 장궈타오의 돌발적인 움직임을 포착한 펑더화이는 이 정보를 전달하고 만약의 사태에 대비하느라 독자적인 비밀 연락망을 만들어야 했다.

펑더화이는 암호 연락문을 마오에게 전달하는 막중한 임무를 무정에게 맡겼다. 이런 중요한 임무를 중국인이 아니라 조선인인 무정에게 준 이유는 헌신성과 탁월한 능력을 믿은 때문이었다. 판단은 옳았다. 무정은 나침반 하나 들고 망망대해 같은 초원을 가로질러 사막에서 바늘 찾기나 다름없는 불가능한 임무를 성공적으로 수행했다. 덕분에 마오가 이끄는 주력군은 장궈타오가 일으킨 사실상의 반란에 효과적으로 대응할 수 있었다. '홍 5군단 정치부 유적' 앞에 서니 조선 민중의 해방과 독립을 위해 머나먼 이국땅 동티베트에서 젊음을 불태운 한 사람의 뜨거운 가슴이 느껴졌다(무정에 관해서는 340~341쪽 참조).

'홍 5군단 정치부 유적을 알리는 표지판.

조금 뒤 아름다운 짱족 마을이 나타났다. 한 노인이 언덕에 앉아 홍군을 삼켜버린 늪지대를 내려다보고 있었다. 말을 걸어도 이가 다 빠진 얼굴로 선한 웃음만 지을 따름이었다. 높은 장대에는 티베트 불교를 상징하는 다르촉 깃발이 바람에 휘날리고 있었다.

'홍군 장정 대초원을 건너다.' 얼마를 달려가자 저우언라이가 쓴 글씨가 우리를 맞았다. 대초원 종단을 알리는 기념물이다. 사회주의적 사실주의에 기초해 홍군을 '사실적으로' 형상화한 대부분의 대장정 기념물하고 다르게, 이 조각상은 야크를 탄 한 남자를 묘사했다.

저우언라이가 쓴 글씨(왼쪽). 중국 공산당 창당 90주년을 축하하는 붉은색 펼침막(오른쪽).

초원을 무사히 건넌 홍군은 북동쪽으로 행진해 앞에서 살펴본 대로 후이닝으로 향했다. 이곳에서 마오의 1방면군, 쑹판 초원에서 갑자기 남하한 장궈타오의 4방면군, 윈난 쪽으로 올라온 허룽 장군의 2방면군이 만나 우치로 향한다. 이렇게 대장정의 긴 여정은 막을 내렸다. 나도 잃어버린 930킬로미터를 마저 돌아 장정 완주를 끝낼 수 있었다.

'열렬경축 중국공산당 성립 90주년.' 장족 마을에 걸린 펼침막에 적힌 구호다. 중국 공산당이 1921년 창설했으니 2011년은 90주년이 맞다. 중국 공산당이 장족 지역에 자리한 다쉐 산을 넘고 쑹판 초원을 건너 장정을 성공시킨 역사는 다행스러운 일이지만, 한 가지 의문이 머릿속을 떠나지 않았다. 장족들도 수백 년 이어진 봉건제에서 해방시킨 은인으로 여겨 공산당 창립을 진심으로 축하할까?

쇼링스에서 라블랑스까지, 동티베트의 심장

사원이 아니라 요새였다. 마얼캉에서 구불구불한 산길을 따라 티베트를 향해 서쪽으로 270킬로미터 정도 들어가면 간쯔짱족 자치구가 시작하는 루훠 현에 자리한 사원 쇼링스가 나온다. 이 사원은 현대 중국과 티베트의 진로를 결정한 중요한 역사의 현장이다.

1936년 늦봄, 홍군이 쇼링스에 도착했다. 홍군은 소수 민족의 종교를 존중한다는 방침에 따라 협상단을 여러 번 보냈다. 사원 쪽은 협상단을 처형한 뒤 목을 잘라 내걸고는 출입문을 굳게 잠근 채 버텼다. 밤에는 총을 든 승려 100여 명이 말을 타고 나와 기습 공격을 했다. 대치 상태가 이어지자 홍군은 지하 터널을 파고 들어가 가까스로 사원을 점령할 수 있었다. 쇼링스에는 곡식과 야크 고기 등 물자가 넘쳐났고, 마오와 홍군은 티베트 불교가 '인민의 아편'이며 반드시 때려 부숴야 한다고 생각하게 됐다. 쇼링스가 강경 대응이 아니라 타협 노선을 채택해 평화 협정을 맺었다면 현대 중국의 티베트 정책이 달라질 수도 있었다고 생각하니 안타까웠다. 여행을 준비할 때는 사원 하나를 점령하는 데 이 난리를 피운 걸까 하는 궁금했는데, 와서 보니 이해가 됐다. 높은 성벽으로 둘러싸인 사원은 요새나 다름없었다.

현대 사회에 주로 비구니로 구성된 젊은 승려 4만 명이 모여 사는 곳이 있을까? 동티베트 심장부에 자리한 써다가 바로 그런 곳이다. 마오를 비롯한 주력군은 마얼캉에서 동북쪽으로 올라가 훙위안 등 쑹판

루훠 현에 자리한 사원 쇼링스. 현대 중국과 티베트의 진로를 결정한 역사의 현장이다.

초원을 거쳐 후이닝으로 올라갔다면, 장궈타오가 이끄는 4방면군은 쑹판 초원에서 방향을 틀어 내려와 마얼캉으로 돌아온 뒤 거기서 서북쪽으로 향했다. 마얼캉에서 서북쪽으로 300킬로미터를 달려가면, 루훠에서 북쪽으로 100킬로미터를 올라가면 써다가 나온다.

1936년 7월 중순 주더가 이끄는 4방면군의 일부가 써다에 들어왔다. 써다 현 어느 구석에 이 일을 기념하는 탑이 있다고 들었지만, 장정 관련 기념물은 많이 봐서 다른 곳을 찾아 나섰다. 세계적으로 유명한 승려촌이자 세계 최대 불교 학교라는 우밍五明 불학원이다. 중국의 오지에는 절경이 많다. 그중 여러 곳을 가보았지만 써다로 가는 길은 손꼽히는 절경이었다. 구불구불 산길로 올라가면 멀리 산과 산이 이어지고 까마득한 계곡 아래에 흐르는 강은 실개천처럼 보였다. 가까이 눈을 돌리면 푸른 초원으로 뒤덮인 굽이굽이 산길이 그림 같았다. 조금

드넓은 초원을 굽이굽이 흐르는 강(왼쪽). 티베트 불교를 상징하는 다르촉 깃발이 바람에 흩날린다(오른쪽).

을 달리자 티베트의 상징인 오색 깃발들 뒤로 뾰족한 봉우리들이 이어진 산맥이 나타났다. 산을 넘어 평지로 내려가자 멀리 방금 넘어온 산맥이 보였고, 드넓은 초원에는 에스 자를 그리며 강이 흐르고 있었다.

갑자기 믿기지 않는 장면을 보고 차를 세웠다. 해발 4000미터 고지대에서 농구를 하는 사람들이었다. 가까이 가서 보니 스님들이었다. 그냥 있어도 숨쉬기 쉽지 않은 고지대에서 격한 스포츠를 하는 모습도 기막혔지만, 오지 중의 오지에서 '제국주의 스포츠'를 하는 스님들을

해발 4000미터 고지에서 농구를 하는 젊은 스님들.

보면서 일상에 스며든 세계화를 다시 한 번 실감했다. 아직도 조장鳥葬을 하는 동티베트의 심장부에서 스님들이 농구를 즐기는 모습을 누가 상상이나 하겠는가?

"아니, 천연색 달동네네!"

우밍 불학원에 들어서면서 나도 모르게 소리를 질렀다. 언덕에는 작은 판잣집들이 끝없이 이어졌다. 고달픈 삶과 가난이 묻어나는 달동네하고 다르게 짙은 와인색을 바탕으로 화려함을 뽐내고 있었다. 학승이

우밍 불학원에 다니는 학생 승려들이 사는 언덕 위 판잣집(위). 수다 삼매경에 빠진 학생 승려들(아래).

4만 명 거주한다고 해서 대형 기숙사를 상상했는데, 거의 대부분 홀로 생활하는 작은 주택이었다. 6년의 일반 과정과 13년의 특별 과정을 운영하는데, 불교 대학이라기보다는 수행 공동체에 가까웠다.

마을로 들어가니 사람 사는 냄새가 풀풀 났다. 등 뒤로 달동네가 보이는 전망대에는 어린 비구니 여러 명이 수다를 떠느라 정신이 없었다. 작은 구멍가게에는 10대로 보이는 비구니들이 해맑게 웃으며 과자를 사 먹고 있었다. 한 비구니에게 부탁해 집 안을 구경했다. 비좁은 단칸방에 옷과 이불이 놓여 있고 작은 부엌이 보였다. 집을 나서며 생각하니 이 많은 사람이 식수와 화장실을 어떻게 해결하지는 물어보지 않아 아쉬웠다. 해발 4000미터 오지에 사는 승려들도 정보화의 흐름을 피할 수 없는 모양이었다. 문자 메시지를 보내는지, 검색을 하는지, 게임을 하는지, 젊은 승려들이 핸드폰을 열심히 들어다보면서 손가락을 움직이고 있었다.

달동네를 한 바퀴 돌아 평지로 내려오자 어느 단층집 앞에서 한 승려가 많은 신발을 정리하고 있었다. 승려들이 공부하는 곳인 듯했다. 소그룹으로 나눠 빽빽이 둘러앉아 뭔가에 열중하는 모습이었다. 밖으로 나오자 김이 올라오는 커다란 솥 앞에 여럿이 모여 있었다. 점심 식사를 준비하는 모양이었다. 조금 더 걸어가자 커다란 트럭 앞에 승려들이 여럿 보였다. 점심을 나눠주는 배식 트럭이었다.

홍군이 들어온 때도 이곳이 있었을까? 홍군은 학생 승려에게 어떻게 행동했을까? 이곳은 개혁 개방 뒤인 1980년대에 문을 열었다. 장정하고 상관없는 셈이다. 다만 티베트 불교의 고승인 린포체가 이곳에서 제자 32명을 가르친 이야기가 전해 내려온다. 카를 마르크스가 종교는 인민의 아편이라고 말한 뒤로 공산주의는 반종교 정책을 펼쳤다. 중국 공산당도 크게 다르지 않았다. 장정 시기 등 집권 전에는 소수 민족의 전통을 존중한다는 방침에 따라 티베트 불교에도 적대적 태도를 취하지 않았지만, 혁명 뒤, 특히 문화혁명 시기에는 모든 종교를 탄압했다.

학생 승려들이 먹을 점심 공양을 준비하는 모습(위). 점심 배식 트럭 앞에 줄선 학생 승려들(아래).

마르크스가 한 주장하고 다르게, 종교가 일으키는 병폐가 많기는 해도, 인간 해방은 물질적 해방만으로 불가능하며 영적 해방에서 종교가 하는 구실을 부정할 수는 없다. 마르크스주의와 공산주의도 사상과 종교의 자유를 보장해야 한다는 뜻이다. '어떤 정부 기구나 공적 조직, 개인도 시민들에게 어떤 종교를 믿거나 믿지 않도록 강요할 수 없으며, 종교를 믿거나 믿지 않는다는 이유로 차별할 수 없다.' 1978년 개혁 개방을 시작하면서 개정한 중국 헌법은 이런 말로 종교의 자유와 종교를 믿지 않을 자유를 함께 보장한다고 선언했다. 우밍 불학원도 개혁과 개방의 분위기에서 만들어졌고, 이름이 알려지면서 사람이 모이기 시작해 지금 같은 규모가 됐다. 그래도 왜 해발 4000미터가 넘는 오지에 만든 걸까 하는 의문은 계속 남았다.

홍위안에서 350킬로미터 북상해 쑹판 초원이 끝나는 곳에 자리한 랑무스는 동티베트를 대표하는 사원의 하나다. 홍군은 쑹판 초원이 끝나는 곳에서 동쪽으로 방향을 틀어 후이닝 쪽으로 향해서 이곳을 지나지 않았지만, 동티베트를 대표하는 사원인 만큼 들르기로 했다

랑무스 근처는 소문대로 동티베트의 진수를 보여준다. 오색 깃발이 나부끼는 강을 건너자 끝없이 펼쳐진 고원 지대의 초원 위를 말 타고 달리는 장족들이 나타났다. 천막집이 보여서 차를 세운 뒤 아이들하고 인사를 나누고 사진을 찍었다. 동네 마실 다니듯 우산 들고 광활한 초원을 걷는 장족 여인들을 지나치자 축복이라도 받으려는 듯 다르촉 깃발 아래를 거니는 소 한 마리가 나타났고, 조금 있으니 자식이라고 하기는 너무 나이 차가 많고 손주라고 하기도 좀 그런 갓난아기를 안은 장족 여인이 눈에 띄었다.

조장은 시체를 잘라서 새가 먹게 하는 티베트식 장례다. 하늘로 날려 보낸다고 해서 천장天葬이라고 불리기도 하는데, 중국 정부도 법으로 보호하고 있다. 이런 장례 방식은 한군데 머물지 않는 유목민이라 매장이 어렵고 나무가 부족해 화장도 쉽지 않은 환경 탓이다. 티베트 사

말과 소, 다르촉, 아이들. 랑무스 근처에서 만난 동티베트의 진수다.

조장은 자연으로 회귀하는 장례 형태다. 조장을 한 흔적이 남아 있는 곳.

람들은 조장을 치러 새가 고인의 살을 먹어야 영혼이 새를 따라 하늘로 훨훨 날아간다고 생각했다. 랑무스에서 그리 멀지 않은 곳에 이르자 가이드가 언덕으로 데리고 갔다. 언덕에 오르니 멀리 산을 배경으로 풀 없는 맨 흙에 어떤 잔해가 나타났다. 시체의 뼈를 부수는 도끼, 옷 조각, 핏빛 흔적들이었다. 화장터야 가본 적이 있지만 조장을 한 현장은 처음인 만큼 기분이 이상했다. 현대인의 눈으로 보면 야만적인 풍습이지만, 조장은 자연으로 회귀하는 친환경적인 장례 형태다. 머리는 그렇게 생각하지만, 눈으로 직접 흔적을 보니 어쩔 수 없이 섬뜩한 느낌이 들었다.

랑무스가 가까워지자 오체투지를 하는 장족이 보였고, 장대 같은 빗속에 우비를 쓰고 길을 떠나는 순례자들도 지나갔다. 새만금 개발 반대 삼보일배 행진에 참여하다가 고장난 무릎이 갑자기 아팠다. 삼보

내부 수리 중인 랑무스(위). 한때 승려 4000명이 머문 라브랑스(아래 왼쪽)에서 만난 승려들(아래 오른쪽).

일배도 이렇게 힘든데 오체투지라니. 종교란 무엇인데 이런 시련을 서슴지 않고 감내하게 만드는 걸까?

랑무스는 겉에서 보기에도 멋진 사원이었다. 내부 수리를 하는 바람

중국 최대 호수인 칭하이호.

에 들어갈 수는 없었다. 사원은 라브랑스拉卜楞寺에서 제대로 보기로 하고 마을을 구경했다. 산안개에 휩싸인 마을은 아름다웠다. 마을 곳곳에서 붉은 옷 입은 승려를 볼 수 있었다. 장족만 아니라 이슬람교를 믿는 회족들도 보이기 시작했다. 랑무스에서 더 북으로 올라가 허쭤合作를 거쳐 샤허夏河에 도착하니 티베트 밖 최대 사원인 라브랑스가 기다렸다. 한때 승려 4000명이 머문 사원이었다. 여기에서 칭하이青海 성으로 넘어가 중국 최대 호수인 칭하이호도 둘러봤다.

샹그릴라, 또다시 돌아간 2500킬로미터

"못 들어갑니다."

"왜 못 들어가죠?"

"앞에 사고가 났습니다."

"2박 3일을 달려왔어요. 10킬로미터만 가면 되는데 한번 봐주세요."

"10킬로미터가 아니라 100미터도 못 갑니다."

윈난 성 서쪽 끝으로 돌아서 올라온 2방면군이 지나갔고 뛰어난 경치 덕분에 '진짜 샹그릴라'로 부르는 야딩亞丁을 20킬로미터 앞둔 지점에서 또다시 공안을 상대로 말씨름을 했다. 진입을 포기하고 이를 갈면서 차를 돌려 청두로 돌아와야 했다. 지나가는 장족에게 물어보니 아침에 야딩 쪽에 있는 사원에서 젊은 승려가 분신을 한 모양이었다.

청두에서 루딩까지 260킬로미터, 루딩에서 서쪽으로 320킬로미터를 달려 리탕理塘에 들어간 뒤, 다시 남쪽으로 바향을 틀어 사고라도 나면 몇 시간씩 기다려야 하는 허술한 길을 150킬로미터나 달려 2박 3일 만에 도착했는데, 야딩 풍경구의 베이스캠프 격인 다오청 입구에서 쫓겨다나니! 3년 전 악몽이 되살아나고 화가 나 견딜 수가 없었다.

"다시는 중국 오지 여행은 안 한다. 그건 그렇고, 이대로 서울로 돌아가? 아니면 어떻게 하지?"

머리를 싸맨 채 고민하는데 리장에서 차를 몰고 올라온 윈난과 쓰촨 지역 오지 전문 한인 가이드가 리장으로 돌아가 그쪽에서 야딩으로 올라가자고 제안했다. 오랜 여행 벗인 이영근 사장하고 상의해서 그렇게 하기로 결정했다.

샹그릴라Shangri-La는 티베트 불교에서 전해 내려오는 신비의 도시 샹바라香巴拉에서 따온 말로, 제임스 힐튼이 1933년 발표한 《잃어버린 지평선》에 나오는 가공의 장소다. 이 소설에서 샹그릴라는 쿤룬 산맥 서쪽 끝 히말라야 깊숙한 곳에 숨어 외부에서 단절된 채 신비로운 계곡과 평화로운 풍광, 영원한 행복을 누리는 이상향으로 그려진다. 소설이 인기를 끌면서 샹그릴라는 지상 어딘가에 있는 이상향을 가리키는 보통 명사가 됐고, 여러 여행가들이 찾으려 시도했다.

몇몇은 파키스탄에서 카슈미르 고원으로 올라가는 길목에 자리한 훈자Hunza 계곡이 샹그릴라라고 주장했지만, 중국도 쓰촨 성의 짱족 자치구인 캄康과 윈난 성 등 히말라야에 가까운 오지의 여러 풍경구가 자기 지역이 샹그릴라라고 경쟁했다. 결국 중국 정부가 나서서 윈난 성의 서북부에 자리한 중뎬中甸을 샹그릴라로 인정했고, 도시 이름도 아예 '샹거리라香格里拉'로 바꿨다. 막상 가보니 기대하고 전혀 달랐다. 이 지역 출신인 권력자 덕분이거나 관료적 판단이 빚은 결과인 듯했다. 그 뒤 여러 자료를 검토한 뒤 야딩이 여러 가지로 샹그릴라에 가깝다는 생각이 들어서 기회가 되면 찾아가고 싶었다.

야딩은 가장 낮은 봉우리가 해발 2000미터이고 가장 높은 봉우리가 6032미터다. 1928년 미국의 오지 여행가 조지프 록Joseph Rock이 도보 여행을 하다가 발견한 뒤 잡지 《내셔널 지오그래픽》 1931년 7월호 표지에 이곳을 상징하는 세 개의 설산 사진을 쓰면서 세상에 알려졌다. 《잃어버린 지평선》이 출간된 연도를 볼 때 힐턴이 이 잡지를 읽고 작품을 쓴 가능성이 적지 않다. 게다가 록이 다녀가고 나서 7년이 지난

1935년에 허룽 장군이 이끄는 2방면군이 이곳을 지나 북상해 후이닝에서 마오의 1방면군을 만나 합류한 이야기를 읽고 가보기로 결심했는데, 지상의 이상향을 찾아가는 길은 쉽지 않았다.

오던 길을 거슬러 730킬로미터를 달려 처음 출발한 청두에 도착한 뒤 남서쪽으로 785킬로미터를 내려가 가이드가 사는 리장에서 하루 쉬면서 여정에 필요한 식품 등을 준비했다. 다시 북쪽으로 올라가 샹그릴라를 거쳐 다오청으로 들어갔다. 비포장이고 왕복 2차선이라 차가 고장나면 고치거나 끌어낼 때까지 몇 시간씩 기다렸다. 그나마 청두에서 남하해 윈난 성으로 들어온 뒤 리장을 거쳐 다오청으로 올라가는 길은 2방면군이 이동한 경로라고 생각하며 마음을 가라앉혔다.

다오청에 도착하자 분신 사태의 여파인지 이곳저곳에 공안이 보였다. 다시 쫓겨나나 하는 조바심에 조심스럽게 다오청 중심부를 빠져나와서 남쪽으로 65킬로미터 떨어진 야딩 풍경구로 향했다. 5대 달라이라마인 아왕로쌍갸초(1617~1682)가 이곳에 솟은 세 봉우리를 성스러운 산으로 명명했다. 해발 6032미터로 북쪽에 자리한 셴나이르仙乃日는 연민과 자비의 화신인 관세음보살을 상징하고, 동쪽의 샤눠더지夏诺多吉와 남쪽의 양마이융央迈勇은 둘 다 해발 5958미터인데, 각각 힘의 금강보살과 지혜의 문수보살을 상징한다.

야딩이 가까워지자 샹그릴라 마을이라는 표지판이 나타났다. 중국 정부가 중뎬을 샹그릴라로 인정하고 이름까지 샹거리라로 바꿨지만, 야딩 사람들도 샹그릴라라는 이름을 빼앗기고 싶어하지 않았다. 산을 넘어 차가 야딩 풍경구로 들어가자 나도 모르게 탄성이 지르고 말았다. 발밑으로 뱀 같은 길이 이어지고, 깊이를 알 수 없는 계곡에 강이 흐르고, 그 위에는 야딩 풍경구의 최고봉인 셴나이르가, 아니 관세음

멀리 보이는 셴나이르(왼쪽)와 양메이용(오른쪽).

보살이 머리에 흰 눈을 얹고 우리를 내려다보고 있었다. 야딩이 가까워지자 끝이 뾰쪽한 설산이 보였다. 양메이용이다.

"300위엔."

"뭔 소리야? 얼마요?"

"300위엔."

초입을 지나 야딩에서 가장 아름다운 호수라는 우유해牛奶海를 가려면 해발 3800미터에 자리한 낙융 목장에서 출발해야 한다. 말을 묶어놓고 손님을 기다리는 장족들이 여럿이었다. 가려는 곳이 해발 4600미터인데다가 비까지 와서 도보 트래킹은 힘들 듯해 마부가 끄는 말을 타려 했는데, 1인당 300위엔, 한국 돈으로 5만원을 내야 했다. 2011년 중국 물가를 기준으로 보면 아주 비싼 값이라, 아무리 오지이고 독점이라지만 날강도가 따로 없었다. 대안이 없어 어쩔 수 없이 큰돈을 내고 말을 탔다. 주민들이 순번제로 관광객을 태우고 다녀오는 방식인데, 분신 사태 때문에 진입을 막고 있어서 그런지 손님은 우리뿐이었다.

티베트 말은 크지 않았다. 오지 여행을 많이 하면서 여러 번 경험한 만큼 망설이지 않고 올라탔다. 차마고도 관련 텔레비전 다큐멘터리에서 차를 싣고 산길을 가는 말은 자주 봤지만, 말이 사람을 태운 채 해발 4000미터가 넘는 가파른 산에 오른다는 상상을 한 적은 없었다. 마부가 고삐를 잡고 이끌기는 하지만 말은 가파른 산길을 잘도 올라갔다. 말을 타고 가다가는 굴러떨어질 듯한 구간이 나타나면 내려서 걸었다. 잠깐 걸어도 워낙 고도가 높아 숨이 턱턱 막혔다. 볼리비아의 티티카카 호수나 장정 경로 곳곳에 포진한 설산 등 해발 4000미터가 넘는 고산 지대를 여러 번 여행했지만 이렇게 힘든 곳은 처음이었다. 내 몸을 가누기도 이렇게 힘든데, 80킬로그램이나 나가는 나를 태우고 몇 시간씩 끙끙거리며 산을 오르는 말에 너무 미안한 마음이 들었다.

출발할 때는 잘 몰랐는데, 가는 데 2시간 이상, 오는 데 2시간 이상, 목적지에서 2시간 휴식과 답사까지 모두 7시간은 걸리는 일정이었다. 왜 300위엔이라는 거금을 달라고 하는지 이해가 됐고, 외국 관광객이어서 바가지를 씌운다며 오해한 내가 부끄러웠다. 비가 와 먼 곳은 잘 볼 수 없었지만, 가는 동안 펼쳐진 경치는 기가 막혔다. 오지 여행을 다니면서 터득한 지혜가 하나 있다. 우기인 여름철에 고산의 날씨는

마부가 끄는 말을 타고 동티베트의 고산을 올랐다.

인간이 어떻게 할 수 없으며, 자연이 허락하는 만큼만 감사하게 생각하고 즐겨야 한다. 빼어난 경치도 경치이지만, 계곡 아래로 눈 녹은 강물이 거세게 흐르는 언덕에서 뛰노는 야생 노루들을 바라보니 때묻지 않은 자연에 마음이 포근해졌다. 우유해에 도착한 뒤에도 날씨가 나빠 뒤쪽 설산은 잘 보이지 않았고, 진주색 호수도 제대로 즐길 수 없었다. 100미터를 더 올라가면 또 다른 호수인 오색해를 볼 수 있다고 했지만, 고산병 때문에 포기했다.

언덕에서 뛰노는 야생 노루(위). 샹그릴라 최고봉인 셴나이르를 뒤로하고 진주해 앞에 선 장족 소년(아래).

다음날은 셴나이르로 향했다. 셴나이르 설산 전망대는 우유해처럼 멀지 않았고 고도도 낮은 편이었다. 해발 3600미터에 자리한 풍경구 입구에서 해발 4000미터에 있는 진주해까지 1시간 정도 걸렸다. 안타깝게도 셴나이르는 구름에 가려 있었다. 한참을 기다리자 숲으로 뒤덮인 완만한 산 뒤로 마름모꼴을 한 셴나이르가 모습을 드러냈다. 관음보살이 연화대에 앉아서 보병寶甁을 받쳐 든 채 구름 타고 날아가는 모습이라고 했다. 해발 6032미터인 거대한 설산, 그 앞의 숲, 그 앞의 녹색 에메랄드 진주해, 호수에 비친 설산. 사람들이 왜 야딩을 진짜 샹그릴라라고 부르는지 알 수 있었다. 그동안 이곳에 오느라 겪은 고생이 눈 녹듯 사라졌다.

마침 지나가는 장족 소년을 붙잡아 호수와 설산을 배경으로 모델이 돼달라고 부탁했다. '음을 본다觀音'는 뜻을 담은 초현실주의적이고 멋진 이름을 지닌 관음보살은 중생의 고통과 신음 소리를 듣고 위로하는 연민과 자비의 보살이다. 오랜 세월 척박한 환경에서 살아가는 장족이 내는 신음 소리, 민중 해방을 위해 이 먼 설산까지 행군해온 홍군의 거친 숨소리를 모두 내려다보며 쓰다듬은 셴나이르가 내 아픔도 안아주고 있었다.

아름다운 풍광에 취해 있다가 토마스 모어Thomas More가 쓴 소설《유토피아Utopia》(1516)가 생각났다. 샹그릴라는 '동양판 유토피아'이기 때문이었다. 유토피아란 그리스어로 '지상에 없는 곳'이라는 뜻으로,《유토피아》에 등장하는 가상의 섬이다. 유토피아는 왕과 신분제가 없고 모병제를 실시하는 공화국으로, 사유 재산제를 폐지하고 일종의 기본 소득제를 실시하면서 노동 시간도 최소화한 곳으로 그려진다. 왕이 지배하고 수탈이 일상인 16세기에 '공상적 사회주의' 시각에 바탕해 사회적 억압에서 해방된 이상향을 묘사했다. 반면 힐턴이 그리고 후세 사람들이 찾아다닌 샹그릴라는 사회적 해방이라는 측면이 사라진 대신에 고립된 자연, 설산의 절경, 장수 등 풍광과 신비주의에 초점이 맞춰졌다.

공식적 샹그릴라인 샹거리라나 야딩과 훈자 계곡 등 사람들이 샹그릴라라고 이야기하는 곳들은 토머스 모어가 말한 해방의 공간이 아니라, 황금을 좇는 자본주의 무한 경쟁에 병든 관광객들이 재충전을 하러 찾아오는 도피처다. 정작 이곳에 사는 원주민들은 긴 순번을 기다려 말을 빌려주면서 힘겹게 살아간다. 모어의 유토피아가 억압으로 가득한 사회 현실을 극복하려는 현실 '극복'의 이상향이자 '사회적' 이상향이라면, 샹그릴라는 현실 '도피'의 이상향이자 풍광에 초점을 맞춘 '자연적' 이상향이다. 야딩 풍경구에 들어오기 전에 본, 홍군이 진군한 장정교가 떠오른다. 진정한 샹그릴라, 진정한 유토피아는 야딩처럼 깊은 오지에 숨은 원초적 풍광이 아니라 마오가 장정을 거쳐 봉건적 압제에서 해방시킨 마을들이 아닐까.

공안을 뚫고 멀찌감치 돌아 야딩에서 절경을 감상했지만, 고난은 끝나지 않았다. 야딩에서 리장으로 돌아가다가 검문에 걸렸다. 로스앤젤레스에서 날아온 친구 이영근 사장은 신분증을 달라고 하자 미국 여권을 꺼냈다. 공안은 안색이 확 바뀌었다. '조국의 심장부에 침투한 미 제국주의의 스파이'를 잡은 듯한 표정으로 본서에 연락하고 난리를 피웠다. 다행히 늦은 밤이라 담당자가 퇴근한 뒤였다.

"이분 얼굴을 봐요. 미국 사람처럼 생겼어요? 한국 사람인데 사업상 미국 여권을 갖고 있는 겁니다."

가이드가 하는 설명을 듣고 한참 고민한 공안은 여권을 돌려주더니 빨리 가라고 떠밀었다. 혹시라도 그 마음이 변할까 봐 우리는 걸음아 나를 살려라 하고 검문소를 빠져나왔다. 근처에 숙소를 잡으려다가 될 수 있으면 멀리 가야 할 듯해 밤길을 달렸다. 산속에 온천장 표시가 보였다. 피곤한데다가 긴장이 풀린 탓인지 숙소에 들어가자마자

옥룡설산 트래킹을 하면서 마주친 하늘은 파랗게 빛났다.

곯아떨어지고 말았다. 아침에 일어나 보니 사방이 산으로 둘러싸이고 아무도 없는 노천 온천이었다. 검문을 안전하게 통과한 짜릿함을 만끽하면서 잊지 못할 내 생애 최고의 목욕을 즐겼다.

다시 하루 반나절을 달려 리장에 도착했다. 청두에 가야 한국으로 돌아갈 수 있기 때문에 리장에서 청두로 가는 항공권을 산 뒤 여러 번 가본 옥룡설산玉龙雪山, 곧 위룽쉐 산의 뒤쪽으로 돌아가 트래킹을 즐겼다. 곰곰이 생각하니 다오청에서 청두까지는 어차피 돌아와야 하는 길

이니까 빼더라도 청두-리장-야딩-리장-청두 구간을 공안 때문에 더 움직여야 했다. 거리로 따지면 2500킬로미터였다. 항공편을 이용해 리장에서 청두로 돌아온 구간을 빼면 자동차로 5일 동안 1700킬로미터를 더 이동해야 했다.

서울로 돌아오는 비행기에 오르자 동티베트의 오지에서 만난 장족과 회족 등 소수 민족의 얼굴이 주마등처럼 스쳐갔다. 척박한 자연에서 살아오며 까맣게 탄 모습에서 여러 가지를 읽을 수 있었다.

'중국 특색 사회주의만이 각 민족의 번영과 발전, 진흥을 가능하게 한다.' 얼굴들이 사라지자 샤오진의 한 낡은 담장에 새겨진 구호가 떠올랐다. 과연 현재 중국이 추진하고 있다고 주장하는 중국 특색 사회주의는 장정에서 홍군이 보여준 소수 민족의 자율성 보장이라는 철학을 계승하고 소수 민족의 발전을 도모하고 있을까?

'중국 공산당의 영도를 견지하고 사회주의의 길을 견지하자.' 랑무스 근처에서 본 담벼락 구호도 떠올랐다. 중국이 가고 있는 시장 중심의 길, 자본주의보다 더 심각한 양극화를 불러온 시장 중심의 길은 사회주의로 향하는 길일까? 국가가 자본주의로 나아가는 길을 주도하는 국가 자본주의는 아닐까? 이 길은 오랜 불평등을 극복하고 계급을 해방하려 숱한 고난을 견뎌낸 장정 정신을 제대로 계승하고 있을까?

에필로그
21세기 중국과 신장정

중국은 무서운 속도로 발전하고 있다. 2028년에는 미국을 제치고 세계 제1의 경제 대국이 될 수도 있다는 예측도 나왔다. 그러나 문제가 없지는 않다. 중국 공산당이 정확히 지적한 대로 도시와 농촌, 부자와 빈자, 동부 연해와 내륙 사이의 불균형과 환경 파괴, 에너지 문제라는 심각한 문제들을 안고 있다.

이번 장정 여행에서 이런 문제들을 생생하게 실감할 수 있었다. 중국의 환경 문제는 정말 심각하다. 가는 곳마다 도로 공사 등으로 생태계가 여지없이 파괴되고 있었다. 오지에도 제대로 된 강이 남아 있지 않고 생활 쓰레기들이 곳곳에 쌓여 있었다. 깊은 시골도 차들이 내뿜는 매연과 연료로 때는 나무나 석탄에서 나오는 연기 때문에 숨쉬기조차 힘든 곳이 많았다.

에너지 문제도 마찬가지다. 산시 성에서는 석유 채굴이 활발했지만, 가는 곳마다 경유를 사려고 몇 시간씩 줄을 섰다. 상하이의 명물인 와이탄도 주중에는 조명을 껐고, 많은 지역에서 정전을 겪었다. 중국 경제가 계속 빠르게 성장하고 생활 수준이 높아지면 더 많은 에너지가 필요해진다는 점에서 에너지 문제는 더욱 심각하다.

빈부 격차 문제는 중국 사회에 위기를 가져올 수 있다. 빈부 격차를 측정할 때 많이 쓰는 기준이 지니 계수다. 이 계수가 1이면 완전 불평등이고 0이면 완전 평등으로, 숫자가 작을수록 사회가 평등하고 숫자가 클수록 불평등하다는 뜻이다. 이를테면 자본주의 선진국 중에서 빈부 격차가 가장 작은 스웨덴은 0.211이고 빈부 격차가 가장 큰 미국은 0.368 수준이다. 한국은 군사 독재 시절 0.310 수준으로 높다가 민주화되면서 낮아져 1997년 경제 위기 전에는 0.283을 기록했다. 빈부 격차가 많이 개선된 셈이다. 그러나 1997년 경제 위기를 거치면서 김대중 정부와 노무현 정부가 미국식 신자유주의 경제 정책을 도입한 뒤 0.358까지 높아졌다.

개혁 개방 전에는 0.2이던 중국의 지니 계수는 개혁 개방을 시작하면서 높아져 1981년에 0.3, 2000년에 0.417을 기록했다. 2005년 중국 사회과학연구원은 중국 전역의 가구 소득을 표본 조사한 결과 지니 계수가 0.496라는 충격적인 결과를 발표했다. 사회주의를 표방하는 중국의 빈부 격차가 어느 자본주의 사회보다도 더 심각하다는 뜻이다. 무슨 사회주의가 이럴까?

이번 장정 여행에서 나는 중국의 불평등한 현실을 확인할 수 있었다. 장정이 중국에서 가장 낙후한 오지를 주로 지나간 탓에 자연스럽게 낙후한 중국 농촌의 실상을 잘 볼 수 있었다. 농민의 삶은 도시의 화려한 소비 문화하고 거리가 멀었고 소득 수준도 형편없이 낮았다.

그러다 보니 농촌 젊은이들은 도시로 빠져나갔다. 농촌 인구가 도시로 유입되지 않게 막는 규제 정책에 따라 도시에서 사실상 불법으로 일자리를 구하는 농민공들은 불안정한 신분 때문에 더욱 나쁜 환경에서 고통을 감내해야 한다. 가장 나쁜 처지에 놓인 사례는 '검은 호구'들이다. 1가구 1자녀 정책 속에서도 농촌에는 아이를 여럿 낳는 사례가 많다. 이 아이들은 호적에도 없는 '검은 호구'가 된다. 한국식으로 말하면 주민등록증이 없어서 아무런 법적 보호를 받지 못한 채 광저우에 자리한 공장에서 최저 임금에 못 미치는 살인적 저임금을 받으며 삶을 견디고 있다.

이런 점에서 도시와 농촌, 부자와 빈자, 동부 연해와 내륙 지역 사이의 불균형을 해소하겠다는 후진타오의 화해사회론은 때를 잘 맞췄다. 그러나 문제는 화해사회론이 시장 경제가 전면화되면서 날로 심해지는 불평등을 실제로 해소할 수 있느냐 하는 점이다.

중국이 안고 있는 문제는 이것만이 아니다. 티베트 사태는 중국이 안고 있는 두 개의 '아킬러스건'을 보여줬다. 바로 민족 문제와 민주주의다. 2000년을 기준으로 소수 민족은 중국 전체 인구의 8.4퍼센트인 1억 600만 명 수준이지만 전체 국토의 63.7퍼센트를 차지한다. 그 밖의 소수 민족들하고 다른 측면이 많기는 하지만 티베트 문제는 중국이 안고 있는 심각한 딜레마를 잘 보여준다.

민주주의 문제도 마찬가지다. 자치를 요구하는 티베트인들에게 중국 정부가 하는 대응은 민주주의에 관련해 중국이 안고 있는 문제점을 잘 드러낸다. 물론 13억 인구가 서구식 선거와 민주주의를 할 수 있을까 하는 문제는 한번 생각해봐야 한다. 그러나 민주주의를 확대하지 않으면 일류 국가로 발전할 수 없다는 사실은 확실하다.

얼마 전 중국 공산당 산하 싱크탱크인 중앙당학교 교수 등이 《돌격 — 제17차 공산당 대회 뒤 중국 정치체제 개혁 연구 보고》를 발표했다. 공산당의 권력을 점차 제한하고, 의회 격인 전국인민대표대회(전인대)와 언론계, 종교계, 시민사회의 권한을 키우고, 언론과 종교의 자유를 확대해야 한다고 주장했다. 나아가 3단계에 걸쳐 정치 개혁을 추진해서 2040년까지 민주와 법치가 발전한 현대화 국가의 건설을 완성하자고 제안했다.

규범적 측면뿐만 아니라 지금 같은 경제 자유화 속에서 정치적 민주주의를 계속 묶어두는 일은 불가능할 듯하다. 점점 심화되는 불평등, 민족 문제, 민주주의 등 21세기 중국이 안고 있는 문제들을 해결할 구체적인 정책 수단이 무엇이냐 하는 질문에 답하려면 많은 논쟁이 필요하다. 다만 중국이 불평등을 해소하고 화해 사회를 실현하기 위해 필요한 요소는 농민을 수천 년의 압제와 수탈에서 해방하려 한 장정의 정신이라는 사실은 확실하다.

21세기 중국은 74년 전의 장정 정신에 바탕을 둔 화해 사회를 향한 '21세기의 신장정'이 필요하다.

부록

–

중국 현대사 연표

주요 인물 소개

참고 자료

중국 현대사 연표

1839~1942년	1차 아편 전쟁(중국 패배)
1851~1864년	농민들이 급진적인 태평천국의 난 일으킴
1856~1860년	2차 아편 전쟁(중국 패배)
1883~1885년	청-프랑스 전쟁(중국 패배)
1900년	의화단 사건
1905년	쑨원, 중국혁명동맹회 구성
1911년	청나라에 대항한 신해혁명, 공화국 선포와 임시 정부 구성(임시 총통 쑨원)
1912년	청나라 멸망
1913년	쑨원, 국민당 창설
1919년	대학생들, 서방하고 맺은 불평등 조약 파기 등을 내건 5·4 운동 전개
1921년	중국 공산당 창설
1924년	1차 국공 합작(공산당원의 국민당 입당)
1924년	황푸 군관학교 설립(교장 장제스, 정치부 주임 저우언라이)
1925년	쑨원 사망, 장제스가 국민당의 실세로 등장
1926년 7월	장제스, 북벌 시작
1927년 3월	북벌 지지하는 상하이 노동자 총파업
1927년 4월	장제스의 4·12 상하이 대학살, 1차 국공 합작 붕괴, 공산당 공개 탄압
1927년 8월	공산당, 첫 무장 봉기(난창 봉기)
1927년 9월	공산당, 후난 성 등에서 추수 폭동(마오쩌둥 주도)
1927년 10월	추수 폭동에 실패한 마오쩌둥, 징강 산으로 들어가 근거지 마련
1931년 11월	장시 성 루이진에서 중화소비에트공화국 선포(주석 마오쩌둥)
1932년	공산당 지도부, 상하이에서 루이진으로 이동하고 마오쩌둥은 권력 상실
1932~1933년	장제스, 공산당 토벌 작전 전개하지만 실패
1934년	장제스, 공산당 5차 포위 토벌 작전 개시
1934년 7월	공산당, 5차 포위 토벌 작전을 피해 장정 결정
1934년 10월	홍군 8만 5000명(1방면군), 장정 출발
1934년 12월 초	홍군, 샹 강 전투 대패
1935년 1월	쭌이 점령 뒤 쭌이 회의에서 마오쩌둥 실권 장악
1935년 6월	1방면군, 다쉐 산 넘어 샤오진에서 4방면군을 만남
1935년 6~8월	마오쩌둥(1방면군)과 장궈타오(4방면군), 장정 방향 놓고 논쟁

1935년 8월	마오쩌둥, 1방면군 일부만 데리고 단독으로 북진
1935년 10월	마오쩌둥, 우치 도착하여 장정 끝남
1936년 10월	1, 2, 4방면군 만남
1936년 12월	장쉐량이 장제스 납치한 시안 사변 발발, 그 결과 항일을 위한 국민당과 공산당의 2차 국공 합작 성사
1937년 1월	홍군, 옌안으로 이동해 근거지 삼음
1937년	중일 전쟁 발발
1945년	일제 패망
1946년	2차 국공 합작 붕괴, 국공 내전 발발
1949년	중화인민공화국 창립 선포, 내전에서 패배한 장제스는 대만으로 도주
1950년	인민해방군, 티베트 점령
1950~1953년	인민해방군, 한국전쟁 참전
1958년	마오쩌둥, 대약진 운동 추진
1959년	루산 회의 개최, 펑더화이는 대약진 운동을 비판한 뒤 숙청당함
1960~1965년	대약진 운동이 실패해 마오쩌둥이 류샤오치에게 국가 주석 물려줌, 류샤오치와 덩샤오핑이 개혁 정책을 추진해 경제 회복
1966년	문화대혁명 시작
1972년	중-미 국교 정상화 시작(마오쩌둥-닉슨 정상회담)
1976년	마오쩌둥 사망, 4인방이 구속되면서 문화대혁명 종결
1977년	덩샤오핑 집권과 개혁 개방 추진
1989년	민주화 요구하는 대학생 등을 유혈 진압한 톈안먼 사태 발생
1997년	덩샤오핑 사망, 장쩌민 집권해 덩샤오핑 노선 계승
2004년	후진타오 집권, 빈부 격차 해소 위한 화해사회론 선언
2008년 8월	베이징 올림픽 개최
2013년	시진핑 집권

주요 인물 소개

중국인

덩샤오핑(鄧小平·1904~1997) 쓰촨 성의 부농 집안에서 태어나 근로 유학 프로그램에 따라 프랑스에 유학, 르노 자동차 공장에서 일하며 공부했다. 이때 공산당에 입당했고, 귀국한 뒤 징강 산에 합류해 마오쩌둥의 측근이 됐다. 마오쩌둥의 측근이라는 이유로 투옥되는 등 수난을 겪고 졸병으로 장정에 참가했다. 그 뒤 항일 투쟁과 국공 내전에서 공을 세웠다. 류샤오치하고 함께 개혁주의 노선을 주장하다가 문화대혁명 때 우파로 몰려 실각한 뒤 장시 성에 자리한 트랙터 공장에서 몇 년 동안 노동자로 일했다. 1972년 잠시 부활했다가 1975년 다시 실각했다. 1976년 마오쩌둥이 죽고 문화대혁명을 주도한 4인방이 체포된 뒤 마오쩌둥의 후계자 자리에 올라 개혁 개방 노선을 주도하면서 오늘날 중국 경제가 성장하는 데 초석을 깔았다.

류보청(劉伯承·1892~1986) 쓰촨 성 출신으로, 장정 중 홍군 참모장을 맡아 여러 공을 세우고 항일 전쟁과 내전에서도 많은 전과를 올렸다. 그 뒤에도 계속 군 생활을 했다. 문화대혁명 등 정치적 혼란기에 별 피해를 보지 않았다.

류샤오치(劉少奇·1898~1969) 마오쩌둥하고 같은 동네인 후난 성 장시의 부농에서 태어나 마오쩌둥이 나온 후난 사범학교를 졸업했다. 모스크바에 유학을 다녀온 뒤 노동자 조직화에 뛰어난 능력을 보이면서 마오쩌둥하고 친해졌다. 정치국 후보위원으로 장정에 참여해 쭌이 회의에서 마오쩌둥을 지지했다. 1950년대 말 마오쩌둥이 추진한 대약진 운동이 실패한 뒤 국가 주석이 돼 농토를 임대 형식으로 농민에게 돌려주는 등 경제 개혁을 주도해 경제를 회복시켰다. 그러나 문화대혁명 때 우파 1호로 찍혀 수모를 당하고 강제 연금 상태에 있다가 1969년 병에 걸려 사망했다. 덩샤오핑이 집권한 뒤 명예가 회복됐다.

류즈단(劉志丹·1903~1936) 산시 성 바오안 출신으로 1930년대 중반 바오안에서 홍군 5000명을 거느리고 소비에트를 만들었고, 지역 주민들에게 매우 인기가 높던 홍군 지도자. 국민당 신문을 보고 류즈단의 존재를 알게 된 마오쩌둥은 장정의 최종 목적지를 바오안으로 정했고, 류즈단도 홍군을 환영했다. 그러나 반 년 뒤 의문의 죽음을 당해 마오쩌둥이 지역에 영향력이 큰 류즈단을 숙청했다고 추정된다. 대신 마오쩌둥은 바오안 시의 이름을 즈단으로 바꿨다.

리더(李德·1900~1974) 444쪽 '오토 브라운' 항목 참조.

린뱌오(林彪·1907~1971) 황푸 군관학교의 첫 졸업생으로, 어린 나이에 홍군 야전 사령관이 돼 장정 중 1군단장으로 어려운 전투를 많이 치렀다. 국방부장인 펑더화이가 루산 회의에서 마오쩌둥을 비판하자 마오쩌둥을 적극 옹호해 후임 국방부장이 됐고, 장정 시절 동지들을 숙청하는 데 앞장서는 등 악역을 하며 신임을 얻었다. 쿠데타가 실패한 뒤 도주하는 길에 비행기가 몽골에서 추락해 사망했다.

마오안잉(毛岸英·1922~1950) 마오쩌둥의 맏아들. 한국전쟁 때 미군 폭격 때문에 사망했다.

마오쩌둥(毛澤東·1893~1976) 현대 중국 건국의 아버지. 후난 성 장시의 부농 집안에서 태어나 후난 사범학교에서 공부했고, 1921년 공산당 창립 대회에 참가했다. 1927년 추수 폭동이 실패한 뒤 징강 산으로 들어가 유격전을 벌였다. 1931년 장시 성에서 선포된 중화소비에트공화국의 주석이 되지만 모스크바파에 밀려났다. 국민당이 벌인 토벌 작전에 맞서 소비에트를 포기하고 유격전을 하자고 주장하지만 패배주의로 비판받았다. 장정 중 열린 쭌이 회의에서 모스크바파가 비판을 받으면서 다시 권력을 잡았다. 그 뒤 공산당과 홍군의 최고 지도자로서 긴 내전을 승리로 이끌고, 1949년 중화인민공화국 주석이 됐다. 1958년 농촌을 인민공사라는 집단 농장 체제로 전환하는 대약진 운동이 실패하면서 비판받았다. 자기를 비판한 펑더화이를 숙청하는 대신 국가 주석 자리를 내놓았다. 그 뒤 류샤오치와 덩샤오핑이 주도하는 개혁 정책을 못마땅하게 여기다가 1966년 제2의 혁명인 문화대혁명을 주도해 장정 시절 동지들을 우파로 몰아 무자비하게 숙청했다. 사망한 뒤 문화대혁명은 중대한 과오이지만 전 생애에서 '공적이 제1, 과오가 제2'라는 평가가 내려졌다.

보구(博古·1907~1946) 모스크바 유학파 출신으로, 모스크바의 신임을 얻어 1933년부터 스물다섯 살 나이에 중앙정치국 위원이 돼 저우언라이와 오토 브라운 코민테른 군사 고문하고 함께 3두 체제를 구성해서 중국 공산당을 총지휘했다. 장정도 이 3인위원회가 결정했다. 샹 강 전투 패배 등에 관련해 쭌이 회의에서 마오쩌둥에게 권력을 내줬다.

석달개(石達開·1831~1863) 19세기 중반에 일어난 급진적 농민 반란인 태평천국의 난을 이끈 지도자의 한 사람. 1863년 6월 추격하는 관군을 피해 쓰촨 성 다두 강까지 도주하는 데 성공했다. 득남 기념 연회를 열다가 물이 불어나 강을 건너지 못해 부하들하고 함께 청나라군에게 몰살당했다.

쑨원(孫文·1866~1925) 중국 혁명의 선도자. 광둥 성의 가난한 농가에서 태어나지만 일찍이 미국과 일본 등에 유학을 가 세상에 눈을 떴다. 중국을 근대적 국가로 만들기 위해 중국혁명동맹회를 결성하고, '민족주의, 민권주의, 민생주의'로 구성된 삼민주의를 주장했다. 1911년 신해 혁명이 성공해 공화국이 세워지면서 중화민국 초대 임시 총통으로 선출됐다. 1913년 중국혁명동맹회를 해체하고 국민당을 창설했으며, 소련하고 협상을 벌여 1923년에 국공 합작을 실현시켰다. 1923년부터 1925년까지 중국을 실질적으로 통치했다.

양상쿤(楊尙昆·1907~1998) 장정 시기 중앙정치국 후보위원으로 쭌이 회의에서 마오쩌둥을 지지했다. 문화대혁명 때 가장 오랜 기간인 12년 동안 갇혀 있는 등 고생했지만, 그 뒤 권력에 복귀해 1988년 국가 주석에 올랐다.

양카이후이(楊開慧·1901~1930) 마오쩌둥하고 동향인 은사의 딸로, 마오쩌둥의 첫사랑이자 둘째 부인. 마오쩌둥은 1927년 추수 폭동을 계기로 집을 나간 뒤 징강 산으로 들어가 허쯔전하고 결혼했다. 마오쩌둥이 창사를 공격한 1930년, 허쯔전과 마오쩌둥이 결혼한 사실을 알리면서 남편을 공개 비판하고 이혼하라는 국민당군의 요구를 거절하고 처형된 비운의 여인이다.

왕광메이(王光美·1921~2006) 류샤오치의 부인. 유명한 민족 자본가 집안의 딸로, '중국에서 가장 우아한 여인'이라는 평을 들었다. 장칭의 눈 밖에 나 문화대혁명 과정에서 남편하고 함께 투옥되는 등 갖은 수모를 겪었다. 4인방이 실각한 뒤 풀려나 여러 공직을 맡았다.

왕자샹(王稼祥·1906~1974) 마르크스레닌주의에 정통한 이론가 간부를 키우는 최고 학부인 홍색교수학원을 나와 '붉은 교수'로 불렸다. 국민당군 비행기 폭격에 다치는 바람에 들것에 실려 장정에 참여했다. 마침 말리리아 후유증으로 들것에 실려간 마오쩌둥하고 친해져 쭌이 회의에서 마오쩌둥이 권력을 잡는 데 일등 공신이 됐다. 그러나 문화대혁명 때 대중 집회에 끌려다니고 아들이 고문을 당해 죽는 등 수난을 겪다가, 병 치료를 제대로 받지 못하고 감옥에서 죽었다.

이원호(李元昊·1003~1048) 중국 서북부 지역인 닝샤와 간쑤 지역에 서하 왕국을 세운 왕. 송나라 군을 여러 차례 격파하고 자체 문자를 만드는 등 서하 제국의 황금기를 주도했다.

장궈타오(張國燾·1898~1979) 마오쩌둥이 베이징 대학교 도서관 사서로 일할 때 베이징 대학교를 다녔고, 중국 공산당 창당 대회에서도 중앙위원으로 선출된 엘리트. 장정 때 쓰촨 성 동북부에서 4방면군 8만 명을 이끌고 있었고, 서쪽으로 진군해 다쉐 산을 넘어온 마오쩌둥의 1방면군을 만났다. 그러나 북진을 주장하는 마오쩌둥하고 갈등을 빚어 마오쩌둥만 북진했다. 그 뒤 남진해 청두를 공격하다가 실패해 쓰촨 성 서북부로 쫓겨나 있다가 1936년에 장정을 끝낸 마오쩌둥 군에 합류했다. 소련에서 지원한 군수 물자를 받으려는 황허 강 도하 작전에서 많은 병력을 잃었다. 권력에서 소외된 끝에 국민당군에 투항했다.

장쉐량(張學良·1901~2001) 만주의 군벌인 장쭤린의 아들로, 아버지가 암살당해 어린 나이에 만주를 다스리는 통치자가 됐다. 일본이 만주로 쳐들어오자 남쪽으로 군대를 데리고 내려와 장제스의 오른팔이 됐다. 1936년 12월 황허 강을 건너려는 홍군을 저지하는 군사 작전을 지휘하러 시안에 온 장제스를 납치해 국공 내전을 중단하고 항일 투쟁에 나서라고 요구한 시안 사변을 일으켰다. 시안 사변 덕분에 공산당이 합법화되고 홍군이 국민당군 산하 팔로군에 편입되면서 홍군이 살아남는 데 일등 공신이 됐다. 쿠데타 뒤 장제스를 따라갔다가 장제스가 죽을 때까지 수십 년간 연금 생활을 했다. 마오쩌둥과 장제스보다 25년 더 살다가 하와이에서 백 살 나이에 숨을 거뒀다.

장원톈(張聞天·1900~1976) 왕자샹처럼 모스크바 유학파이지만 장정 초기에 들것을 타고 가면서 마오쩌둥과 왕자샹하고 친해졌다. 중앙정치국 위원으로 왕자샹하고 함께 마오쩌둥이 쭌이 회의에서 권력을 잡는 데 기여했다. 문화대혁명 때에는 공개 비판에 끌려다니고 소련 스파이로 몰려 고문을 받았으며, 그 뒤 병사했다.

장쩌민(江澤民·1926~현재) 마오쩌둥과 덩샤오핑에 이은 중국의 제3대 지도자로, 덩샤오핑의 개혁 노선을 계승했다. 2003년 후진타오에게 권력을 내주고 은퇴했다.

장제스(蔣介石·1887~1975) 군관 학교를 나와 쑨원이 이끈 중국혁명동맹회에 가입했다. 러시아에 군사 유학을 다녀온 뒤 쑨원 밑에서 황푸 군관학교 교장을 지냈고, 1927년 군벌을 정벌하는 북벌을 주도해 국민적 영웅으로 떠올랐다. 그러나 파업하는 상하이 노동자들을 대량 학살하고 공산당을 탄압해 쑨원이 공들인 국공 합작을 깨트렸다. 그 뒤 홍군 포위 작전을 벌여 홍군이 장정을 떠나게 만들었다. 측근인 장쉐량이 일으킨 시안 사변 때문에 2차 국공 합작을 받아들였다. 2차 대전이 끝난 뒤 일어난 국공 내전에서 농민들이 지지하는 홍군에 패배한 뒤 대만으로 도주, 대만을 통치하는 영구 총통을 지냈다.

장칭(江青·1914~1991) 가난한 집안에서 태어나 일찍이 연극배우가 됐다. 1938년 옌안에 와 경극을 공연하다가 마오쩌둥의 눈에 들어 넷째 부인이 됐다. 문화대혁명 때 4인방의 수장으로 광기에 찬 숙청을 주도했다. 마오쩌둥이 죽자 체포돼 사형 선고를 받지만 무기 징역으로 감형돼 감옥살이를 했다.

저우언라이(周恩來·1898~1976) 학자 집안에서 태어나 대학 시절 5·4운동에 가담해 투옥되고 퇴학당했다. 프랑스로 유학을 가 파리 대학교에서 공부하면서 중국 공산당 파리 지부를 만들었다. 귀국한 뒤 국공 합작에 따라 황푸 군관학교 정치부 주임이 됐고, 북벌을 지지하는 상하이 노동자 파업을 조직하다가 장제스가 학살을 저지르자 피신했다. 공산당이 처음 일으킨 봉기인 난창 봉기를 주도했고, 장시 성 중화소비에트공화국으로 와 보구 등하고 함께 당을 총지휘했다. 장정 중 열린 쭌이 회의에서 자기비판을 하고 마오쩌둥을 지지했다. 그 뒤 28년간 총리를 지내는 등 마오쩌둥의 2인자로 평생을 살았다. 특히 외교 문제를 전담했으며, 문화대혁명 때 많은 동지들을 구하려 애쓰다가 암에 걸려 사망했다.

주더(朱德·1886~1976) 무관 학교를 나와 국민당군 장교로 북벌에 나서서 공을 세웠다. 그 뒤 베를린으로 유학을 가 저우언라이를 만나서 공산주의자가 됐다. 난창 시 공안국 국장으로 재직하면서 1927년 난창 봉기를 주도했다. 그 뒤 징강 산에서 마오쩌둥을 만나 '주-마오 부대'를 만들었다. 홍군 1방면군 총사령관으로 장정에 참가했다. 홍군의 대부로 활동하다가 문화대혁명 때 '검은 장군'이라는 비판과 수모를 겪었다. 그러나 린뱌오 쿠데타 사건 뒤에 복권돼 국가 주석을 지냈다.

천두슈(陳德秀·1879~1942) 중국 공산당의 초창기 지도자로, 장제스가 상하이 학살을 저지른 뒤 국민당에 협조적이던 우경적 노선에 관련해 책임을 지고 물러났다.

캉성(康生·1899~1975) 옌안 시절 머리끝에서 발끝까지 검은 옷으로 차려입고 다니며 김산을 일본군 첩자로 몰아 처형하는 등 잔인한 숙청으로 악명을 떨쳤다. 문화대혁명 기간에도 장칭을 돕다가 병으로 죽었는데, 사후인 1980년에 당에서 제명됐다.

펑더화이(彭德懷·1898~1974) 마오쩌둥 생가에 가까운 곳에서 아주 가난하게 태어나 먹고살려고 군벌의 용병이 됐다. 군사 학교를 나와서 국민혁명군으로 북벌에 참가해 공을 세웠다. 1928년 공산당에 들어가 폭동을 일으킨 뒤 군대를 이끌고 징강 산에 있는 마오쩌둥에게 합류했다. 장정 때 3군단장으로 린뱌오의 1군단하고 함께 많은 공을 세웠다. 추격하는 국민당군 기병대를 몰살해 마오쩌둥한테서 〈펑더화이 동지에게〉라는 헌시도 받았다. 항일 전쟁과 국공 내전에서도 혁혁한 공을 세웠고, 한국전쟁에 인민지원군 총사령관으로 참전했다. 그런 공을 인정받아 국방부장이 됐지만, 1958년 루산 회의에서 마오쩌둥이 벌인 대약진 운동을 비판하다가 해임됐다. 문화대혁명 과정에서 자술서를 260번 쓰는 등 고문을 당하면서도 끝까지 버텼지만 수용소에 갇혀 병으로 죽었다.

한무제(漢武帝·기원전 156~187) 실크로드 개척에 앞장선 한나라 황제.

허카이펑(何凱豊·?~?) 중국 공산당 중앙정치국 위원으로 장정 중 열린 쭌이 회의에서 보구 등을 옹호하며 마오쩌둥을 비판했다.

허룽(賀龍·1896~1969) 후난 성 출신으로 쑨원에 공감해 1916년 농민 봉기를 주도했고, 국민당군으로 북벌에 참여했다. 1927년 공산당에 입당해 난창 봉기를 총지휘했다. 후난 성 서북부에 근거지를 틀고 있다가 마오쩌둥 군하고는 별개로 2방면군을 구성해 나름대로 장정을 진행하던 중 1936년 10월 마오쩌둥 군하고 해후했다. 그 뒤 많은 공을 세우지만 문화대혁명 때 숙청당했다.

허쯔전(賀子珍·1909~1984) 징강 산에서 마오쩌둥을 만나 열아홉 살에 마오쩌둥의 셋째 부인이 됐다. 장정을 떠나야 해서 갓난아이를 버리고, 장정 중에 다시 낳은 딸도 또 버린 비운의 여인. 폭격 때문에 크게 다쳐 고생하고 우울증에 시달렸다. 옌안에서 마오쩌둥이 장칭하고 가까워지면서 치료를 핑계로 모스크바에 보내졌다. 1947년 귀국하지만 마오의 넷째 부인이 된 장칭의 기세에 눌려 숨어 살았다. 장칭이 포함된 4인방이 체포된 뒤 공직에 복귀했다.

후진타오(胡錦濤·1942~현재) 칭화 대학교 공대 출신으로 2003년 국가 주석에 선출돼 중국을 이끈 제4세대 지도자(1세대는 마오쩌둥, 2세대는 덩샤오핑, 3세대는 장쩌민). 개혁 개방 정책에 따른 빈부 격차를 해소하려는 화해사회론을 주장했다.

한인

김두봉(1890~1961) 부산에서 태어나 보성고등보통학교 교사로 일하면서 한글학자로 이름을 날렸다. 3·1운동 뒤 중국으로 망명해 임시 정부 의정원 의원을 지냈고, 1942년 옌안으로 와 조선혁명군정학교를 만들어 교장이 됐다. 해방 뒤 북한으로 들어가 조선신민당을 창당하지만 소련의 압력에 밀려 북조선노동당하고 합당해 위원장이 됐다. 옌안파의 수장으로 김일성에 맞서다가 숙청돼 농장에서 강제 노동을 하다가 세상을 떠났다.

김산(1905~1938) 본명은 장지락. 평안북도 용천에서 태어나 베이징에서 의학을 공부하다가 사회주의 서적을 읽고 1925년에 중국 공산당에 입당했다. 1930년대에 두 번 일본 경찰에 붙잡혀 고문을 당하지만 자백을 하지 않아 풀려났다. 무사히 풀려난 사실 때문에 의심을 받고 공산당에서 제명됐다. 한인 혁명가들하고 함께 조선민족해방동맹을 결성했고, 1936년 옌안에 조선 혁명가 대표로 와 있다가 님 웨일스를 만나 《아리랑》의 주인공이 되지만 1937년 비밀리에 처형됐다. 중국에서는 1980년대 들어 복권됐고, 노무현 정부 시절에는 독립운동에 기여한 공으로 건국훈장 애국장을 받았다.

김원봉(1898~1958) 경남 밀양에서 태어나 중국에 가 공부했다. 독립은 무력을 통해 달성할 수 있다고 믿고 의열단을 결성해 단장이 된 뒤 테러 활동을 벌였다. 체계적인 독립운동을 펼치려 황푸군관학교를 졸업한 뒤 북벌에 참여했고, 난창 봉기에 참가했다. 그 뒤 조선민족혁명당에 이어 조선의용군을 만들어 단장이 됐고, 나중에 조선의용군을 조선광복군에 편입시켜 부사령관이 됐다. 귀국한 뒤 좌우 합작이 실패하자 '전조선 제정당사회단체 대표자 연석회의'(남북연석회의)에 참석한 뒤 북한에 남았다. 북한 정부의 요직을 거치다가 1958년에 숙청됐다.

김무정(1905~1951) 함경북도 출신으로, 열네 살 때 3·1운동에 참여하고 1923년에 중국으로 망명했다. 보정군관학교를 졸업하고 국민당군 포병 장교로 근무했지만, 국민당군에 실망해 공산당에 입당한다. 장제스가 일으킨 상하이 쿠데타 때 투옥돼 사형 선고를 받지만, 탈옥해 장시 성 중화소비에트 지역으로 가서 펑더화이 부대의 포병단장으로 활약했다. 홍군에 대포를 제대로 다룰 줄 아는 사람은 펑더화이와 무정뿐이라서 많은 공을 세우면서 장정을 완주했다. 그 뒤 조선의용군을 만들어 항일 투쟁에 앞장섰고, 해방 뒤 북한으로 돌아갔다. 북한에서 포병 총사령관을 지내는 등 북한군 요직을 거치다가 1951년 병에 걸려 세상을 떠났다.

양림(1898~1936) 평안북도 출신으로, 1919년 3·1운동 뒤 중국으로 망명해 윈난 육군학교에 입학했다. 이때 필사적으로 항일을 하겠다는 뜻에서 '필사적'의 중국어 발음인 '삐스더'하고 비슷한 '비스티(毖士悌)'라는 중국 이름을 정했다. 1925년 중국 공산당에 비밀리에 입당했고, 1927년 난창 봉기와 광저우 봉기에 참여했다. 그 뒤 탁월한 능력을 인정받아 중앙 지도부를 경호하는 최정예 부대인 군사위원회 간부단의 참모장으로 장정에 참여했고, 진사 강 도하 작전 등을 성공적으로 수행하면서 장정을 완주했다. 장정을 끝내고 넉 달 뒤인 1936년 2월, 황허 강을 건너 동쪽으로 진군하는 동진 작전에서 특공대를 직접 지휘다가 복부에 총탄을 맞고 서른여덟 나이로 전사했다.

서양인

님 웨일스(Nym Wales·1907~1997) 에드거 스노우의 부인으로 1930년대에 남편하고 함께 격동의 중국을 취재해 책을 썼다. 1937년 옌안에서 만난 조선인 혁명가 김산의 이야기를 다룬《아리랑》을 출간해 주목을 받았다.

루돌프 보스하트(Rudolf A. Bosshardt·1897~1993) 1930년대 중국 오지에 선교사를 파견하는 '차이나 인랜드 미션'에서 구이저우 성 스첸에 보낸 선교사. 1934년 10월 홍군에 붙잡혀 18개월 동안 인질로 잡혀 있다가 풀려났다. 그 뒤 자기가 본 일들을《묶인 손》이라는 책으로 출간했는데, 이 책은 홍군의 일상을 다룬 가장 객관적인 관찰기로 알려져 있다.

에드거 스노우(Edgar Snow·1905~1972) 미국 출신의 아시아 전문 기자로 1927년부터 1939년까지 중국 혁명을 현지 취재했다. 1936년 홍군 지역으로 들어가 마오쩌둥을 인터뷰해 장정과 중국 혁명을 세계에 알린《중국의 붉은 별》을 출간했다. 이 책으로 세계적인 명성을 얻었고, 중국 공산당이 승리하는 데 중요한 기여를 했다.

오토 브라운(Otto Braun·1900~1974) 중국 이름 리더(李德). 소련의 군사 학교에서 시가전을 공부한 독일인으로, 코민테른의 지시에 따라 중국 공산당 군사 고문으로 파견돼 1930년대 초부터 저우언라이와 보구하고 함께 3인위원회 체제를 구성해 군사 작전을 총지휘했다. 그러나 장정 중 쭌이 회의에서 전투에 패배한 책임을 지고 권력을 잃었다. 그 뒤《코민테른과 대장정》이라는 회고록을 썼다.

참고 자료

장정에 관한 책

Harrison Salibury, *The Long March: The Untold Story*, New York: McGraw-Hill Book, 1985.

Stuart Schram, *Mao Tse-Tung*, Baltimore: Penguin Books, 1966.

Sun Shuyun, *The Long March*, New York: Doubleday, 2006.

Edgar Snow, *Red Star Over China*, New York: Random House, 1938.

Dick Wilson, *The Long March 1935*, New York: Penguin Books, 1971.

왕쑤 지음, 선야오이 그림,《대장정 — 세상을 뒤흔든 368일 상·하》, 송춘남 옮김, 보리, 2006.

오토 브라운,《코민테른과 대장정》, 일월서각 편집부 옮김, 일월서각, 1984.

진창봉,《모택동 장정 수행기》, 김호태 옮김, 지식산업사, 1988.

徐景增,《长征寻踪》, 江西教育出版社, 2006.

李海文編,《工农紅军长征亲历记》, 四川人民出版社, 2005.

莫志武編,《告訴你眞实的长征》, 湖南教育出版社, 2006.

《红军不怕远征难》, 人民出版社, 2004.

《长征一部读不完的书》, 上海文艺出版社, 2006.

方素梅,《播种之旅: 紅军长征与少數民族》, 民族出版社 , 2006.

中共中央黨史研究室,《长征路: 图集》, 中共黨史出版社 , 2006.

郭炫,《寻找革命的故乡:中国红色之旅》, 广东旅遊出版社 , 2005.

《中国红色游》, 中国旅遊出版社, 2007.

田志民,《中国红色旅遊》, 中国广播电视出版社, 2004.

《星火燎原: 你所不知道的红军故事》, 同心出版社, 2006.

《长征 图传: 紀念中国工农紅军长征胜利七十周年》, 中国文獻出版社, 2006.

李立志,《紅色地理: 毛泽东地理寻踪》, 江西人民出版社, 2007.

师永刚,《红军 , 1934~1936》, 生活.讀書.新知 三联书店, 2006.

《辉煌的胜利:中国工农紅军长征作出的五大历史贡獻》, 海潮出版社, 2006.

周小槟編,《毛泽东诗词书法赏析》, 人民文學出版社, 2004.

《毛泽东选集 1·2·3·4》, 人民出版社, 1970.

《毛主席语录》, 东方红出版社, 1967.

《毛泽东的故事》, 浙江人民美术出版社, 1994.

《邓小平的故事》, 浙江人民美术出版社, 1994.

《周恩来的故事》, 浙江人民美术出版社, 1994.

《朱德的故事》, 浙江人民美术出版社, 1994.
《邓小平自述》, 解放军出版社, 2007.
《彭德怀自述》, 解放军出版社, 2007.
张树德,《毛泽东与彭德怀》, 中国青年出版社, 2008.
张树德编 ,《彭德怀元帅画传》, 四川人民出版社 , 2007.
沈国凡,《1965年后的彭德怀》, 當代中国出版社 , 2007.
姚金果,《张国焘传》, 陕西人民出版社 , 2007.
《张学良口述历史》, 中国档案出版社 , 2007.

중국 현대사 관련 책

Jung Chang and John Halliday, *Mao Tse Tung: The Unknown Story*, Globalflair, 2005(오성환 · 황의방 · 이상근 옮김,《마오 — 알려지지 않은 이야기들 상 · 하》, 까치글방, 2006).
Harrison Saliburg, *The New Emperors: China in the Era of Mao and Deng*, New York: Curtis Brown Ltd., 1992(박월라 · 박병덕 옮김,《새로운 황제들》, 다섯수레, 1993).
Quan Yanchi, *Mao Zedong, Man, not God*, Beijing: Foreign Languages Press, 1992.
마오쩌둥, 해방군문예출판사 엮음,《모택동 자서전》, 남종호 옮김, 다락원, 2002.
산케이신문 특별취재반,《모택동비록 상 · 하》, 임홍빈 옮김, 문학사상사, 2001.
정인오,《모택동 닷컴 상 · 하》, 글방, 2000.
백승욱,《문화대혁명 — 중국 현대사의 트라우마》, 살림, 2008.
정동근,《후진타오와 화해사회》, 동아시아, 2007.
中共中央宣传部理论局,《2007理论热点面对面》, 人民出版社, 2007.
刘涛 ,《中国崛起策》, 新华出版社, 2007.

장정 여행에 관한 책

위치우위,《위치우위의 중국문화기행 1 · 2》, 유소영 · 심규호 옮김, 미래인, 2007.
호오상 · 팽안옥,《중국 지리 오디세이》, 이익희 옮김, 일빛, 2007.
鲍威,《自助遊中国》, 中国旅遊出版社, 2007.
《中国高速公路及城乡公路网地图》, 山东省地图出版社, 2007.
《中国国家地理》, Chinese National Geography, 2005.
《贵州》, 广西师范大學出版社 , 2007.
《云南》, 广西师范大學出版社 , 2007.
《四川重庆》, 广西师范大學出版社 , 2007.
《中国共産黨第一次全國代表大会會址》, 上海人民美術出版社, 2001.
《延安名胜》, 陕西旅遊出版社, 1996.

《延安革命紀念館》, 陝西旅遊出版社, 2004.
《云南少數民族服饰与节庆》, 中国旅遊出版社, 2004.

조선과 한인에 관한 책

Nym Wales and Kim San, *Song of Ariran: A Korean Communist in the Chinese Revolution*, New York: Doubleday-Doran, 1941.
김성룡, 《불멸의 발자취 — 중국 관내지역 조선민족반일투쟁유적지 답사》, 최용수 감수, 베이징: 민족출판사, 2005.
김호웅 · 강순화 편, 《중국에서 활동한 조선 — 한국 명인 연구》, 연길: 연변인민출판사, 2005.
리광인 · 림선옥, 《이땅에 피뿌린 겨레 장병들 — 항일편》, 베이징: 민족출판사, 2007.
이이화, 〈중국 관내 독립운동 유적을 돌아보고〉, 《역사는 스스로 말하지 않는다》, 산처럼, 2002.